国家科学技术学术著作出版基金资助出版

光学非线性测量新技术

——4f 相位成像技术

宋瑛林　石光　著

国防工业出版社

·北京·

内 容 简 介

4f相位成像技术是近年发展起来的测量光学非线性的新方法。本书讲述了4f相位成像技术的基本原理、发展与应用,书中包含了作者近年在4f相位成像技术方面的主要研究成果。全书分为10章,主要介绍4f相位成像技术的改进及其在非线性光学功能材料研究领域的应用实例,内容包括4f相位成像技术的起源、基本原理以及应用;时间分辨4f相位成像技术与非线性折射动力学研究;可以实现单点、单脉冲测量的双4f相位成像技术,以及反射4f相位成像技术等,此外还介绍了相位光阑的优化。

本书可作为从事光通信、光信息处理、光传感、光电功能材料等方面工作的科技人员的参考书,也可作为高等学校光学专业、光电功能材料专业的研究生教材。

图书在版编目(CIP)数据

光学非线性测量新技术:4f相位成像技术/宋瑛林,石光著.
—北京:国防工业出版社,2016.12
ISBN 978-7-118-10177-5

Ⅰ.①光… Ⅱ.①宋… ②石… Ⅲ.①非线性光学—测量技术 Ⅳ.①O437

中国版本图书馆 CIP 数据核字(2016)第 188561 号

※

*国防工业出版社*出版发行
(北京市海淀区紫竹院南路23号 邮政编码100048)
腾飞印务有限公司印刷
新华书店经售

*

开本710×1000 1/16 印张13¼ 字数248千字
2016年12月第1版第1次印刷 印数1—2000册 定价62.00元

(本书如有印装错误,我社负责调换)

国防书店:(010)88540777 发行邮购:(010)88540776
发行传真:(010)88540755 发行业务:(010)88540717

前　　言

激光器是 20 世纪人类最伟大的发明之一。自 1960 年至今,激光器已诞生 50 余年。激光器的发明极大拓展了人类认识自然世界的工具,催生了一系列新兴学科和技术,非线性光学与技术就是其中之一。1961 年,Franken 等将红宝石激光束聚焦到石英晶体上,观察到了 2 次谐波辐射,就此开启了非线性光学的大门。至今研究的非线性光学材料也日益多种多样,从早期的无机晶体、有机小分子逐步扩展到半导体、有机化合物及聚合物、液晶、富勒烯、簇合物、纳米材料及光子晶体等。

非线性光学不仅丰富了人们关于光和物质相互作用方面的知识,而且还使光学技术产生了革命性的变化;不仅发展了激光技术本身,催生了许多新型的激光器,而且还推动了光学信息处理、光通信、光存储、光检测和激光医疗、激光加工等科学技术的发展。光学逻辑、光存储、光开关等新型光子器件已经获得商用。而这些新型光子器件的发展在很大程度上依赖于高性能的非线性光学材料的研究进展。

设计制备或者发现理想的光学非线性材料是非线性光学领域的基本任务之一。具体地讲,一方面是如何设计并制备非线性光学材料;另一方面是需要用方便、快捷的光学非线性测量技术对层出不穷的大量材料进行检测、筛选,以期发现性能更优良的非线性光学材料或总结出光学非线性与组分、结构等方面之间的规律,为继续制备有实用价值的非线性光学材料提供依据。光学非线性测量技术是研究非线性光学材料的关键。从 20 世纪 60 年代至今,人们已经先后提出多种测量非线性折射率的方法,主要包括非线性椭圆偏振法、非线性干涉法、光克尔门技术、简并四波混频法、3 次谐波法及光束畸变法等。不同的测量技术具有各自的优缺点。Z 扫描技术是基于光束畸变原理测量光学非线性的技术,是目前应用最广泛的测量技术。这些测量方法为研究材料的非线性光学性质提供了强有力的支持,同时也推动了非线性光学的不断发展。这也是非线性光学测量成为非常活跃的非线性光学分支的原因。

基于相位物体 $4f$ 相干成像技术(4f Coherent Imaging with Phase Object)是近年发展起来的基于光束畸变原理测量光学非线性的新方法,后来发展成为基于相位物体的非线性成像技术(Nonlinear – Imaging Technique with Phase Object, NIT – PO),本书统一简写为 $4f$ 相位成像技术。此技术具有单脉冲测量及对激光脉冲的能量、时间分布、空间分布稳定性要求低等优点，可以实现宽波段光学非线性测量。本书主要介绍 $4f$ 相位成像技术的基本原理、发展及应用，内容涵盖了本研究组在 $4f$ 相位成像技术领域的研究成果，是在公开发表的研究论文、专利以及研究生论文的基础上整理而成的，是本研究组所有人员共同努力的结晶。聂仲泉博士完成了本书部分理论计算，杨俊义博士对第9章进行了改写，张磊硕士绘制了第1章部分光路图。感谢李云波博士、杨俊义博士、李常伟博士、孔德贵博士、税敏博士、潘广飞硕士、王煜硕士、侯登科硕士、刘金山硕士、朱宗杰硕士、张秀美硕士、蔡琦婧硕士、李中国硕士等辛勤、富有成效的工作。感谢王玉晓教授、张学如教授、杨昆副教授的支持。感谢中正大学物理系魏台辉教授的无私指导和合作。特别感谢李淳飞教授对本书结构和内容所做的修改指导。

由于作者的水平有限，不妥或错误之处在所难免，恳请读者批评指正。

作 者

2012.12

目　　录

第1章
光学非线性测量技术

非线性光学研究历史可以追溯到 1875 年 Kerr 发现的克尔电光效应[1]。1931 年,Maria Göppert-Mayer 研究了双光子吸收效应理论[2],双光子吸收效应是第一个全光非线性光学现象。非线性光学作为现代光学的一个分支学科,是在激光诞生以后才建立并迅速发展起来的。1961 年,倍频效应的实验观察标志着非线性光学的诞生[3]。随着激光技术的进步,非线性光学逐步从纳秒、皮秒时域扩展到飞秒、阿秒时域。一方面,激光技术的进步丰富了非线性光学的研究内容,扩展了非线性光学的研究范围;另一方面,非线性光学的发展也推动了激光技术的进步。迄今为止,非线性光学在光子技术和光子器件及其相关领域已获得较为广泛的应用。非线性光学材料是研究新型光子器件的关键之一。理想的、具有应用价值的非线性光学功能材料应具有大的非线性极化率、快的非线性响应速度以及较低的非线性光学阈值。非线性光学材料的 3 阶非线性极化率的测量及物理起源的探索一直是非线性光学领域研究的重点之一。

1.1 光学非线性测量技术的分类

非线性光学材料的研究与需求促进了非线性光学测量技术的发展。从理论角度出发,任何非线性光学效应都可用于介质的非线性光学参数测量。但是从测量技术的可操作性、技术实现的简易性及普遍性等方面考虑,并不是所有的非线性光学效应都适合于非线性光学参数测量。目前主要的非线性光学测量技术包括非线性椭圆偏振法、非线性干涉法、简并四波混频法、波前分析法、3 次谐波法、光克尔门技术及光束畸变法等。Z 扫描技术和 $4f$ 相位成像技术都属于光束畸变法。光克尔门技术和 Z 扫描技术将在 1.2 节、1.3 节中重点介绍,下面首先简单介绍其他几种技术。

1. 非线性椭圆偏振法

非线性干涉法是一种多光束测量光学非线性的方法,而非线性椭圆偏振法

(Nonlinear Ellipse Rotation,NER)是一种单光束测量3阶非线性极化率张量的方法,它通过测量光波偏振的改变来测量非线性极化率张量的分量$\chi_{xyyx}^{(3)}$。1964年Maker等用非线性椭圆偏振法对三溴甲烷进行了实验测量[4],测量的基本原理就是通过比较单色椭圆偏振光通过各向同性中心对称无吸收材料所产生的椭圆主轴旋转与透射光强度的关系来测量3阶非线性折射引起折射率变化。测量光路图如图1-1所示。

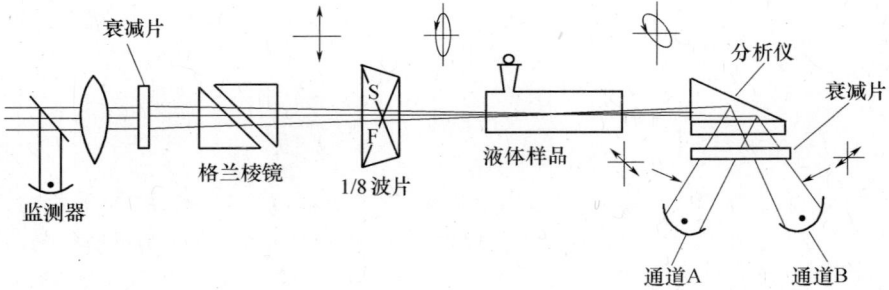

图1-1 用于探测强度相关的振动椭圆偏振的实验装置

经过格兰棱镜的线偏振光以与1/8波片的快轴成45°的角度入射到波片上,这样线偏振光就变成了椭圆偏振光,液体样品放置在1m长的液晶盒的中间,光束经过液体样品后被一个洛匈棱镜分成两个分量A和B,一个分量的偏振方向平行于1/8波片的快轴,为通道A,另一个分量的偏振方向平行于1/8波片的慢轴,为通道B。

根据公式$P_A/P_T = (1 + 0.707\sin\alpha)/2$,可以得到旋转的角度$\alpha$,其中$P_A$是通道A的功率,$P_T = P_A + P_B$是总的激光入射能量。由关系式$\alpha = (10\omega^2/(nc^3)) P_T B$可以得到$B$的值,也就是极化率分量$\chi_{xyyx}^{(3)}$的值。

1971年,Hellwarth等进一步提高了实验精度(达10%),测量出CCl_4液体中光克尔效应引起的非线性折射率在整个非线性折射率中所占比例[5]。后来Owyoung又把椭圆偏振法推广到测量各向异性结构材料的3阶极化率张量分量,并进行了时间分辨的测量[6]。非线性椭圆偏振法对实验装置要求较高。

2. 非线性干涉法

非线性椭圆偏振法是一种单光束测量方法,而非线性干涉法是一种多光束测量方法。

测量非线性光学参数的干涉法是Veduta等在1968年提出来的[7],实验光路图如图1-2所示。把被测样品放在干涉仪的一个臂中,这一路为强光照射;另一路为弱光照射。两路强弱光的光强比例为1000:1。两束光干涉可以形成一组干涉条纹。在强光照射下,样品产生非线性效应,在通过激光的样品区域

2

中,其折射率发生变化,这个折射率变化与激光光强的空间分布有关。这样干涉条纹将产生局部畸变。通过测量条纹的畸变可以计算出样品的非线性相移,从而给出样品的 3 阶极化率。此方法可以测量两个张量元 $\chi_{1111}^{(3)}$ 和 $\chi_{1122}^{(3)}$。

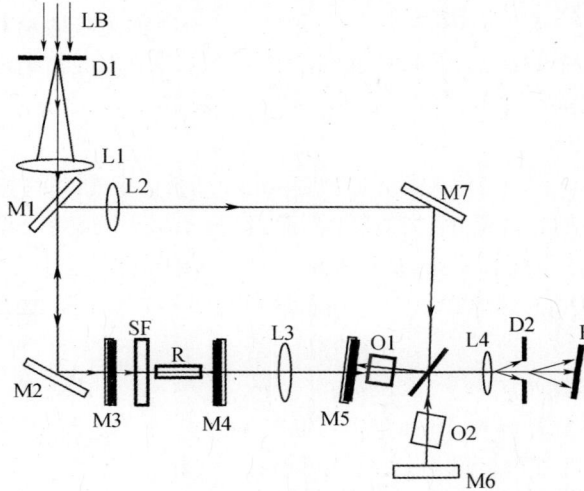

图 1 - 2　非线性干涉法测量光学非线性

事实上非线性折射率的测量都是通过测量介质的非线性相移实现的。

非线性干涉法是早期测量光学非线性参数的主要方法,研究人员进行了较深入研究,测量精度不断提高。Bliss 等用时间分辨干涉条纹对非线性折射率系数进行了测量,测量精度约为 20%[8]。为进一步提高实验精度,Moran 等用时间分辨的 Mach – Zehnder 干涉仪,在脉冲宽度为 lns 的激光脉冲激发下,比较了未知样品和标准样品对通过其中强光产生的波面畸变,可测量出 1/30 的条纹移动[9]。1976 年,Millan 和 Weber 用变形改进的迈克尔逊干涉仪,使激发激光光束穿过样品两次,增加了传播长度和条纹的移动,可以测量非常弱的光学非线性[10]。1986 年,Olbright 等用改进的泰曼 – 格林干涉仪测量精度达到 1/100 的条纹移动[11]。1988 年,Saltiel 等介绍了一种相位共轭干涉法[12],用两个基于四波混频的相位共轭镜构成的泰曼 – 格林干涉仪,可精确测量两镜所产生的共轭反射信号相对移动和它们的 $\chi^{(3)}$ 之比,能测量普通四波混频法所无法测量的弱反射信号,从已知标准样品可确定被测样品 $\chi^{(3)}$ 的实部和虚部。非线性干涉法测量的缺点是光路调节较为复杂。

3. 3 次谐波法

倍频效应是第一个应用激光发现的、第一个实验观察到的全光光学非线性效应,是典型的 2 阶非线性光学效应,属于两束光和频作用的结果。3 次谐波是有代表性的 3 阶非线性光学效应,属于 3 束同频率光波和频的结果,$P_i(3\omega) =$

3

$\chi_{ijkl}^{(3)}(-3\omega;\omega,\omega,\omega)E_j(\omega)E_k(\omega)E_l(\omega)$。3 次谐波法测量光学非线性的原理是利用 3 次谐波信号强度与样品厚度的变化关系[13]。3 次谐波法的基本实验装置是将出射的激光束分为 2 束,一束作用于样品中产生 3 次谐波信号,另一束作用于参考样品中产生 3 次谐波信号。对于一个非相位匹配的 3 次谐波,通过改变样品和参考样品的长度,随着相互作用长度的改变,就能记录到条纹状的 3 次谐波信号。从这些条纹能得到样品和参考样品的相干长度,从 3 次谐波信号能得到 3 阶极化率。

这种方法的优点在于它探测的是纯电子非线性,因此取向、热以及其他共振条件下激发导致的非线性都已被排除。而且,由于只需要纳秒激光,故仪器设备也相对简单一些。由于 3 次谐波产生的是一个相干的过程,通过纯的电子相互作用,几乎瞬时发生,不依靠激发态的布居,所以非线性折射动力学不能通过 3 次谐波技术检测。

4. 三波混频法

三波混频法是 Robert Adair 等在 1987 年提出的测量 3 阶非线性折射的方法[14]。在这个三波混频的过程中,2 束频率分别为 ω_1 和 $\omega_2(\omega_1 > \omega_2)$ 的激光在样品中相互作用,产生新的频率为 $2\omega_1 - \omega_2$ 和 $2\omega_2 - \omega_1$ 的激光。在该过程中,频率为 ω_1 的激光光强远大于频率为 ω_2 的激光光强,因此得到的信号频率可以为 $2\omega_1 - \omega_2$。被用来进行混频的两束入射激光频率相差 $60\mathrm{cm}^{-1}$。此方法的缺点是只能测得相对值,因此需要一个非线性折射率已知的材料作为基准,通过比较信号光强度的方法来得到介质的非线性折射率。

5. 简并四波混频(DFWM)法

四波混频是 3 束相干光波利用介质的光学非线性产生第 4 束光波的四波相干作用过程。在能产生 3 阶非线性极化的介质中,入射频率为 ω_1、ω_2 和 ω_3 的光波,在满足相应的相位匹配条件时便可产生上述 3 个频率的各种和差组合光波。这些新的光波的产生都来源于响应频率的非线性极化。

3 个入射光 $\boldsymbol{E}_{\omega_1} = \dfrac{1}{2}\varepsilon_1\left[\mathrm{e}^{-\mathrm{i}(\omega_1 t - k_1 r)} + \mathrm{e}^{\mathrm{i}(\omega_1 t - k_1 t)}\right]$, $\boldsymbol{E}_{\omega_2} = \dfrac{1}{2}\varepsilon_2\left[\mathrm{e}^{-\mathrm{i}(\omega_2 t - k_2 r)} + \right.$

$\left.\mathrm{e}^{\mathrm{i}(\omega_2 t - k_2 r)}\right]$, $\boldsymbol{E}_{\omega_3} = \dfrac{1}{2}\varepsilon_3\left[\mathrm{e}^{-\mathrm{i}(\omega_3 t - k_3 r)} + \mathrm{e}^{\mathrm{i}(\omega_3 t - k_3 r)}\right]$ 同时作用于介质,产生频率为 $\omega_1 + \omega_2 - \omega_3$ 的非线性极化,有

$$P^{(3)}(\omega = \omega_1 + \omega_2 - \omega_3) \propto \chi^{(3)}(\omega,\omega_1,\omega_2,-\omega_3)\varepsilon_1\varepsilon_2\varepsilon_3\mathrm{e}^{-\mathrm{i}[(\omega_1+\omega_2-\omega_3)t - (k_1+k_2-k_3)r]}$$

$$(1-1)$$

当满足相位匹配条件 $\boldsymbol{k}_\omega = \boldsymbol{k}_1 + \boldsymbol{k}_2 - \boldsymbol{k}_3$ 时,便会在 $\boldsymbol{k}_1 + \boldsymbol{k}_2 - \boldsymbol{k}_3$ 方向产生频率为 $\omega_1 + \omega_2 - \omega_3$ 的光波。测量非线性极化率常用的是简并四波混频技术,这时 3 束入射光频率都相等,即 $\omega_1 = \omega_2 = \omega_3 = \omega$,而且通过 3 束光混频 $\omega_1 + \omega_2 - \omega_3$ 产

生的第 4 束光(ω_4)频率也为 ω。这种混频的 3 束入射光方向具有特定配置,即和 2 束光相向入射,使 $k_2 = k_1$,第 3 束光与第 1 束光之间形成一个小的夹角。这时,由相位匹配的条件可知,所产生的新光束具有波矢 $k_4 = -k_3$,即其传播方向与第 3 束光相反。而且不论 k_1 与 k_3 夹角如何改变,相位匹配条件总是满足的。简并四波混频产生的第 4 束光有一个重要特性,它不仅沿第 3 束光的反向传播,而且是第 3 束光的相位共轭反射波,即相对各自的传播方向而言,第 4 束光的波阵面是第 3 束光的波阵面的空间反演。因此,任何介质的简并四波混频均可以做成第 3 束光的相位共轭反射镜。简并四波混频在相位共轭光学中有着重要应用。

1977 年,Hellwarth 首先通过 DFWM 产生了共轭相位波[15]。同年 Yariv 和 Pepper 计算了这种相位共轭的反射率[16]。1979 年,吴存恺等研究了透明介质的 DFWM 效应,通过测量后向反射波与入射波的强度比确定了多种透明介质的 3 阶极化率 $\chi_{1111}^{(3)}$[17]。而费浩生等用 DFWM 法测量了吸收介质的非线性折射率[18],测量了掺半导体 CdS_xSe_{1-x} 玻璃的 3 阶非线性极化率,发现了随泵浦光强度增加反射率饱和的现象。1981 年,Smith 等把时间分辨技术用于 DFWM 中,区分了非线性快响应和慢过程[19]。DFWM 法可用于材料非线性时间响应的研究,若用非相干光延时法,甚至用纳秒激光脉冲就可测量皮秒级的介质超快弛豫过程,由此可区分多种光学非线性机制。最近,主要是采用飞秒激光来研究激发态光学非线性动力学问题,包括分子振动动力学问题、异构化动力学问题等[20,21]。

为了测量的方便,DFWM 技术一般通过比较相同实验条件下待测非线性样品和参考样品的相位匹配的四波混频信号强度关系来计算出待测光学非线性样品的 3 阶非线性极化率。参考样品一般采用二硫化碳(CS_2)。计算过程中还需要知道待测样品以及参考样品在测量波长处的线性折射率,如果待测样品在激光波长处有吸收,还需要作值的修正,若待测样品是薄膜,则需要测定待测薄膜厚度,便于和参考样品的厚度进行比较。由于许多机制可以导致四波混频信号的产生,采用 DFWM 法时需要仔细鉴别非线性光学效应的起源。

由于信号是相位匹配产生的,因此 DFWM 法具有很高的灵敏度,目前 DFWM法已成为研究材料非线性性质的一种较为常用的方法。DFWM 对实验条件要求较为严格,不能区分非线性折射和非线性吸收。如果想要具体区分 $\chi^{(3)}$ 的实部和虚部,就要用另外的方法来测量。

6. 波前分析法

应用 Hartmann – Shack(HS)波前传感器测量通过非线性介质的激光波前的变化量可以得到非线性折射系数[22]。HS 波前传感器通常用于天文学的自适应光学系统、视觉光学和视网膜成像、光学分量测试以及激光光束分析。它由许多具有相同焦距的微透镜阵列组成,将入射波前聚焦到 CCD(Charge Coupled Device,电荷耦合器件)阵列上。穿过每一个小透镜的波前的局部倾斜可以通过传感器上每个聚焦光斑的位移计算得到。通过对小透镜阵列取样计算,可以测量所有的局部倾斜,从而可以得到整个波前的变化。波前 $W(x,y)$ 可以用一组 Zernike 多项式 $Z_n(x,y)$ 来表示,$W(x,y) = \sum_0^\infty c_n Z_n(x,y)$,$c_n$ 为权重。光路图如图 1 – 3 所示。

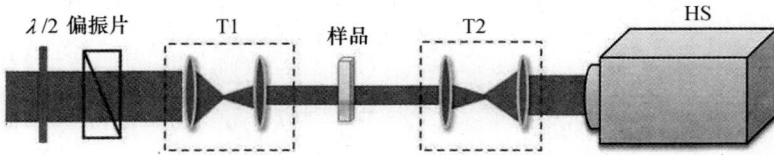

图 1 – 3　波前分析法光路图

激光强度由一个偏振片和半波片控制,用一个开普勒望远镜将光束直径准直到 1.1mm,光束瑞利长度大约为 5m,样品可以当作薄样品处理。光束经过样品后,被第二个望远镜放大,然后成像到 HS 波前传感器。波前数据通过基于美国国家仪器公司的 LabVIEW 平台开发的 Thorlabs 数据包处理。

通过对描述波前的 Zernike 系数进行处理,可以得到非线性折射率。这种方法适合测量透明材料的 3 阶非线性折射率。虽然这种方法灵敏度比传统的 Z 扫描技术低一个量级,但是它可以测量更大的区域(不需要聚焦),样品厚度的限制也可以忽略不计。

7. 光束畸变法

激光照射非线性光学介质,由于介质的非线性极化效应,激光束波前相位和强度都要发生改变,这是由于介质的光学非线性导致的光束畸变。自聚焦也可以产生光束畸变,光斑大小和光斑空间分布都会发生变化。早期的光束畸变法是通过测量在非线性介质中产生自聚焦的临界功率来得出介质的非线性折射系数。自聚焦临界功率为[23]

$$P_1 = \lambda^2 c/(32\pi^2 n_2) \tag{1 – 2}$$

为了提高测量精度,对临界功率进行修正,测量开关功率来得到非线性折射系数。开关功率为

$$P_2 = 3.77\lambda^2 c^2/(32\pi^2 n_2) \tag{1 – 3}$$

光束畸变法测量光路简单,但是测量精度有待提高。1989 年发明的基于光束畸变原理的 Z 扫描技术具有很高的测量精度[24,25],已发展成为应用最广泛的光学非线性测量技术,在 1.3 节中将对其做较为详细的介绍。

1.2　光克尔门技术

光克尔效应(Optical Kerr Effect,OKE)是由光电场直接引起介质折射率变

化(即非线性折射率)的 3 阶非线性光学效应,光致折射率的改变量与光电场的平方成正比。光克尔效应技术又称光克尔门技术,是用来测量材料 3 阶非线性极化率的常用方法之一。具体来说,非线性介质在较强的光场作用下,会在沿平行和垂直于电场两个方向上产生不同的折射率变化,从而出现感应双折射,此时,在两个方向上的折射率之差与作用在介质中的光强成正比。

光克尔门技术的基本原理见图 1-4。一般采用两束光,光强较强的一束作为泵浦光,用以激发介质,使其产生非线性光学效应,另一束光强较弱的光作为探测光,用以探测泵浦光引起的非线性变化。探测光路中的起偏器用来改变探测光的偏振方向,使其与泵浦光的偏振方向成 45°。检偏器透光方向与起偏器正交。这样在没有泵浦光作用时,探测光原则上完全被消光。样品在有泵浦光作用下,泵浦光会诱导样品产生各向异性效应,当探测光通过介质时,其偏振方向会由于泵浦光引起样品的各向异性而发生改变,从而有部分探测光会透过检偏器,探测器会探测到信号。在光克尔效应实验中,泵浦光通过光学延迟线引入相对于探测光的时间延迟。泵浦光和探测光之间的时间延迟赋予了光学克尔效应实验的时间分辨能力,这种时间分辨能力在研究光与样品相互作用的微观机制、探索样品光学非线性来源方面有非常重要的意义。比如,在一些简单液体中分子内的响应时间通常是飞秒量级,分子间重新取向和重新分布时间通常是皮秒量级,这些响应都可以由光克尔效应探测到。光克尔门技术是研究非线性折射动力学常用的技术。

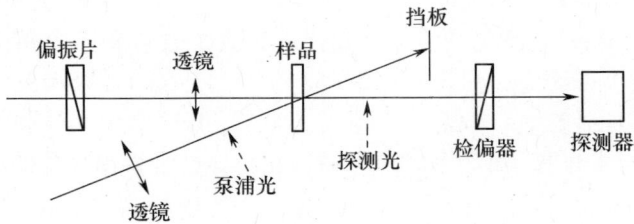

图 1-4　光克尔效应实验原理图

1969 年,Duguay 和 Hansen 首次证实了强激光场完全能够诱导液体中的双折射,他们使用皮秒激光脉冲研究了二硫化碳和硝基苯的分子取向动力学特性[26]。在这种光学克尔效应中,激光脉冲的振荡光场在液体分子中产生诱导偶极子。这些诱导偶极子和激光场相互作用,使分子沿平行于激光偏振方向排列其最大极化率轴。这种排列在液体中产生瞬态的能被第二个光脉冲所读取的双折射。双折射的时间依赖揭示了微观动力学信息。1975 年,Ippen 和 Shank 将光外差探测引入光学克尔效应光谱中[27],可以测量液体的非线性响应而不是它的平方大小。同时,外差探测也极大地增加了光学克尔效应信号强度。

另一个光学克尔效应光谱演进过程中的重要里程碑是 McMorrow 和 Lotshaw

所发明的傅里叶变换去卷积技术[28]。在傅里叶变换去卷积过程中,外差探测的光学克尔效应数据和 2 次谐波产生自相关互相结合,从而计算光学克尔效应光谱密度,它形式上等价于玻色-爱因斯坦校正的拉曼光谱密度。这个过程补偿了所用激光脉冲的有限带宽效应,产生了不依赖于所用仪器的光谱密度,进而获得数据。在过去 20 年中,光学克尔效应光谱技术还取得了很多其他重要研究成果[29~31]。例如,开发了大量不同的技术,可以研究光学克尔效应响应多元张量,揭示液体动力学中重要的微观细节。

尽管光学克尔效应光谱技术可以提供主要源于纯电子超极化率的瞬态响应、相干驱动的分子振动所引起的超快阻尼振荡响应、平动各向异性和分子间相互作用诱导的分子极化率扭曲相关的中间级响应以及较慢的扩散重新定向响应等电子与原子核的微观光学非线性动力学信息,然而,这种依赖偏振和双折射的非线性技术仍然存在着无法忽视的弱点,突出表现在以下几个方面:

(1) 无法揭示和受激瑞利翼散射相关的双光束耦合动力学。

(2) 无法分离吸收与折射非线性动力学。

(3) 探测激光的偏振方向受限。

(4) 不能方便地确定非线性折射的正负。

事实上,不仅如此,直到现在人们对电子和原子核的光学非线性动力学物理本质在分子层面的认知仍然存在极大的困难与挑战[32-35]。举例如下:

(1) 相干耦合效应在时间分辨实验中对零时间延迟附近的光物理过程有重要影响,因此纯电子超极化率和光束耦合对光克尔效应光谱中相干时间内瞬态响应的贡献仍然需要进一步深入讨论。

(2) 在定向弛豫对核响应的贡献被去除后,仍然存在着一种指数或近指数衰减的成分,这种弛豫成分被称为中间级响应,并且普遍存在于简单液体中的光学克尔效应弛豫中。虽然在很久以前这种中间级响应就已有报道,但直到现在相关的分子级别的物理起源仍然没有被完全弄清楚。

(3) 分子的简化光谱密度没有显著的特征,简化光谱密度通常在低频处快速上升,然后随着频率的增加而呈现平的、圆的和三角的形状。尽管有大量的经验函数可以很好地拟合典型的简化光谱密度,但直到现在也没有特定的物理意义结论性地和这些形状相联系。对简单分子光克尔效应简化光谱密度进行微观解释仍然是一种挑战。

(4) 有机分子混合物的光克尔效应光谱行为已经受到大量关注。然而液体间的强相互作用和弱相互作用的理论解释仍然停留在定性分析阶段,它们之间的关系亟待解决。

在实际测量中,通常用 CS_2 作为参考样品,通过比对法求待测样品的 3 阶极化率,即

$$\chi_s^{(3)} = \chi_r^{(3)} \left(\frac{I_s}{I_r}\right)^{1/2} \left(\frac{L_r}{L_s}\right) \left(\frac{n_s}{n_r}\right)^2 \frac{1}{R} \qquad (1-4)$$

$$R = \frac{e^{-\alpha_0 L/2}(1 - e^{-\alpha_0 L})}{\alpha_0 L} \qquad (1-5)$$

式中:α_0 为材料的线性吸收系数;L 为待测样品的有效厚度;n 为样品的折射率;角标 s 和 r 分别为样品和参考样品 CS_2;I_s 和 I_r 分别为样品和参考样品在相同的实验条件下光克尔信号的峰值大小。

因此,在实际用光克尔效应方法测量材料的 3 阶非线性极化率时,只要在相同条件下测量待测样品和参考样品 CS_2 光克尔效应实验信号的峰值,通过式(1-4)很容易求出待测样品的 3 阶非线性极化率。

光克尔门技术的优点是可以测量介质非线性光学动力学过程。但缺点是测量的是 3 阶非线性极化率的模,不能给出非线性折射率的正负,也不能测量非线性吸收。

1.3 单光束 Z 扫描技术

1980 年 J. M. Harris 等提出了基于光束畸变原理的扫描法测量光学非线性的技术[23]。1989 年 M. Sheik - Bahae 等在光束畸变测量方法的基础上发明了 Z 扫描技术[24,25],Z 扫描技术是一种单光束测量材料光学非线性吸收和折射的方法。这种单光束测量非线性折射率的方法灵敏度很高,可以探测到 $\lambda/250$ 的相位变化。它的实验原理见图 1 - 5。从光源出来的激光经过衰减器 A 衰减,被透镜 L 聚焦。通过样品后被分束镜分成两束,一束直接进入探测器 D1,这部分测量到的信号是反映材料非线性吸收性质的,称为开孔 Z 扫描。非线性吸收与 3 阶极化率的虚部相关。另一束通过一个中心和光轴重合的小孔径光阑后进入另一个探测器 D2,这部分信号反映材料的非线性折射,称为闭孔 Z 扫描。非线性折射与 3 阶极化率的实部相关。如果激光脉冲能量波动较大,可以增加一路参考光路,从衰减片前面分出一束光,用探头监视激光器能量的波动,可以在一定程度上消除激光能量输出波动对实验结果产生的测量误差。样品放置在可移动的平台上,沿光束传播方向在焦点两侧移动,探测器数据的读取和平台的移动可由计算机控制。

测量过程中,样品在焦点附近沿 z 轴(激光传播方向)前后移动,每当样品移到一个不同的 z 位置,就分别用 D1 和 D2 记录此位置的数据,最终可以得到两条实验曲线:一条是 D2,称为开孔 Z 扫描曲线,由于 D2 接收的是透过样品后整个光斑的能量,它反映的是样品不同位置处的非线性吸收情况;另一条是 D2,称为闭孔 Z 扫描曲线,它反映的是测量面上光轴附近的能量变化,既与非线性吸收有关也与非线性折射有关。

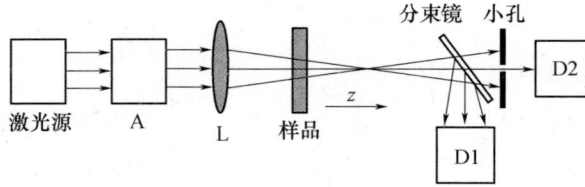

图 1-5 Z 扫描实验原理

闭孔 Z 扫描反映的被测样品的信息既与非线性吸收有关也与非线性折射有关。首先考虑简单情况，假设样品具有正的非线性折射而不含非线性吸收，并且从远离焦点的负 z 位置开始向正 z 方向移动，开始时由于照射到样品上的光强非常弱，非线性折射效应可以忽略，小孔处的光斑大小不发生变化，透过率保持不变，即小孔的线性透过率不变。随着样品向焦点的靠近，光强不断增加，样品中光斑照射区域就形成了一个"正透镜"，当"正透镜"放置在焦点之前时，它使得会聚光束更加会聚，这样就使得远场小孔处的光斑尺寸变大，相应地透过能量减小。当样品过了焦点之后，"正透镜"会使原来发散的光束得到准直，从而使得小孔处的光斑尺寸变小，透过能量增加。随着样品继续向正 z 方向移动，当光强降低到非线性效应可以忽略后，小孔的透过率再次恢复到线性透过率。综上可知：对于正的非线性折射样品的闭孔 Z 扫描曲线是一个先谷后峰的结构，如图 1-6 所示；反之，对于负的非线性折射率，样品的闭孔 Z 扫描曲线是一个先峰后谷的结构。一个是归一化能量透过率表现为先谷后峰结构，即自聚焦效应，表明材料的非线性折射率为正。另一个是归一化能量透过率表现为先峰后谷结构，即自散焦效应，表明材料的非线性折射率为负[12]。对于非线性折射，在薄样品近似下，实验结果可以用惠更斯－菲涅耳积分处理。不考虑非线性吸收，透过样品后的光强可以表示为

$$I(r,z,t) = I_0(r,z,t)\exp(-\alpha_0 l) \tag{1-6}$$

式中：α_0 为样品的线性吸收系数；l 为样品的厚度；$I(r,z,t)$ 为样品内部的光强。如果是高斯光束，在 z 位置处样品产生的非线性相移可以表示为

$$\Delta\varphi = \frac{\Delta\varphi_0}{1 + (z/z_0)^2}\exp(-2r^2/\omega^2) \tag{1-7}$$

式中：$\Delta\varphi_0$ 为轴上焦点处的非线性相移；z_0 为高斯光束的瑞利长度，$z_0 = k\omega_0^2/2$（k 为波矢；ω_0 为焦点处高斯光束的束腰半径）；ω 为 z 位置处高斯光束光斑半径，$\omega^2 = \omega_0^2(1 + z^2/z_0^2)$。

透过样品后的电场可以表示为 $E_s(r,z,t) \propto I^{1/2}\exp(i\Delta\varphi)$，因此透过小孔的电场可以表示为

$$E_a(r,z,t) = \frac{2\pi}{i\lambda(d-z)}\exp\left[\frac{i\pi r^2}{\lambda(d-z)}\right]\int_0^\infty r' E_s(r',z,t) \times$$

$$\exp\Big[\frac{i\pi r'^2}{\lambda(d-z)}\Big]J_0\Big[\frac{2\pi rr'}{\lambda(d-z)}\Big]dr' \qquad (1-8)$$

式中:d 为小孔距离焦点的距离。归一化的透过率可以表示为

$$T(z,S) = \frac{c\varepsilon_0 n_0 \pi \int_{-\infty}^{\infty}dt\int_0^{r_a}|E_a(r,z,t)|^2 r dr}{S\int_{-\infty}^{\infty}P_i(t)dt} \qquad (1-9)$$

式中:S 为小孔的线性透过率,$S = 1 - \exp(-2r_a^2/w_a^2)$,$w_a$ 为小孔位置处的光斑半径;$P_i(t) = \pi w_0^2 I_0(t)/2$,为瞬时输入功率。

当样品的非线性相移 $|\Delta\varphi_0| < 1$ 时,闭孔 Z 扫描曲线可以通过简单的公式进行理论计算,即

$$T(z) = \frac{4x\Delta\varphi_0}{(x^2+1)(x^2+9)} \qquad (1-10)$$

式中:x 为样品所在位置相对于衍射长度的比值,$x = \dfrac{z}{z_0}$。

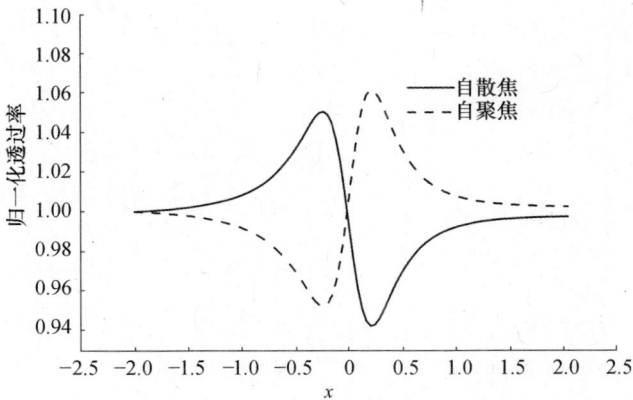

图 1-6　自聚焦与自散焦示意图

开孔 Z 扫描实验测量的是材料非线性吸收 Z 扫描曲线。探测器 D2 的接收面积足够大,它只与非线性吸收有关而不受非线性折射的影响。非线性吸收有两种:一种是随着光强增强,吸收减小,称为饱和吸收;另一种是随着光强的增强,吸收增强,称为反饱和吸收。假设样品具有反饱和吸收特性,并且从负 z 方向沿正 z 方向移动,当其靠近焦点时,光强不断增加,总的吸收系数越来越大,透过样品的能量减少,当样品处于焦点时透过能量达到最小值,形成一个谷。样品过了焦点以后,随着光强的不断减小,透过样品的能量逐渐增加,最终在远离焦点的地方恢复为线性吸收。由于高斯光在焦点两侧光强分布是对称的,所以反饱和吸收下的开孔 Z 扫描曲线是一条关于焦点对称的单谷曲线;反之,饱和吸

收时的开孔 Z 扫描曲线为一条对称的单峰曲线。对于含有非线性吸收的样品，总的吸收系数是线性吸收系数和非线性吸收系数的和,可以表示为

$$\alpha(I) = \alpha_0 + \beta I \qquad (1-11)$$

当 $\beta > 0$ 时,为反饱和吸收;当 $\beta < 0$ 时,为饱和吸收。通过开孔 Z 扫描测量得到的饱和吸收与反饱和吸收结果如图 1-7 所示。透过样品表面的强度分布和相移可以表示为

$$I_e(r,z,t) = \frac{I_0(r,z,t)\exp[-\alpha(I)l]}{1 + q(r,z,t)} \qquad (1-12)$$

$$\Delta\varphi = \frac{kn_2}{\beta}\ln[1 + q(r,z,t)] \qquad (1-13)$$

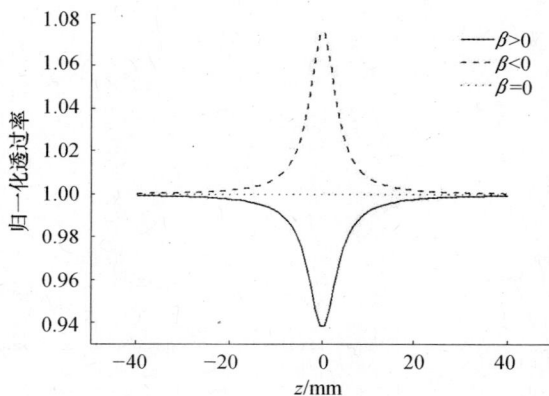

图 1-7 开孔 Z 扫描曲线

式中, $q(r,z,t) = \beta I(r,z,t) L_{\text{eff}}$。

开孔 Z 扫描远场透过能流可以通过空间积分获得,在 z 位置,积分整个截面,可以获得透过的功率 $P(z,t)$ 为

$$P(z,t) = P_i(t)\mathrm{e}^{-\alpha l}\frac{\ln[1 + q_0(z,t)]}{q_0(z,t)} \qquad (1-14)$$

式中, $q_0(z,t) = \beta I_0(t) L_{\text{eff}}/(1 + z^2/z_0^2)$。

对于高斯脉冲,归一化的能量透过率可以表示为

$$T(z) = \frac{1}{\sqrt{\pi}q_0(z,0)}\int_{-\infty}^{\infty}\ln[1 + q_0(z,0)\mathrm{e}^{-r^2}]\mathrm{d}r \qquad (1-15)$$

当非线性吸收比较小时,如满足 $|q_0| < 1$ 条件,透过率可以表示为简单峰值强度的叠加,即

$$T(z) = \sum_{m=0}^{\infty}\frac{[-q_0(z,0)]^m}{(m+1)^{3/2}} \qquad (1-16)$$

因此,通过拟合可以得到非线性吸收系数。

对于同时具有非线性折射和非线性吸收的样品,实验所得的闭孔曲线会根据非线性吸收的强弱受到不同程度的修正。如图1-8所示,反饱和吸收的情况下由于样品的透过率降低,整个闭孔Z扫描曲线有向下拉的趋势,这样就使峰受到削弱而谷被增强。在非线性吸收较小的时候,经常用闭孔曲线除以开孔曲线(D2/D1)来消除吸收的影响,可以得到一条近似由纯折射引起的曲线。

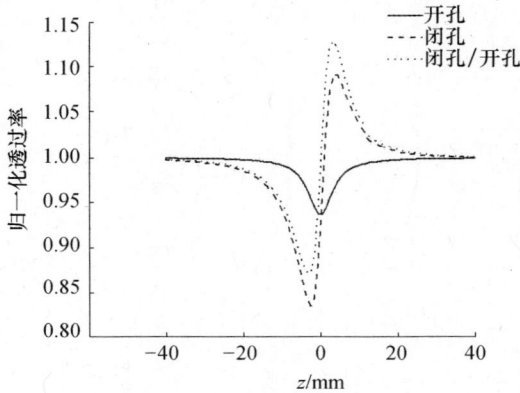

图1-8 非线性吸收参与的Z扫描归一化透射率曲线

上面介绍的高斯光Z扫描是最常用的一种光路结构。由于具有一系列优点:单光束测量;可以同时测量非线性折射和非线性吸收,可以区分非线性吸收和折射的正负;灵敏度高。从问世到现在的20余年,Z扫描技术广泛应用于介质光学非线性测量研究领域。据不完全统计,到目前为止发明Z扫描技术的文章被引用达3000余次,市场上已有Z扫描测试仪销售。可以认为Z扫描技术对非线性光学材料的研究发挥了极其重要的作用。同时研究人员在实验的过程中根据不同的需要对光路进行了改进,研发了一系列改进的Z扫描技术。这里简单介绍其中较典型的几种改进的光路。

(1) top-hat Z扫描[36]。这种方法是利用top-hat光代替原来的高斯入射光,这样可以使得系统的非线性折射的测量灵敏度提高2.5倍。此外,由于top-hat光是将激光器出射的光束扩束以后再通过一个小孔得到的,所以它可以适用于光束质量比较差的情况。

(2) 挡板Z扫描[37]。经典的Z扫描是通过测量激光光束的中心部分光强的变化来得到光学非线性系数的。在强激光激发下,介质产生的光学非线性效应将对激光光束的光强空间分布产生调制。这样对于透射光束,无论是光束中心还是光束外缘部分,其光强分布都会发生变化。挡板Z扫描用一个圆盘代替在普通Z扫描中使用的圆孔来测量透射光束外缘变化,由于处于高斯光束边缘的部分光强很弱,对光束偏折带来的影响很敏感。利用这种改进的Z扫描可使

13

系统的灵敏度提高一个量级以上。但是这种方法同时也对光束的空间质量要求更高了。基于与挡板 Z 扫描同样原理的还有离轴 Z 扫描,其小孔偏离 z 轴位置,利用光束边缘的光线提高测量灵敏度。

（3）反射 Z 扫描[38]。反射 Z 扫描是通过测量样品表面反射光能量的改变研究高吸收介质表面的非线性特性的方法。在这种 Z 扫描方法中样品的法线方向与光束传播方向成布儒斯特角,使得测量信号对非线性样品引起的光束角度的偏折最灵敏。实验装置如图 1 - 9 所示。

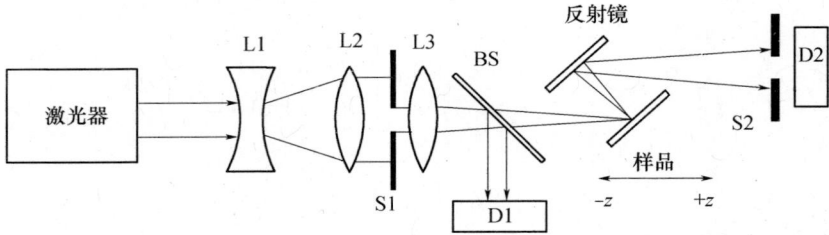

图 1 - 9　反射 Z 扫描实验装置图

图 1 - 9 的前半部分是一个将不稳定的高斯光束变成质量较好的 top-hat 光束的简单装置,首先使用一个凹透镜和一个凸透镜将光束扩展,并用一个小孔 S1 截取扩展光斑质量好的部分。通过小孔 S1 的光束经过凸透镜 L3 聚焦后形成了一个束腰为 ω_0 的 top-hat 光束。后面的装置就是反射 Z 扫描的实验部分,分光镜 BS 将 top-hat 光束分为两束。反射部分被光电子接收器 D1 记录,用来监控入射光;透射部分照射在倾斜的样品上,样品可在沿光前进的 z 方向上移动,经样品反射的光通过平行于样品的反射镜后,被放置在远场的光电子接收器 D2 记录,D2 既可以记录整个光斑的能量,也可使用小孔 S2 记录局部光斑的能量。

（4）双色 Z 扫描[39]。一般的 Z 扫描仅适用单一波长激光,而双色 Z 扫描,用两种不同波长的光形成的混合光束作为 Z 扫描光源,同时入射介质,可测量频率为 ω_p 的强光感应出频率为 ω 的弱探测光的非线性折射率 $n_2(\omega, \omega_p)$ 和双光子吸收系数 $\beta(\omega, \omega_p)$,即非简并的非线性响应。这种方法一般用基频光和倍频光形成混合光束。

（5）双束时间分辨 Z 扫描[40]。这种方法是在双色 Z 扫描的某一频率的光束中增加一个时间延迟装置,可以用来做非线性光学性质的动态测量。双束时间分辨 Z 扫描技术是在 1994 年由 Wang 等提出的,原则上可以测量非线性吸收系数和非线性折射率。但是需要注意的是,这个技术在实验上要求非常苛刻,比如,泵浦光和探测光必须严格一致地入射到被测样品。此外,在做这个实验之前还要先做一遍普通的 Z 扫描实验,以确定峰谷位置,然后再在峰谷位置分别获得时间分辨的折射数据,测量吸收动力学时还要将样品放在焦点重新再测。由于涉及的过程太过麻烦,且测量过程中样品移动可能造成误差等原因,在应用上受到很大限制。

(6) 高斯贝塞尔 Z 扫描[41]。这种方法是用高斯贝塞尔脉冲激光作为 Z 扫描系统的光源,与传统的 Z 扫描相比,极大地提高了系统的测量灵敏度。

(7) 白光(White-Light Continuum)Z 扫描技术[42]。白光 Z 扫描实验装置如图 1-10 所示。

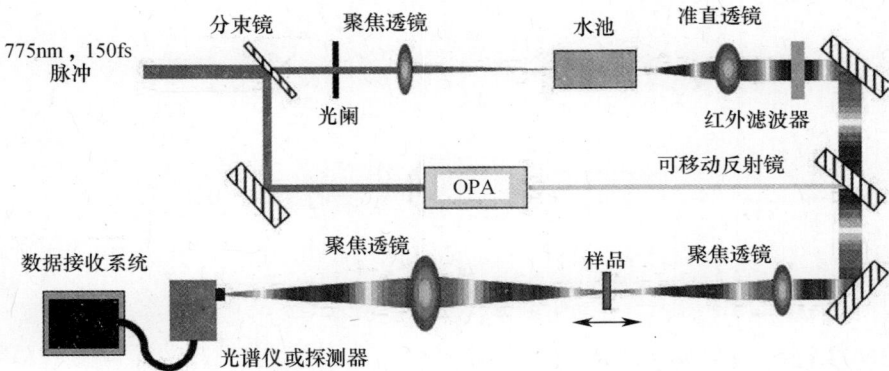

图 1-10　白光 Z 扫描实验装置

这里的白光是一束强宽带相干光源,用高光强的飞秒激光脉冲激发透明液体或固体介质产生。Z 扫描实验装置中, Ti: Sapphire 激光器出射的波长为 775nm, 脉冲宽度为 150fs 的激光被分为两束。一束用于泵浦可调光学参量放大器;另一束入射到装有蒸馏水的样品池中产生 WLC 光束。WLC 光束用于探测介质的非线性响应信号。低通滤波器用于滤除强泵浦脉冲和 WLC 光谱中的红外光谱部分。WLC 光束经校正后入射到被测样品上,在 z 方向上扫描光束的传播情况。

白光 Z 扫描技术可以用于测量吸收型(饱和或反饱和吸收)样品和透明(双光子吸收)样品的非线性吸收光谱。

(8) 南开大学的刘智波等 2007 年提出了一种结合非线性椭圆偏振的 Z 扫描技术(NER Z 扫描)[43],来测量 3 阶非线性极化率。实验光路如图 1-11 所示。

图 1-11(a)中 D1 和 D2 是探测器。图 1-11(b)、(c) 分别是入射和透射偏振椭圆的几何示意图。x 轴对应 1/4 波片的慢轴。α 是第一个偏振片偏振方向与 x 轴的夹角。θ 是由于非线性引起的偏振椭圆的旋转角度。φ 是第二个偏振片的偏振方向与 x 轴的夹角。该方法可以测量各向同性介质的 3 阶非线性极化率张量元。

(9) 相位物体(PO)Z 扫描[44]。PO Z 扫描基本原理与经典 Z 扫描一样,都是通过光束畸变来测量非线性极化系数。与传统 Z 扫描不同的是,PO Z 扫描技

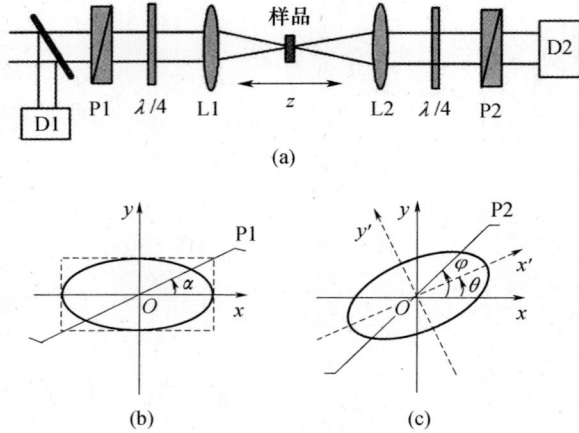

图 1-11 NER Z 扫描的实验装置图

（a）实验装置；（b）入射；（c）透射椭圆的几何示意图

术在光路中增加一相位物体，进一步增强对光学非线性产生的光束畸变的调制。PO Z 扫描光路图见图 1-12，在聚焦透镜 L 的前焦平面上放置一个圆形相位物体（实际上相位物体可以放置在透镜前的任意位置），光源出射的高斯激光束首先经过相位物体 PO 后被分束镜 BS 分成两束。一束直接进入探测器 D1，用于监测入射激光的能量浮动，另一束被透镜 L 聚焦，通过样品后的光束传播至远场小孔处，通过小孔的透射光能量由小孔后方的探测器 D2 接收并传递到计算机记录处理。

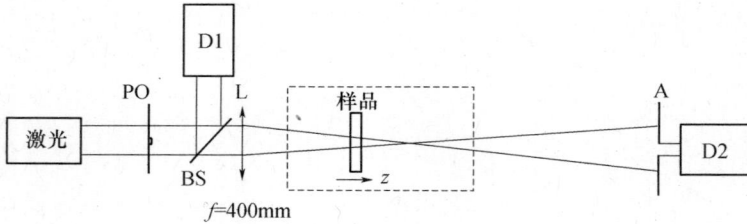

图 1-12 PO Z 扫描实验装置

实验中的 PO 是通过在玻璃板上镀透明介质薄膜而形成的，它只改变透过光束的相位而不改变其振幅，如图 1-13 所示，圆形 PO 处于玻璃板中心，半径为 L_p，薄膜的厚度为 d_{po}，折射率为 n_d，这样就会对波长为 λ 的光波产生一个相位延迟 $\varphi_L = 2\pi(n_d - 1)d_{po}/\lambda$，其复振幅透过率描述为：当 $r \leqslant L_p$ 时，$t(r) = \exp(i\varphi_L)$，其余为 1。

设初始入射激光是一线偏振高斯光束，束腰半径为 ω_e，其横向光场分布可以写成

16

$$E(r,t) = E_0 \exp\left(-\frac{r^2}{\omega_e^2}\right)\exp\left(-\frac{t^2}{2\tau^2}\right) \tag{1-17}$$

式中:E_0 为轴上峰值场强,τ 为激光脉冲宽度(HW1/eM)。

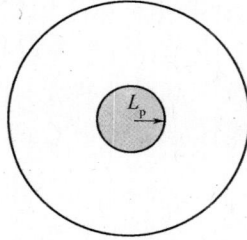

图 1 – 13   相位物体示意图

通过 PO 后的光电场为

$$E_{01}(r,t) = E(r,t)t(r) \tag{1-18}$$

通过菲涅耳 – 基尔霍夫远场圆孔衍射积分,激光束到达透镜前表面的光场分布为

$$E_{02}(r_1,t) = \frac{2\pi}{i\lambda d}\exp\left(\frac{i\pi r_1^2}{\lambda d}\right)\int_0^{+\infty} E_{01}\exp\left(\frac{i\pi r^2}{\lambda d}\right)J_0\left(\frac{2\pi r r_1}{\lambda d}\right)r\mathrm{d}r \tag{1-19}$$

式中:r_1 为透镜前表面横向半径分布;传输距离 $d=f$;J_0 为第一类零阶贝塞尔函数。

在傍轴近似下,透镜的透过率可表示为

$$t_L(r_1) = \exp[ikr_1^2/(2f)] \tag{1-20}$$

透镜后表面的光场为

$$E_{03}(r_1,t) = E_{02}(r_1,t)t_L(r_1) \tag{1-21}$$

设样品到焦点的距离为 z,则透镜后表面的光场传播到样品前表面的距离为 $d_1=f+z$,对透镜后表面的光场 $E_{03}(r_1,t)$ 依然进行衍射积分,可求得到达样品前表面的光场分布为

$$E_{04}(r_2,z,t) = \frac{2\pi}{i\lambda d_1}\exp\left(\frac{i\pi r_2^2}{\lambda d_1}\right)\int_0^{+\infty} E_{03}(r_1,t)\exp\left(\frac{i\pi r_1^2}{\lambda d_1}\right)J_0\left(\frac{2\pi r_2 r_1}{\lambda d_1}\right)r_1\mathrm{d}r_1$$

$$\tag{1-22}$$

在慢变振幅近似和薄样品近似下,样品中光强和相位的变化可以用下面的一对耦合方程来描述,即

$$\frac{\mathrm{d}I}{\mathrm{d}z'} = -\alpha(I)I$$

$$\frac{\mathrm{d}\Delta\varphi}{\mathrm{d}z'} = \Delta n(I)k \tag{1-23}$$

式中:z'为光束在样品中的传播深度;$\alpha(I)$为吸收系数,$\alpha(I) = \alpha_0 + \beta I$,包含线性吸收系数$\alpha_0$和非线性吸收系数$\beta$;$\Delta n(I)$为非线性折射率变化,$\Delta n(I) = \gamma I$,$\gamma$为非线性折射率,$I$为样品内的光强,在样品的表面有$I \propto |E_{04}(r_2,z,t)|^2$。

透射光场从样品后表面通过衍射传播至远场小孔处,传播的距离为$d_2 = D - z$,经过衍射积分变换可得到远场小孔表面处的光电场分布E_a,将小孔表面处的光强分布I_a对小孔面积和脉冲持续时间积分便可得到透过小孔的光束能量。将透过小孔的非线性能量归一化,就得到了透过小孔的透过率

$$T(z) = \frac{\int_{-\infty}^{+\infty} \int_0^{r_a} 2\pi r_a I_a(r_a,z,t)\,\mathrm{d}r_a \mathrm{d}t}{\int_{-\infty}^{+\infty} \int_0^{r_a} 2\pi r_a I'_a(r_a,z,t)\,\mathrm{d}r_a \mathrm{d}t} \qquad (1-24)$$

式中:r_a为小孔表面横向半径分布,大小为相位物体 PO 在远场衍射光斑的半径;$I'_a(r_a,z,t)$为小孔处的线性光强分布。

对样品在每一位置 z 处重复上述积分就得到理论上的 PO Z 扫描透过率变化曲线。当 $r_a \to \infty$ 时,所测的曲线只与样品的非线性吸收相关。

图 1 – 14 所示为纯 3 阶非线性折射下的 PO Z 扫描理论曲线。拟合所用参数为:激光脉冲宽度为 4ns,入射能量为 $E_0 = 5\mu J$,入射光斑的半径 $\omega_e = 2.8mm$,透镜的焦距 $f = 400mm$,样品的厚度为 2mm,相位物体的半径 $L_p = 0.5mm$,焦点到小孔的距离 $D = 0.8m$,小孔的半径 $R_a = 1mm$,样品的非线性折射率 $\gamma = \pm 1 \times 10^{-17}W/m^2$。不难看出,PO Z 扫描的归一化透过率曲线明显不同于传统 Z 扫描的归一化透过率曲线,对于正的非线性折射率,图形为单峰而不是先谷后峰的结构。对于负的非线性折射率,图形为单谷,而不是先峰后谷的形状。在传统的 Z 扫描技术中,当样品沿着高斯光光轴移动时,样品产生的非线性相移会使远场的光束发生发散或会聚,从而导致透过远场小孔的透过率发生变化。而在 PO Z 扫描技术中,样品产生的非线性相移主要导致了相位物体衍射光斑内的振幅变化,而相位物体衍射光斑外光场的振幅受到的影响很小。这和相衬原理相似。在非线性相移最强的位置,小孔的透过率达到最强或最弱。而在这个位置的两侧,非线性相移开始变小,透过小孔的能量变化也就变弱。所以 PO Z 扫描的曲线表现为单峰或单谷结构。

图 1 – 15 所示为在波长为 532nm、脉冲宽度为 4ns 的脉冲作用下,甲苯和 ZnSe 的 PO Z 扫描曲线。图中正方形符号和三角形符号分别表示半导体 ZnSe 和甲苯溶剂的实验曲线。ZnSe 的实验曲线表现为单谷结构,表明 ZnSe 为负的非线性折射。而甲苯的实验曲线为单峰结构,表明甲苯为正的非线性折射。图中的实线为理论拟合曲线。这些结果和前人的工作吻合,说明 PO Z 扫描技术的可行性。

虽然 Z 扫描方法在非线性光学研究领域获得了广泛应用,取得了一系列成

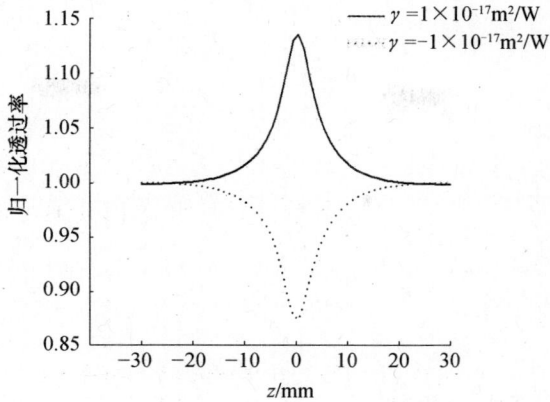

图 1-14　3 阶非线性折射的 PO Z 扫描理论曲线

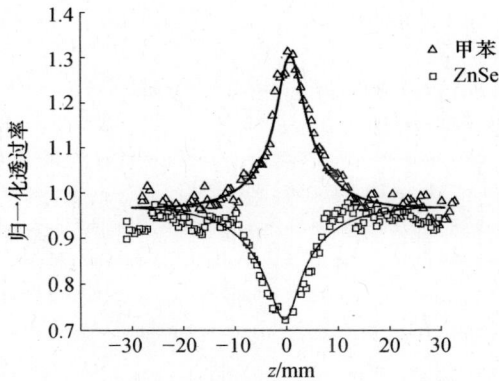

图 1-15　甲苯和 ZnSe 在波长为 532nm、
脉冲宽度为 4ns 激光作用下的 PO Z 扫描实验曲线

果,但是此方法也存在着一定的局限性:

(1) Z 扫描技术测量的是介质的等效光学非线性系数,很难定量区分不同非线性光学效应的贡献。Z 扫描技术比较适合于快速响应的光学非线性介质,当介质的非线性响应时间慢于激光脉冲宽度时,测量结果会产生误差。

(2) Z 扫描曲线需要样品处于不同 z 处测量不同透射率值而得到,容易损伤样品。如果样品生长不均匀,也会由于辐照样品的不同区域而引起测量误差。

(3) 对于光学非线性动力学响应的时间分辨测量是很困难的。

(4) 要求高的激光脉冲空间、时间分布稳定性。

虽然光学非线性测量技术取得了很大发展,但是迄今为止,前述的光学非线性测量技术不能充分满足在非线性折射动力学、宽波段光学非线性等领域的研究需求,还需要发展新的技术。4f 相位成像技术为满足这些需求提供了可能。

参考文献

[1] Kerr J. A new relation between electricity and light:dielectrified media birefringent[J]. Phil. Mag,1875,50 (332):337 −348.

[2] Göppert − Mayer M. Ueber elementarakte mit zwei quanenspruengen[J]. Ann. Phys,1931,9:273 −294.

[3] Franken P A,Hill A E,Peters C W,et al. Generation of optical harmonics[J]. Phys. Rev. Lett,1961,7:118 − 119.

[4] Maker P D,Terhune R W,Savage C M. Intensity dependent changes in the refractive index in liquids[J]. Phys. Rev. Lett,1964,12:507 −509.

[5] Hellwarth R W,Owyoung A,George N. Origin of the nonlinear refractive index of liquid CCl_4 [J]. Phys. Rev. A,1971,4:2342 −2347.

[6] Owyoung A. Ellipse rotations studies in laser host materials[J]. IEEE. J. Quantum Electron,1973,9(11): 1064 − 1069.

[7] Veduta A P,Kirsanoy B P. Varition of the refractive index of liquids and glasses in a high intensity field of a ruby laser[J]. Sov. Phys,1968,27:736 −738.

[8] Bliss E S,Speck D R,Simmons W W. Direct interferometric measurements of the nonlinear index coefficient in laser materisals[J]. Appl. Phys. Lett,1974,25,728 −730.

[9] Moran M J,She C Y,Carman R L. Interferometric measurements of the nonlinear refractive − index coefficient relative to CS_2 in laser − system − related materials[J]. IEEE J. Quantum Electron,1975,11(6):259 −263.

[10] Millan D,Weber M J. Measurement of nonlinear refractive − index coefficients using time − resolved interferometry:application to optical materials for high − power neodymium lasers[J]. Appl. Phys,1976,47:2497 − 2501.

[11] Olbright G R,Peyghambarian N. Interferometric measurement of the nonlinear index of refraction, n_2 of CdSSe − doped glasses[J]. Appl. Phys. Lett,1986,48:1184 −1186.

[12] Saltiel S M,Van Wonterghem B,Rendstzepis P M. Measurement of $\chi^{(3)}$ and phase shift of nonlinear media by means of a phase − conjugate interferometer[J]. Opt. Lett,1989,14:183 −186.

[13] Buchalter B,Meredith G R. Third − order optical susceptibility of glasses determined by third harmonic generation[J]. Appl. Opt,1982,21:3221 −3224.

[14] Adair R,Chase L L,Payne S A. Nonlinear refractive index measurement of glasses using three − wave frequency mixing[J]. J. Opt. Soc. Am. B,1987,4:875 −881.

[15] Hellwarth R W. Generation of time − reversed wave fronts by nonlinear refraction [J]. J. Opt. Soc. Am, 1977,67(1):1 −3.

[16] Yariv A,Pepper D M. Amplified reflection phase conjugation and oscillation in degenerate four − wave mixing[J]. Opt. Lett. ,1977,1:16 −18.

[17] 吴存恺,王志英,范俊颖. 用简并的四波混频测量介质的三阶极化率[J]. 物理学报,1980,29(4): 508 −510.

[18] 费浩生,赵家龙,赵峰等. 吸收介质中三阶极化率的测量[J]. 中国激光,1990,17(9):702 −704.

[19] Smith P W,Tomlinson W J,Eilenberger D J,et al. Measurement of electronic optical Kerr coefficients[J]. Opt. Lett,1981,6:882 −893.

20

[20] Liebers J, Scaria A, Materny A, et al. Probing the vibrational dynamics of high – lying electronic states using pump – degenerate four – wave mixing[J], Phys. Chem. Chem. Phys, 2010, 12: 1351 – 1356.

[21] Dietzek B, Christensson N, Pascher T, et al. Ultrafast Excited – State Isomerization Dynamics of 1,1 – Diethyl – 2,2 – Cyanine Studied by Four – Wave Mixing Spectroscopy[J], J. Phys. Chem. B, 2007, 111: 5396 – 5404.

[22] Rativa D, De Araujo R E, Gomes A S L, et al B. Hartmann – shack wavefront sensing for nonlinear materials characterization[J]. Opt. Express, 2009, 17(24): 22047 – 22053.

[23] Harris J M, Dovichi N J. Thonnal lens calorimetry Ⅱ Anal. Chen. 52(6): 695A – 706A.

[24] Sheik – bahae M, Said A A, Van Stryland E W. High – sensitivity, single – beam n_2 measurements[J]. Opt. lett, 1989, 14(17): 955 – 957.

[25] Sheik – bahae M, Said A A, Wei T, et al. Van Stryland E W. Sensitive measurement of optical nonlinearities using a single beam[J]. IEEE J. Quantum Elect, 1990, 26(4): 760 – 769.

[26] Duguay M A, Hansen J W. An ultrafast light gate[J]. Appl. Phys. Lett, 1969, 15(6): 192 – 194.

[27] Ippen E P, Shank C V. Picosecond response of a high – repetition – rate CS_2 optical Kerr gate[J]. Appl. Phys. Lett, 1975, 26(3): 92 – 93.

[28] McMorrow D, Lotshaw W T. Intermolecular dynamics in acetonitrile probed with femtosecond Fourier – transform Raman spectroscopy[J]. J. Phys. Chem, 1991, 95(25): 10395 – 10406.

[29] Cong P J, Chang Y J, Simon J D. Complete determination of intermolecular spectral densities of liquids using position – sensitive Kerr lens spectroscopy[J]. J. Phys. Chem, 1996, 100(21): 8613 – 8616.

[30] Fecko C J, Eaves J D, Tokmakoff A. Isotropic and anisotropic Raman scattering from molecular liquids measured by spatially masked optical Kerr effect spectroscopy[J]. J. Chem. Phys, 2002, 117(3): 1139 – 1154.

[31] Zhong Q, Zhu X, Fourkas J T. Anti – resonant – ring Kerr spectroscopy[J]. Opt. Express, 2007, 15(11): 6561 – 6568.

[32] McMorrow D, Lotshwa W T, Kenney – wallace G A. Femtosecond optical Kerr studies on the origin of the nonlinear responses in simple liquids[J]. IEEE J. Quantum Elect, 1988, 24(2): 443 – 454.

[33] Deuel H P, Cong P, Simon J D. Probing intermolecular dynamics in liquids by femtosecond optical Kerr effect spectroscopy: effects of molecular symmetry[J]. J. Phys. Chem, 1994, 98: 12600 – 12608.

[34] Zhong Q, Fourkas J T. Searching for voids in liquids with optical Kerr effect spectroscopy[J]. J. Phys. Chem. B, 2008, 112: 8656 – 8663.

[35] Zhong Q, Fourkas J T. Optical Kerr effect spectroscopy of simple liquids[J]. J. Phys. Chem. B, 2008, 112: 15529 – 15539.

[36] Zhao W, Palffy – Muhoray P. Z – scan technique using top – hat beams[J]. Appl. Phys. Lett, 1993, 63(12): 1613 – 1615.

[37] Xia T, Hagan D J, Sheik – bahae M, et al. Eclipsing Z – scan measurement of $\lambda/10^4$ wave – front distortion [J]. Opt. Lett, 1994, 19(5): 317 – 319.

[38] Petrov D V, Gomes A S L, Cid B de Araujo. Reflection Z – scan technique for measurements of optical properties of surfaces[J]. Appl. Phys. Lett, 1994, 65(9): 1067 – 1069.

[39] Sheik – bahae M, Wang J, DeSalvo R, et al. Van Stryland E W. Measurement of nondegenerate nonlinearities using a two – color Z scan[J]. 1992, 17(4): 258 – 260.

40] Wang J, Sheik – bahae M, Said A A, et al. Van Stryland E W. Time – resolved Z – scan measurements of optical nonlinearities[J]. J. Opt. Soc. Am. B, 1994, 11(6): 1009 – 1017.

[41] Hughes S, Burzler J M. Theory of Z – scan measurements using Gaussian – Bessel beams[J]. Phys. Rev. A, 1997, 56(2): R1103.

[42] Balu M, Hales J. Hagan D J. Van Stryland E W. White – light continuum Z – scan technique for nonlinear materials characterization[J]. Opt. Express, 2004, 12(6) :3820 – 3826.

[43] Liu Z, Yan X, Tian J, et al. Nonlinear ellipse rotation modified Z – scan measurements of third-order nonlinear susceptibility tensor[J]. Opt. Express, 2007, 15(20) :13351 – 13359.

[44] Yang J, Song Y. Direct observation of the transient thermal – lensing effect using the phase – object Z – scan technique[J]. Opt. Lett, 2009, 34(2) :157 – 159.

第 2 章
4f 相位成像技术的基本原理与发展

人的眼睛可以感受到光强度的变化,但是不能辨别相位变化。由于相位型物体不改变入射光的振幅,仅因厚度或折射率的变化而改变入射光波的相位分布,因而人眼无法观察到它的空间图像。解决这一问题的方法之一就是把相位变化转化为强度(或振幅)的变化,也就是把空间相位调制的信息变换为空间强度(或振幅)调制的信息。4f 相位成像技术将傅里叶光学和非线性光学结合,通过相位物体将相位信息转换为光强信息,这种单脉冲激光辐射测量技术可以用来测量放在系统傅里叶面上的材料的光学非线性。早期研究结果表明:使用1/4波长失相物体可以使探测图像透过率变化最大化;同时,相位物体的使用和Top-hat 光激发可以显著提高测量灵敏度。在成像系统入口处增加这种类型的相位物体,使非线性折射率符号的确定也成为可能。总之,4f 相位成像技术反转了泽尼克空间滤波实验。它不是把 1/4 波长相位延迟片傅里叶平面去获得在成像系统入口处的未知的相位物体的信息,而是把 1/4 波长相位延迟片(后来在 4f 相位成像技术中发展演化成为相位光阑)放在物面去获得傅里叶面上介质产生的非线性滤波信息。下面首先给读者介绍傅里叶变换光学的一些基本知识,这些知识对后面 4f 相位成像技术的物理本质的理解具有重要作用。

2.1　衍射系统的屏函数和相因子判断法

凡能使波前上复振幅发生改变的物体,统称为衍射屏。衍射屏可以是反射物,也可以是透射物。以衍射屏为界,整个衍射系统被分成前、后两部分。前场为照明空间,充满照明光波场;后场为衍射空间,充满衍射光波场。在一个衍射系统中,特别要考虑 3 个波前上的场分布。衍射屏之前是照明光波前 $\widetilde{U}_1(x,y)$,它称为入射场;衍射屏之后是衍射光波前 $\widetilde{U}_2(x,y)$,它是透射场(或反射场);最

后还有一个接收场 $\widetilde{U}(x',y')$。把波前 $\widetilde{U}_1(x,y)$ 转化为波前 $\widetilde{U}_2(x,y)$ 是衍射屏的作用,从波前 $\widetilde{U}_2(x,y)$ 导出波前 $\widetilde{U}(x',y')$ 是光的传播问题。两步合起来成为衍射。可以说,衍射就是波前变换。

衍射屏的作用可用以下函数来表征,即

$$\widetilde{t}(x,y) = \frac{\widetilde{U}_2(x,y)}{\widetilde{U}_1(x,y)} \qquad\qquad (2-1)$$

对于透射屏,它称为复振幅透过率函数;对于反射屏,它称为复振幅反射率函数。二者统称为屏函数。

屏函数一般也是复数,它包括模和辐角两部分。$\widetilde{t}(x,y)$ 的辐角为常数的衍射屏称为振幅型的;$\widetilde{t}(x,y)$ 的模为常数的衍射屏为位相型的。

任何形状的孔或遮光屏是最简单的振幅型衍射屏,其屏函数 $\widetilde{t}(x,y)$ 的形式为透光部分为 1,遮光部分为 0。透镜则是最常见的位相型衍射屏。

相因子判断法,简言之,即根据波前函数的相因子来判断波场的性质,分析衍射场的主要特征。表 2-1 中列出平面波和几种典型球面波在波前上的相因子,表中的球面波都取傍轴近似,相位函数中只保留与波前上的坐标 x、y 有关的部分,$k = 2\pi/\lambda$。

表 2-1　平面波和球面波在波前上的相因子

波的类型	特征	相因子
平面波	传播方向 (θ_1,θ_2)	$\exp[ik(\sin\theta_1 x + \sin\theta_2 y)]$
发散球面波	中心在轴上坐标 $(0,0,-z)$	$\exp\left(ik\dfrac{x^2+y^2}{2z}\right)$
会聚球面波	中心在轴上坐标 $(0,0,z)$	$\exp\left(-ik\dfrac{x^2+y^2}{2z}\right)$
发散球面波	中心在轴外坐标 $(x_0,y_0,-z)$	$\exp\left[ik\left(\dfrac{x^2+y^2}{2z} - \dfrac{xx_0+yy_0}{z}\right)\right]$
会聚球面波	中心在轴外坐标 (x_0,y_0,z)	$\exp\left[-ik\left(\dfrac{x^2+y^2}{2z} - \dfrac{xx_0+yy_0}{z}\right)\right]$

在成像光学系统中,透镜起两方面的作用。一方面,它是光瞳,限制着波面,仅提取入射光波中央一部分波面 Σ_1 进入光学系统;另一方面,它变换波面,把一种波面变换为另一种波面。其实,从纯粹波动光学的观点,对透镜引入一个复振幅透射率函数 $\widetilde{t}(x,y)$,即可把透镜的上述两方面的性质全部反映出来。

在透镜前、后各取一个平面,设在它们上面的入射波前和透射波前分别为

$$\begin{cases} \widetilde{U}_1(x,y) = A_1(x,y)\exp[\,\mathrm{i}\varphi_1(x,y)\,] \\ \widetilde{U}_2(x,y) = A_2(x,y)\exp[\,\mathrm{i}\varphi_2(x,y)\,] \end{cases}$$

透镜的透过率函数为

$$\tilde{t}_L(x,y) = \frac{A_2}{A_1}\exp[\,\mathrm{i}(\varphi_2 - \varphi_1)\,] = \begin{cases} a(x,y)\,\mathrm{e}^{\mathrm{i}\varphi(x,y)}, & r \leqslant D/2 \\ 0, & r > D/2 \end{cases} \qquad (2-2)$$

式中:$r = \sqrt{x^2 + y^2}$;D 为透镜直径。

设透镜材料对入射光波是透明的,忽略透镜对光的吸收、反射等能量的损耗,则 $A_2 = A_1$,有

$$a(x,y) = A_2(x,y)/A_1(x,y) = 1$$

于是,在透镜的孔径内

$$\tilde{t}_L(x,y) = \exp[\,\mathrm{i}\varphi_L(x,y)\,] \qquad (2-3)$$

式中:$\varphi_L(x,y) = \varphi_2(x,y) - \varphi_1(x,y)$;$\tilde{t}_L$ 为透镜的相位变换函数。

下面在傍轴条件下计算薄透镜的位相变换函数。由于透镜很薄,入射点与出射点的坐标相近,光程可近似地沿平行于光轴方向计算,有

$$\varphi_L(x,y) = \frac{2\pi}{\lambda}[\,\Delta_1 + \Delta_2 + nd(x,y)\,] = \varphi_0 - \frac{2\pi}{\lambda}(n-1)(\Delta_1 + \Delta_2) \qquad (2-4)$$

式中:$\varphi_0 = \dfrac{2\pi}{\lambda}nd_0$,$\varphi_0$ 为与 x、y 无关的常数,它不影响波前上位相的相对分布,常可略去不写。

式(2-4)中重要的是第二项,在傍轴条件下其中的 Δ_1 和 Δ_2 可写为

$$\Delta_1(x,y) = r_1 - \sqrt{r_1^2 - (x^2 + y^2)} \approx \frac{x^2 + y^2}{2r_1}$$

$$\Delta_2(x,y) = (-r_2) - \sqrt{(-r_2)^2 - (x^2 + y^2)} \approx -\frac{x^2 + y^2}{2r_2}$$

式中:r_1、r_2 分别为透镜前、后两表面的曲率半径。

代入式(2-4),略去 φ_0 不写,得

$$\varphi_L(x,y) = -\frac{2\pi}{\lambda}\frac{n-1}{2}\left(\frac{1}{r_1} - \frac{1}{r_2}\right)(x^2 + y^2) = -k\frac{x^2 + y^2}{2F} \qquad (2-5)$$

式中

$$F = \frac{1}{(n-1)\left(\dfrac{1}{r_1} - \dfrac{1}{r_2}\right)} \qquad (2-6)$$

而 $k = 2\pi/\lambda$。于是透镜的透过率函数(相位变换函数)为

$$\tilde{t}_{\mathrm{L}}(x,y) = \exp\left(-\mathrm{i}k\frac{x^2+y^2}{2F}\right) \qquad (2-7)$$

可以看到,式(2-6)给出的 F 正是几何光学理论导出的透镜焦距。

下面来分析高斯光束经透镜后的变换。已知入射高斯光束的束腰为 ω_0,腰与透镜的距离为 z,求出射高斯光束的束腰 ω_0' 和位置 z'。首先确定入射波面 Σ 的有效半径 $\omega(z)$ 和曲率半径 $r(z)$ 分别为

$$\begin{cases} \omega(z) = \omega_0\left(1 + \dfrac{\lambda^2 z^2}{\pi^2 \omega_0^4}\right)^{1/2} \\[3mm] r(z) = z\left(1 + \dfrac{\pi^2 \omega_0^4}{\lambda^2 z^2}\right) \end{cases}$$

薄透镜将球面波面 Σ 变换为另一球面波面 Σ',而波面的有效半径近乎不变,波面的曲率半径 r' 与 r 满足薄透镜的物像距关系,即

$$\begin{cases} \omega' = \omega \\[3mm] \dfrac{1}{r'} + \dfrac{1}{r} = \dfrac{1}{F} \end{cases}$$

这里的 ω' 和 r' 应理解为 $\omega'(z')$ 和 $r'(z')$,这样可以得出射光束的束腰 ω_0' 和位置 z' 分别为

$$\begin{cases} \omega'_0 = \omega'\left(1 + \dfrac{\pi^2 \omega'^4}{\lambda^2 r'^2}\right)^{-1/2} \\[3mm] z' = r'\left(1 + \dfrac{\lambda^2 r'^2}{\pi^2 \omega'^4}\right)^{-1} \end{cases}$$

对于短焦距透镜,设 $r \gg F$,于是 $r' \approx F$,但出射光束的腰并不在后焦点,而是在 $z' \approx F\left[1 + \lambda^2 F^2/(\pi^2\omega'^4)\right]^{-1}$ 处。若同时有 $\lambda^2 F^2 \ll \pi^2\omega'^4$,才有 $z' \approx F$。

下面介绍棱镜的相位变换函数。棱镜的作用不是成像,而是偏折,它将一个方向的平行光束变换为另一个方向的平行光束。因平面波的相因子是线性的,故可预料棱镜的相位变换函数在指数上的因子将是线性的。对于楔形薄棱镜可近似认为光线在两个界面上等高。

设楔角为 α,折射率为 n,则相位差为

$$\varphi_{\mathrm{p}}(x,y) = \frac{2\pi}{\lambda}(\Delta + nd) = \varphi_0 - \frac{2\pi}{\lambda}(n-1)\Delta$$

式中:$\varphi_0 = (2\pi/\lambda)nd_0$,$d_0$ 为中心厚度;$\Delta = \alpha x$,略去 φ_0 不写,则

$$\varphi_{\mathrm{p}}(x,y) = -k(n-1)\alpha x \qquad (2-8)$$

$$\tilde{t}_{\mathrm{p}}(x,y) = \exp[-\mathrm{i}k(n-1)\alpha x] \qquad (2-9)$$

刚才的计算针对棱镜棱边平行于 y 轴的情形,如果交棱在 (x,y) 面内任意

收向,可用斜面法线 N 的两个方向角的余角 α_1 和 α_2 来表征,即

$$\tilde{t}_p(x,y) = \exp[-ik(n-1)(\alpha_1 x + \alpha_2 y)] \qquad (2-10)$$

可以看到,透镜的相位变换函数是坐标 x、y 的二次函数,而棱镜的相位变换函数则是线性的。可以倒过来看问题:波前函数中每出现一个线性的相因子,即可把它看成是受到某个等效棱镜的偏折;每出现一个二次项因子,则可看成是受到某个等效透镜的作用。

2.2　正弦光栅的衍射

先看空间频率的概念。衍射屏可以是各式各样的,其屏函数的具体形式也各不相同。从傅里叶变换的眼光来看问题,最基本的屏函数是具有空间周期性的函数。描述空间周期函数的重要概念是"空间频率"。读者对时间周期性函数,如简谐交流电,是较为熟悉的。与之对比,空间周期性函数应不难理解。简谐交流电压为

$$U(t) = U_0\cos(\omega t + \varphi_0) = U_0\cos(2\pi\nu t + \varphi_0) = U_0\cos\left(\frac{2\pi t}{T} + \varphi_0\right)$$

两光束干涉的强度分布为

$$I(x) = I_0[1 + \gamma\cos(qx + \varphi_0)] = I_0[1 + \gamma\cos(2\pi f x + \varphi_0)]$$
$$= I_0\left[1 + \gamma\cos\left(\frac{2\pi x}{d} + \varphi_0\right)\right]$$

类比:

· 时间周期 T↔空间周期 d;

· 时间频率 $\nu = \dfrac{1}{T}$↔空间频率 $f = \dfrac{1}{d}$;

· 时间圆频率 $\omega = 2\pi\nu$↔空间圆频率 $q = 2\pi f$。

对干涉场来说,空间周期 d 就是干涉条纹的间隔,空间频率 f 就是单位长度内的条纹数目。由此可见,空间频率的概念本应比时间频率更为直观、具体,但问题的复杂性来自空间的维数。波场是三维的。其中的一个波前也有二维,因此空间频率不应当只是一个标量。上面的情况是平行于 y 轴的条纹,在一般情况下当它的法线具有倾角 θ 时,干涉强度分布应写为

$$I(x,y) = I_0[1 + \gamma\cos(q_x x + q_y y + \varphi_0)] \qquad (2-11)$$

式中,$q_x = q\cos\theta$,$q_y = q\sin\theta$ 分别为沿 x、y 方向的空间圆频率,它们可看成是一个二维矢量 q 的分量。

沿 x、y 方向的空间频率 f_x、f_y 和条纹间隔 d_x、d_y 分别为 $f_x = q_x/(2\pi)$,$f_y = q_y/(2\pi)$;$d_x = 2\pi/q_x = 1/f_x$,$d_y = 2\pi/q_y = 1/f_y$。相邻条纹的最小间隔为

$$d = 2\pi / \sqrt{q_x^2 + q_y^2} = 2\pi/q$$

光学中常见的空间分布函数(光学信息)有两类:一类是光强分布函数 $I(x, y)$,这是不小于 0 的二维实函数;另一类是波前上的复振幅分布函数 $\widetilde{U}(x,y)$,这是二维的复函数。在不相干成像系统中关心前者;在相干成像系统中关心后者。

下面就来考虑正弦光栅。复振幅透过率具有以下函数形式的衍射屏称为正弦光栅,即

$$\widetilde{t}(x,y) = t_0 + t_1\cos(q_x x + q_y y + \varphi_0) \qquad (2-12)$$

可以看出,此函数的形式与两光束干涉场的强度分布函数(式(2-11))十分相似,所以实际制备一块正弦光栅,就是拍摄一张两平行光束干涉条纹的照相底片。不过为了保证振幅透过率函数 $\widetilde{t}(x,y)$ 与当初曝光时的光强 $I(x,y)$ 成线性关系,必须进行"线性冲洗"。在线性冲洗后,$\widetilde{t}(x,y)$ 与 $I(x,y)$ 具有以下关系,即

$$\widetilde{t}(x,y) = t_0 + \beta I(x,y)$$

式中:β 为常数。

这时若把式(2-11)代入,即可看出 $\widetilde{t}(x,y)$ 符合正弦光栅的定义(式(2-12))。

平行光正入射在正弦光栅上,这时入射波前为 $\widetilde{U}_1 = A_1$,从而透射波前为

$$\widetilde{U}_2(x,y) = \widetilde{U}_1(x,y)\widetilde{t}(x,y) = A_1[t_0 + t_1\cos(2\pi f x + \varphi_0)]$$

利用欧拉公式,有

$$\widetilde{U}_2(x,y) = A_1 t_0 + \frac{1}{2}A_1 t_1\{\exp[i(2\pi f x + \varphi_0)] + \exp[-i(2\pi f x + \varphi_0)]\}$$

$$= \widetilde{U}_0(x,y) + \widetilde{U}_{+1}(x,y) + \widetilde{U}_{-1}(x,y)$$

式中

$$\widetilde{U}_0(x,y) = A_1 t_0$$

$$\widetilde{U}_{+1}(x,y) = \frac{1}{2}A_1 t_1\exp[i(2\pi f x + \varphi_0)]$$

$$\widetilde{U}_{-1}(x,y) = \frac{1}{2}A_1 t_1\exp[-i(2\pi f x + \varphi_0)]$$

亦即,从正弦光栅输出的是 3 列波。根据相因子判断,指数都是线性的,它们都是平面波,其中 $\widetilde{U}_0$ 是沿原方向的,$\widetilde{U}_{+1}$ 和 $\widetilde{U}_{-1}$ 是一对共轭波,从表 2-2 可以看出它们的方向角 θ_{+1} 和 θ_{-1} 分别满足式(2-13),即

$$\sin\theta_{\pm1} = \pm f\lambda \qquad (2-13)$$

如果在透镜的后焦面上接收,可以得到 3 个亮斑,它们分别是 0 级和 ±1 级衍

射斑。

在上面的分析中未考虑光栅的有限宽度 D。考虑到这一点，后场便是 3 列孔径受限的平面衍射波，结果是各级衍射斑都有一定的半角宽度，为

$$\begin{cases} \Delta\theta_0 = \dfrac{\lambda}{D} \\[2mm] \Delta\theta_{\pm1} = \dfrac{\lambda}{D\cos\theta_{\pm1}} \end{cases} \qquad (2-14)$$

从傅里叶分析的角度来看，正弦光栅是任何周期性衍射屏的基本组成部分，因而它的夫琅和费衍射具有特殊的重要意义。

表 2-2　正弦光栅夫琅和费衍射特征

光学信息	衍射斑			
	级别	方向角 θ	振幅	半角宽度 $\Delta\theta$
$\widetilde{U}_2(x) = \widetilde{U}_1(x)\tilde{t}(x)$ $= A_1[t_0 + t_1\cos(2\pi fx + \varphi_0)]$	0 级	$\sin\theta_0 = 0$	$\propto DA_1t_0$	λ/D
空间频率 f 直流成分 A_1t_0	+1 级	$\sin\theta_{+1} = f\lambda$	$\propto DA_1t_1/2$	$\lambda/(D\cos\theta_{+1})$
交流成分 A_1t_1 光栅宽度 D	-1 级	$\sin\theta_{-1} = -f\lambda$	$\propto DA_1t_1/2$	$\lambda/(D\cos\theta_{-1})$

凡屏函数是严格空间周期性函数的衍射屏（透射式或反射式的），统称为光栅。为简单起见，这里只考虑一维光栅，即其屏函数只依赖于一个坐标变量 x。普遍地说，一个函数具有严格的周期性，是指它有以下性质：对于任意 x，有 $\tilde{t}(x+d) = \tilde{t}(x)$。理论上的光栅应是无穷长的，但任何一块实际光栅的有效尺寸 D 总是有限的。换句话说，上式只能在 $|x| \leqslant D/2$ 范围内成立，超出此范围，$t(x) = 0$。不过，只要光栅内包含的单元总数 $N = D/d \gg 1$，可近似地把它看成是周期的。这种只在一定的，但较大的范围内具有周期性的函数，称为准周期函数。

数学上处理周期性函数早有一套办法，就是将它做傅里叶级数展开。傅里叶级数展开式通常有 3 种写法。

（1）正弦余弦式。

$$t(x) = t_0 + \sum_{n>0} a_n\cos(2\pi f_n x) + \sum_{n>0} b_n\sin(2\pi f_n x) \qquad (2-15)$$

式中，n 为整数。频率 $f_1 = 1/d$ 是基频，$f_n = nf_1$ 是基频的整数倍，称为 n 次谐波的频率，式（2-15）后两项皆对所有正整数求和。傅里叶系数由以下积分式给出，即

$$t_0 = \frac{1}{d}\int_{-d/2}^{d/2} t(x)\,\mathrm{d}x \qquad (2-16)$$

$$a_n = \frac{2}{d} \int_{-d/2}^{d/2} t(x) \cos(2\pi f_n x) \, dx \qquad (2-17)$$

$$b_n = \frac{2}{d} \int_{-d/2}^{d/2} t(x) \sin(2\pi f_n x) \, dx \qquad (2-18)$$

（2）余弦相移式。

$$t(x) = t_0 + \sum_{n>0} c_n \cos(2\pi f_n x - \varphi_n) \qquad (2-19)$$

式中，$c_n = \sqrt{a_n^2 + b_n^2}$，$\varphi_n = \arctan \dfrac{b_n}{a_n}$。

（3）指数式。

$$t(x) = t_0 + \sum_{n \neq 0} t_n e^{i(2\pi f_n x - \varphi_n)} = t_0 + \sum_{n \neq 0} \tilde{t}_n e^{i 2\pi f_n x} \qquad (2-20)$$

这里

$$\tilde{t}_n = t_n e^{-i\varphi_n} = \frac{1}{2}(a_n - i b_n) \qquad (2-21)$$

注意，在式（2-20）中的求和已换为对所有非零的整数求和。复数傅里叶系数$\tilde{t}_n$可直接由以下积分式给出，即

$$\tilde{t}_n = \frac{1}{d} \int_{-d/2}^{d/2} t(x) \exp(-i 2\pi f_n x) \, dx \qquad (2-22)$$

如果$t(x)$为实函数（振幅型屏函数），则

$$\begin{cases} \tilde{t}_n = \tilde{t}_{-n}^* \\ \tilde{t}_{-n} = \tilde{t}_n^* \end{cases}$$

以上 3 种表示式各有特点，可根据方便任意选用。在这里为了处理夫琅和费衍射问题，选用指数式将是最方便的。

傅里叶系数$\tilde{t}_n$的集合说明了原函数$t(x)$中各种空间频率的成分占多大的比例，通常把这叫做傅里叶频谱，或简称频谱。一般说来，频谱可以是连续的（频率连续取值），也可以是分立的（频率只取某些分立值）。从上面看到，周期函数展成傅里叶级数，其频率只取基频f整数倍的数值，故周期函数的频谱总是分立的。

任意二维周期函数$t(x,y)$的傅里叶级数展开式为

$$t(x,y) = t_0 + \sum_{n,m \neq 0} \tilde{t}_{nm} \exp[2\pi i(n f_x x + m f_y y)] \qquad (2-23)$$

式中：n、m 为非零整数，$t_0 = \tilde{t}_{00}$，而 $f_x = 1/d_x$ 和 $f_y = 1/d_y$ 分别是沿 x、y 方向的基频，傅里叶系数为

30

$$\tilde{t}_{nm} = \frac{1}{d_x d_y} \int_{-d_x/2}^{d_x/2} dx \int_{-d_y/2}^{d_y/2} t(x,y) \exp[-2\pi i(nf_x x + mf_y y)] dy \quad (2-24)$$

在光栅物衍射系统中,照明光波的波长 λ 和光栅的空间周期 $d = 1/f$ 两个量是互相独立的,不要混淆。对于 $d < \lambda$ 或者说 $f > 1/\lambda$ 的那些过高频率信息来说,衍射斑的方向角满足

$$\sin\theta = f\lambda > 1 \qquad\qquad (2-25)$$

这应如何理解?从形式上看,可以说式(2-25)的 θ 只有虚数解,没有物理意义,从而不存在与之相应的衍射波和衍射斑。但要把这里发生了什么物理过程搞清楚,需要从二维的波前脱离出来,回到三维空间的波场中去。波前函数中具有相因子 $\exp(ik\sin x)$ 的一项,对应衍射场中一列平面波,有

$$\tilde{U}(x,y,z) = A\exp\{ik[\sin(\theta x) + \cos(\theta z)]\} = A\exp[i(k_x x + k_z z)]$$

$$(2-26)$$

这里 $k_x = k\sin\theta$ 和 $k_z = k\cos\theta$ 是波矢 $\boldsymbol{k}$ 的两个分量,即

$$k = \sqrt{k_x^2 + k_z^2}$$

已知 $k = 2\pi/\lambda$ 和 $\sin\theta$,可以求出 k_z,即

$$k_z = \sqrt{k^2 - k_x^2} = k\sqrt{1 - \sin^2\theta} = \frac{2\pi}{\lambda}\sqrt{1 - \sin^2\theta} = \sqrt{1 - (f\lambda)^2}$$

由此可见,$\sin\theta = f\lambda > 1$ 意味着 k_z 为纯虚数,令 $k_z = i\kappa$,代回到式(2-26),其中 $k_x x = k\sin(\theta x) = kf\lambda x = 2\pi fx$,得

$$\tilde{U}(x,y,z) = A\exp(-\kappa z)\exp(i2\pi fx) \qquad (2-27)$$

它从 x 方向看是行波,沿 z 方向振幅按指数律急剧衰减,从而波不可能达到远场。

从傅里叶分析的眼光看,一幅图像可能包含从低频到高频各种空间频率的信息。上面的讨论说明,若用波长为 λ 的光波对此图像的结构进行衍射分析,它是不能把 $f > 1/\lambda$ 的高频信息携带到衍射场里来的。换句话说,用衍射方法分析图像结构的空间分辨率只能达到照明波长的数量级。

下面再回头看看夫琅和费衍射。在数学上可以将一个复杂的函数做傅里叶展开,从这种观点出发,可以认为一张复杂的图片是由许多不同空间频率的单频信息组成的。如果仅至于此,傅里叶分解只停留在概念上。为了将这种分解在物理上付诸实现,还需有相应的装置和适当的措施。现已知道,理想的夫琅和费衍射系统是一种傅里叶频谱的分析器。当单色光正入射在待分析的图像上时,通过夫琅和费衍射,一定空间频率的信息就被一对特定方向的平面衍射波输送出来。这些衍射波在近场区彼此交织在一起。到了远场区它们彼此分离,从而达到"分频"的目的。不过更常用的做法是利用透镜把不同方向的平面衍射波

会聚到后焦面 F' 的不同位置上,形成一个个衍射斑。F' 上每一对衍射斑代表原图像中一种单频成分,频率越高的成分衍射角越大,在 F' 上离中心越远。各衍射斑的强度正比于傅里叶系数 i_n 的平方。总之,原图像的傅里叶频谱形象而直观地反映在夫琅和费衍射系统的后焦面上。这焦面就是原图像的傅里叶频谱面,或简称傅氏面。所以,夫琅和费衍射装置就是傅里叶频谱分析器——这就是现代光学对夫琅和费衍射的新认识。这种新认识给光学和数学两方面都带来了好处:它给了光学一种强有力的数学手段——傅里叶分析,同时也为数学上进行傅里叶变换的运算创立了一门新技术——光学计算技术。

为什么夫琅和费衍射系统能够成为傅里叶频谱的分析器? 这里必须分析两个条件:①系统必须是线性的,这样才有可能把复杂的信息分解成为彼此独立的简单信息,系统对前者的响应(总输出)等于对后者响应的叠加;②系统的本征信息必须与傅里叶分解一致,是单频的简谐信息。夫琅和费衍射系统的线性一般条件下是不成问题的。某种系统的"本征信息",是指这样的一类"简单"信息,它们进入该系统时不再被分解,而当其他类型的信息进来时将被分解成这类"简单"信息。注意:信息是否"简单"是相对系统而言的,不同系统的"简单"信息可以不同。我们知道,夫琅和费衍射装置中的透镜把不同方向的平面波分离,并显示在焦面上,而平面波的波前函数是简谐式的,这就决定了所有夫琅和费衍射系统的本征信息是简谐信息。上述两个条件具有更为广泛的意义,是现代系统论信息论中的一个重要概念,它指明运用傅里叶分析的数学手段是要有一定的物理条件来保证的。

2.3 阿贝成像原理与相衬显微镜

一百多年前,德国人阿贝在研究如何提高显微镜的分辨本领问题时,提出了关于相干成像的一个新原理。现在看来,当初的阿贝成像原理已为现代变换光学中正在兴起的空间滤波和信息处理的概念奠定了基础。因为任何图像都可看作傅里叶展开,最基本的图像是正弦光栅。下面就以正弦光栅为例,说明并论证阿贝成像原理。

用平行光照明傍轴小物 ABC,使整个系统成为相干成像系统,像成于 $A'B'C'$。如何看待这个系统的成像过程呢?

一种观点着眼于点的对应:物是点 A、B、C 等的集合,它们都是次波源,各自发出球面波,经透镜后会聚到像点 A'、B'、C' 等。物与像成点点对应关系,是几何光学的观点。另一种观点着眼于频谱的转换:物是一系列不同空间频率信息的集合,相干成像过程分两步完成。第一步是入射光经物平面 (x, y) 发生夫琅和费衍射,在透镜后焦面 F' 上形成一系列衍射斑;第二步是干涉,即各衍射斑发生的球面次波在像平面 (x', y') 上相干叠加,像就是干涉场。此两步成像的理论是波动光学的观点,这就是阿贝成像原理。

下面用单频信息的物(即正弦光栅)作为特例,论证上述两种观点的等效性。设物光波前为

$$\widetilde{U}_0(x,y) = A_1[t_0 + t_1\cos(2\pi fx)] \tag{2-28}$$

如果由它产生 3 列平面衍射波能被透镜接收,则在其后焦面上形成 3 个衍射斑 S_{+1}、S_0、S_{-1}。

下一步把 S_{+1}、S_0、S_{-1} 看成 3 个点源,考察它们在像平面上产生的干涉场 $\widetilde{U}_1(x',y')$。这 3 个次波点源的振幅分别为 $A_{\pm1} \propto A_1t_1/2$、$A_0 \propto A_1t_0$。关于它们的相位,$\varphi(\theta) = kL_0(\theta)$,$L_0(\theta)$ 是光栅中心(这里是 B 点)到衍射场点的光程,即 $\varphi(\theta_{\pm1}) = k(BS_{\pm1})$,$\varphi(\theta_0) = k(BS_0)$。于是 3 个次波点源 S_{+1}、S_0、S_{-1} 的复振幅可以写成

$$\begin{cases} \widetilde{A}_{+1} \propto \dfrac{1}{2}A_1t_1\exp[ik(BS_{+1})] \\[2mm] \widetilde{A}_0 \propto A_1t_0\exp[ik(BS_0)] \\[2mm] \widetilde{A}_{-1} \propto \dfrac{1}{2}A_1t_1\exp[ik(BS_{-1})] \end{cases} \tag{2-29}$$

计算 3 个球面次波在像平面 (x',y') 上的波前 $\widetilde{U}_{+1}(x',y')$、$\widetilde{U}_0(x',y')$ 和 $\widetilde{U}_{-1}(x',y')$ 时,假设傍轴条件,这时可利用 $z = (S_0B')$,$r'_0 = (S_{\pm1}B')$,(x,y) 是点源的坐标。对于 $S_{\pm1}$,$(x,y) \approx (z\sin\theta'_{\pm1},0)$,对于 S_0,$(x,y) = (0,0)$。于是

$$\widetilde{U}_0(x',y') \propto \widetilde{A}_0\mathrm{e}^{ik(S_0B')}\exp\left(ik\frac{x'^2+y'^2}{2z}\right) \propto A_1t_0\mathrm{e}^{ik(BS_0B')}\exp\left(ik\frac{x'^2+y'^2}{2z}\right)$$

$$\widetilde{U}_{\pm1}(x',y') \propto \widetilde{A}_{\pm1}\mathrm{e}^{ik(S_{\pm1}B')}\exp\left(ik\frac{x'^2+y'^2}{2z}\right)\exp[-ik\sin(\theta'_{\pm1}x')]$$

$$\propto A_1t_1\mathrm{e}^{ik(BS_{\pm1}B')}\exp\left(ik\frac{x'^2+y'^2}{2z}\right)\exp[-ik\sin(\theta'_{\pm1}x')]$$

由于物像之间的等光程性,$(BS_0B') = (BS_{+1}B') = (BS_{-1}B') = (BB')$,故上面的第一个相位因子是相同的。第二个相位因子 $\exp\left(ik\dfrac{x'^2+y'^2}{2z}\right)$ 本来已是相同的,现把这两个共同相位因子归并在一起,写成 $\exp[i\varphi(x',y')]$。于是 3 波叠加,得像面上的干涉场为

$$\widetilde{U}_1(x',y') = \widetilde{U}_0(x',y') + \widetilde{U}_{+1}(x',y') + \widetilde{U}_{-1}(x',y')$$

$$= A_1\mathrm{e}^{i\varphi(x',y')}\left(t_0 + \frac{t_1}{2}\{\exp[-ik\sin(\theta'_{+1}x')] + \exp[-ik\sin(\theta'_{-1}x')]\}\right)$$

根据阿贝正弦条件

$$\frac{\sin\theta'_{\pm1}}{\sin\theta_{\pm1}} = \frac{y}{y'} = \frac{1}{V}$$

V 是成像系统的横向放大率,于是有

$$k\sin\theta'_{\pm1}x' = k\sin\theta_{\pm1}x'/V$$

这里 $k = 2\pi/\lambda$,$\sin\theta_{\pm1} = \pm f\lambda$,故

$$k\sin\theta_{\pm1} = \pm 2\pi f$$

代入 $\widetilde{U}_{\mathrm{I}}$ 的表达式,得

$$\widetilde{U}_{\mathrm{I}}(x',y') \propto A_1 \mathrm{e}^{\mathrm{i}\varphi(x',y')}[t_0 + t_1\cos(2\pi fx'/V)] \qquad (2-30)$$

将物面上的波前 $\widetilde{U}_0(x,y)$ 与像面上的波前 $\widetilde{U}_{\mathrm{I}}(x',y')$ 对比一下,可以看出两表达式是相似的。公共的相因子 $\mathrm{e}^{\mathrm{i}\varphi(x',y')}$ 不反映在强度分布中,由其余部分可得到以下结论:

(1)空间频率 $f\to f/V$,或者说空间周期 $d\to Vd$,这表示几何放大,不影响像质。

(2)决定像质的是反衬度 γ,它可由交流成分和直流成分系数之比求出,对于物和像都有

$$\gamma_0 = \gamma_{\mathrm{I}} = \frac{t_1}{t_0}$$

$$\frac{\gamma_0}{\gamma_{\mathrm{I}}} = 1$$

这就是说,像的反衬度没有下降。以上的结果似乎十分理想,这是因为未考虑衍射斑的半角宽度。计及这一点,干涉场仍然是严格的单频信息,但反衬度要下降一些。这样,就以正弦光栅为例,证明了阿贝成像原理。对于更复杂的图像,可用傅里叶分析的方法把它展成单频信息的叠加。

接下来看空间滤波概念。用频谱语言来表达,阿贝成像原理的基本精神是把成像过程分成两步:第一步衍射起"分频"作用;第二步干涉起"合成"作用。许多有意义的事就将发生在这频谱一分一合的过程中。

过去熟悉的一大类成像光学仪器要求图像尽可能还原,亦即希望所成的像除几何尺寸放大或缩小外,尽可能与原物相似。从阿贝成像原理的眼光来看,这要求在分频与合成的过程中尽量不使频谱改变。如果物平面包含一系列从低频到高频的信息,由于实际透镜的口径总是有限的,频率超过一定限度的信息将因衍射角过大而从透镜边缘之外漏掉,所以透镜本身总是一个"低通滤波器"。丢失了高频信息的频谱再合成到一起时,图像的细节将变得模糊。因此要提高系统成像的质量,就应该扩大透镜的口径。然而图像还原并非所有光学仪器的要求,人们还有更

积极的需要,那就是改造图像。阿贝成像原理的真正价值在于它提供了一种新的频谱语言来描述信息,启发人们用改变频谱的手段来改造信息。现代变换光学中的空间滤波技术和光学信息处理,就概念来说,都起源于阿贝成像原理。

空间滤波的具体做法如下:由于阿贝成像原理表明,物信息的频谱展现在透镜的后焦面(傅里叶面)上,因此可在此平面上旋转不同结构的光阑,以提取(或摒弃)某些频段的物信息,亦即可主动地改变频谱,以此来达到改造图像的目的。用频谱分析的眼光来看,傅里叶面上的光阑起着"选频"的作用。广义地说,凡是能够直接改变光信息空间频谱的器件,通称空间滤波器,或光学滤波器。

空间滤波实验是对阿贝成像原理最好的验证和演示。用一块黑白光栅作物,将它置于前焦面附近。用一束单色平行光照明光栅,经透镜在较远处形成一个实像。在透镜的后焦面 F' 上安置一个可调的单缝作为光阑,以提取不同的衍射斑。借助于目镜观测像面上图像的变化。

黑白光栅的振幅透过率函数 $\tilde{t}(x)$ 及其频谱是早已熟悉的,前者是方波,后者是准分立谱,各级主极强受单缝因子的调制。按以下步骤做观察实验:

(1) 调整傅氏面上单缝的宽度,只让 0 级通过,则像面上呈现一片均匀照明,丢失了全部周期性的交流信息。

(2) 展宽单缝,让 0 级和 ±1 级通过,挡掉其余衍射斑,则像面上的振幅 $\tilde{U}_1(x')$ 是包含交流和直流成分的,二者的比例与光栅中缝宽 a 与间隔 d 之比有关。当交流成分的振幅大于直流成分时,就会出现负值。此时像面上强度分布 $I(x')$ 在相间的亮纹之间出现另一套细小的亮纹。条纹的黑白界限没有原物那样明锐。

(3) 再展宽单缝,让 0 级、±1 级和 ±2 级通过,挡掉其余衍射斑,则 2 倍频信息也参加成像,振幅分布更接近方波形状,黑白界限比步骤(2)清晰。

(4) 设法挡掉 0 级,而让其他所有衍射斑通过。这时像面上的振幅分布差不多仍是方波,只是没有直流成分,由于很高次的谐波实际上被透镜边缘挡掉,波形的棱角或多或少变得圆滑了一些。强度分布除原物透光部分仍是亮的外,原来不透光部分也是亮的。在一定的 a 与 d 的比例下,后者比前者可能更亮。这种现象称为反衬度反转。

下面来看相衬显微镜。如果样品是无色透明的生物切片或晶片,它们的透过率函数是位相型的,则

$$\tilde{t}(x,y) = e^{i\varphi(x,y)} \tag{2-31}$$

其绝对值的平方为 1,用普通的显微镜观察这类样品时,图像的反衬很小,难以看清楚。泽尼克基于阿贝成像原理提供的空间滤波概念,提出一个方法——位相反衬法(简称相衬法)——以改善透明物体的像的反衬度。具体的做法是,在一块玻璃基片的中心滴上一小滴液体,设液滴的光学厚度为 nh,从而引起 0 级

相移 $\delta = 2\pi nh/\lambda$。这就制成了一块位相板,将它放置在显微物镜的后焦面 F' 上,当作空间滤波器使用。

先分析不加位相板时的光场。在正入射的相干光照明下,物平面的复振幅分布为

$$\widetilde{U}_0(x,y) = A_1\tilde{t}(x,y) = A_1\exp[\,\mathrm{i}\varphi(x,y)\,] = A_1\Big(1 + \mathrm{i}\varphi - \frac{1}{2!}\varphi^2 - \frac{\mathrm{i}}{3!}\varphi^3 + \cdots\Big)$$

$$(2-32)$$

第 1 项是直流成分,代表沿光轴传播的平面衍射波,它在傅里叶面 F' 上是聚焦于焦点的 0 级衍射斑。式(2-32)级数中其他各项代表复杂的波前,它们的频谱弥漫在傅里叶面上各处。在加入相位板后,傅里叶面上的 0 级斑(从而像面上的直流成分)相移 δ,而其他频谱成分改变不大,可以忽略。所以像面上的复振幅分布与式(2-32)的差别,除了将 $\varphi(x,y)$ 改成 $\varphi(x',y')$ 外,仅仅是第一项 1 改为 $\mathrm{e}^{\mathrm{i}\delta}$:

$$\widetilde{U}_1(x',y') = A_1\Big(\mathrm{e}^{\mathrm{i}\delta} + \mathrm{i}\varphi - \frac{1}{2!}\varphi^2 - \frac{\mathrm{i}}{3!}\varphi^3 + \cdots\Big) = A_1\{\mathrm{e}^{\mathrm{i}\delta} - 1 + \exp[\,\mathrm{i}\varphi(x',y')\,]\}$$

于是像面上的光强分布为

$$\begin{aligned} I(x',y') &= \widetilde{U}_1(x',y')\widetilde{U}_1^*(x',y') \\ &= A_1^2\{3 + 2[\cos(\varphi - \delta) - \cos\varphi - \cos\delta]\} \\ &= A_1^2[3 + 2(\sin\varphi\sin\delta + \cos\varphi\cos\delta - \cos\varphi - \cos\delta)] \quad (2-33) \end{aligned}$$

显然,这时像面上不再是一片均匀照明了,出现了与物的相位信息相关的黑白图像。在 $\varphi(x',y')\ll 1$ 的情况下,$\cos\varphi \approx 1$,$\sin\varphi \approx \varphi$,式(2-33)化为

$$I(x',y') = A_1^2[1 + 2\sin\delta\varphi(x',y')] \qquad (2-34)$$

这时像面上的强度分布与样品的相位信息成线性关系,即样品的相位分布调制了像面上的光强分布,式中的线性系数 $2\sin\delta$ 反映了调制的程度。但是应当注意,当 $\varphi\ll 1$ 时式(2-34)中第二项远小于第一项,即像面上仍然有较强的本底。不过在工艺上还可想些办法来减弱本底以提高底片的反衬度。

一般书上往往强调 δ 应等于 $\pi/2$,诚然,此时上述线性系数最大,但从式(2-34)不难看出,为了实现相位信息对像面强度的线性调制,对 δ 的取值实在不必苛求。

泽尼克的相衬法用改变频谱面上相位分布的手段,巧妙地实现了强度的相位调制,成为实际应用信息处理的先声,因此获得了 1935 年度的诺贝尔物理学奖。

2.4 傅里叶变换

前面已经介绍过周期函数的傅里叶级数展开,非周期函数相当于频率 $f\to 0$

的周期函数。傅里叶级数有 3 种形式:正弦余弦式、余弦相移式和指数式。这里采用指数式进行 $f \to 0$ 的过渡。

设函数 $g(x)$ 为周期函数,空间周期为 L。把它展成指数式的傅里叶级数,即

$$g(x) = g_0 + \sum_{n \neq 0} \tilde{g}_n \mathrm{e}^{\mathrm{i}2\pi nfx} = \sum_{n=-\infty}^{\infty} \tilde{g}_n \mathrm{e}^{\mathrm{i}2\pi nfx} \qquad (2-35)$$

式中:$f = 1/L$,为基频;$\tilde{g}_n$ 为傅里叶系数,即

$$\tilde{g}_n = \frac{1}{L} \int_{-L/2}^{L/2} g(x) \mathrm{e}^{-\mathrm{i}2\pi nfx} \mathrm{d}x \qquad (2-36)$$

改换一下变量,令 $f_n = nf = n/L$,$G(f_n) = L\tilde{g}_n$,则式(2-36)分别化为

$$g(x) = \sum_{n=-\infty}^{\infty} G(f_n) \mathrm{e}^{\mathrm{i}2\pi f_n x} \Delta f \qquad (2-37)$$

$$G(f_n) = \int_{-L/2}^{L/2} g(x) \mathrm{e}^{-\mathrm{i}2\pi f_n x} \mathrm{d}x \qquad (2-38)$$

式中:$\Delta f = f_{n+1} - f_n = 1/L$。现取 $f \to 0$,即 $L \to \infty$ 的极限,此时 $\Delta f \to 0$,把 f_n 看成连续变量 f,式(2-37)中的求和可化为积分,两式分别化为

$$g(x) = \int_{-\infty}^{+\infty} G(f) \mathrm{e}^{\mathrm{i}2\pi fx} \mathrm{d}f \qquad (2-39)$$

$$G(f) = \int_{-\infty}^{+\infty} g(x) \mathrm{e}^{-\mathrm{i}2\pi fx} \mathrm{d}x \qquad (2-40)$$

式(2-39)称为傅里叶积分变换或傅里叶变换;式(2-40)称为傅里叶逆变换。为了书写方便,$g(x)$ 和 $G(f)$ 之间的这种关系常缩写为

$$\begin{cases} G(f) = \mathrm{FT}[g(x)] \\ g(x) = \mathrm{FT}^{-1}[G(f)] \end{cases} \qquad (2-41)$$

即 $G(f)$ 是 $g(x)$ 的傅里叶变换式,$g(x)$ 是 $G(f)$ 的傅里叶逆变换式。

傅里叶变换式 $G(f)$ 在物理中代表原函数的频谱。频谱函数的形式取决于原函数,反之亦然。傅里叶变换的两点共同特征如下:

(1)非周期性函数有连续谱(f 连续取值)。频谱的有效宽度 Δf 与原函数有效宽度 Δx 成反比,即

$$\Delta f \cdot \Delta x = C \qquad (2-42)$$

此常数 C 的数量级为 1。这意味着原函数越窄,其频谱就越宽。所以时间的脉冲信号或空间的点信息有很宽的频谱。

(2)频谱 $G(f)$ 一般是复函数。若原函数 $g(x)$ 是实函数,则 $G(f)$ 有以下的对称性,即

$$G(-f) = G^*(f) \qquad (2-43)$$

37

这一点不难从式(2-40)中看出。式(2-43)表明,频谱的模是 f 的偶函数,相对 $f=0$ 的点左右对称,辐角是 f 的奇函数,相对 $f=0$ 的点左右反对称,即数值相等,正负号相反。

最后给出二维傅里叶变换及其逆变换的写法为

$$g(x,y) = \int_{-\infty}^{+\infty}\int_{-\infty}^{+\infty} G(f_x,f_y)\exp[\,\mathrm{i}2\pi(f_xx+f_yy)\,]\mathrm{d}f_x\mathrm{d}f_y \qquad (2-44)$$

$$G(f_x,f_y) = \int_{-\infty}^{+\infty}\int_{-\infty}^{+\infty} g(x,y)\exp[\,-\mathrm{i}2\pi(f_xx+f_yy)\,]\mathrm{d}x\mathrm{d}y \qquad (2-45)$$

简写为

$$\begin{cases} G(f_x,f_y) = \mathrm{FT}[\,g(x,y)\,] \\ g(x,y) = \mathrm{FT}^{-1}[\,G(f_x,f_y)\,] \end{cases} \qquad (2-46)$$

下面把几种典型函数 $g(x)$ 及其频谱 $G(f)$ 的表达式、有效宽度 Δx、Δf 列于表 2-3 中。

表 2-3　典型函数的傅里叶变换

原函数	频谱	有效宽度
(1) 方垒函数 $g(x)=\begin{cases}A,\ \|x\|\leqslant a/2\\0,\ \|x\|>a/2\end{cases}$	$G(f)=Aa\dfrac{\sin\alpha}{\alpha}$ $\alpha=\pi fa$	$\Delta x=a$ $\Delta f=1/a$ $\Delta f\Delta x=1$
(1′) $g(x)=\begin{cases}A\mathrm{e}^{\mathrm{i}2\pi f_0x},\ \|x\|\leqslant a/2\\0,\qquad \|x\|>a/2\end{cases}$	$G(f)=Aa\dfrac{\sin\alpha'}{\alpha'}$ $\alpha'=\pi(f-f_0)a$	
(2) 准单色函数 $g(x)=\begin{cases}A\cos(2\pi f_0x),\ \|x\|\leqslant L/2\\0,\qquad \|x\|>L/2\end{cases}$	$G(f)=\dfrac{1}{2}AL\left(\dfrac{\sin\alpha_+}{\alpha_+}+\dfrac{\sin\alpha_-}{\alpha_-}\right)$ $\alpha_\pm=\pi(f\mp f_0)L$	$\Delta x=L$ $\Delta f=1/L$ $\Delta f\Delta x=1$
(3) 正向准单色函数 $g(x)=\begin{cases}A[1+\gamma\cos(2\pi f_0x)],\ \|x\|\leqslant L/2\\0,\qquad\qquad \|x\|>L/2\end{cases}$	$G(f)=AL\left[\dfrac{\sin\alpha_0}{\alpha_0}+\dfrac{\gamma}{2}\left(\dfrac{\sin\alpha_+}{\alpha_+}+\dfrac{\sin\alpha_-}{\alpha_-}\right)\right]$ $\alpha_0=\pi fL,\alpha_\pm=\pi(f\mp f_0)L$	$\Delta x=L$ $\Delta f=1/L$ $\Delta f\Delta x=1$
(4) 高斯函数 $g(x)=A\exp(-ax^2)$	$G(f)=A\sqrt{\dfrac{\pi}{a}}\exp(-\pi^2f^2/a)$	$\Delta x=2/\sqrt{a}$ $\Delta f=2\sqrt{a}/\pi$ $\Delta f\Delta x=4/\pi$
(5) 洛伦兹函数 $g(x)=\dfrac{A}{a^2+x^2}$	$G(f)=\dfrac{A\pi}{a}\exp(-2\pi a\|f\|)$	$\Delta x=2a$ $\Delta f=1/(a\pi)$ $\Delta f\Delta x=2/\pi$

原函数	频谱	有效宽度
（6）角形函数 $$g(x)=\begin{cases}A\left(1-\dfrac{\mid x\mid}{a}\right),&\mid x\mid\leqslant a\\0,&\mid x\mid>a\end{cases}$$	$$G(f)=Aa^2\left(\dfrac{\sin\alpha}{\alpha}\right)^2$$ $$\alpha=\pi fa$$	$\Delta x=a$ $\Delta f=1/a$ $\Delta f\Delta x=1$
（7）椭圆形函数 $$g(x)=\begin{cases}A\ \sqrt{a^2-x^2},&\mid x\mid\leqslant a\\0,&\mid x\mid>a\end{cases}$$	$$G(f)=A\pi a^2\dfrac{J_1(\alpha)}{\alpha}$$ $$\alpha=2\pi fa$$	$\Delta x=2a$ $\Delta f=0.6/a$ $\Delta f\Delta x=1.2$
（8）阻尼振荡函数 $$g(x)=\begin{cases}Ae^{-\tau x}\cos(2\pi f_0 x),&x\leqslant 0\\0,&x<0\end{cases}$$	$$G(f)=\dfrac{A}{2}\left[\dfrac{1}{\tau+\mathrm{i}2\pi(f-f_0)}+\dfrac{1}{\tau+\mathrm{i}2\pi(f+f_0)}\right]$$	$\Delta x=1/\tau$ $\Delta f=\tau/(2\pi)$ $\Delta f\Delta x=1/(2\pi)$
（9）过阻尼函数 $$g(x)=\begin{cases}Ae^{-\tau x},&x\leqslant 0\\0,&x<0\end{cases}$$	$$G(f)=\dfrac{A}{\tau+\mathrm{i}2\pi f}$$	$\Delta x=1/\tau$ $\Delta f=\tau/(2\pi)$ $\Delta f\Delta x=1/(2\pi)$

现对表 2-3 中所列的函数加以解释。

方垒函数（1）相当于平行光正入射于单缝上时造成的复振幅分布，其频谱是单缝衍射因子。函数（1'）相当于平行光斜入射于单缝，它具有普遍意义。

准单色函数（2）相当于一段有限长波列在某一时刻的瞬时空间分布。这里波长 $\lambda_0=1/f_0$ 应远小于波列长度 L。如果将此函数看作定态波场的复振幅，则不要忘记，波的瞬时值的复数表示还应乘以 $e^{-\mathrm{i}\omega t}$，即

$$A\cos(2\pi f_0 x)e^{-\mathrm{i}\omega t}=\frac{A}{2}\{\exp[-\mathrm{i}(\omega t-2\pi f_0 x)]+\exp[-\mathrm{i}(\omega t+2\pi f_0 x)]\}$$

上式两项分别代表向正、反两个方向传播的波。频谱函数在 $\pm f_0$ 处的两个尖峰恰好反映了这两列波。总之，定态波场中的正负空间频率成分代表沿不同方向传播的波。但是，若准单色函数所代表的是与时间无关的纯空间信息，或与空间无关的纯时间信号，则正、负 2 条频谱无独立的物理意义，应把它们合起来看作 1 条。频谱的有限宽度 $\Delta f=1/L$ 表明，有限长波列必然是非单色的，其谱线宽度与波列长度成反比。如果用波长 $\lambda=1/f$ 来表示谱线宽度，则 $\Delta f=\Delta\lambda/\lambda^2$（只管数值，不管正负号），故有

$$L=\frac{\lambda^2}{\Delta\lambda}\qquad\qquad(2-47)$$

正向准单色函数（3）相当于正弦光栅上的复振幅分布，它是方垒函数（1）与

准单色函数(2)之和,故有 $f=0$, $\pm f_0$ 这 3 支频谱,这正好与正弦光栅的 3 个衍射斑对应。可以看到,有了非周期性函数的傅里叶变换,就可自动给出因光栅有限尺寸引起的谱线宽度。

高斯函数(4)的频谱仍是高斯型的,这是唯一一个经傅里叶变换后形式不变的独特函数。它与洛伦兹函数(5)都是重要的光谱线型,因温度造成的谱线展宽是高斯型的,阻尼谐振子发射的谱线是洛伦兹型的。

阻尼振荡函数(8)的频谱在 $f=\pm f_0$ 处各有一个尖峰,而过阻尼函数(9)的频谱只在 $f=0$ 处有一个尖峰。这些峰的线型都是洛伦兹型的。

下面介绍傅里叶变换的性质。

设有两个原函数 $g(x)$ 和 $h(x)$,它们的频谱分别为 $G(f)$ 和 $H(f)$,即

$$\begin{cases} g(x) \rightleftharpoons G(f) \\ h(x) \rightleftharpoons H(f) \end{cases}$$

(1)线性定理(即傅里叶变换是线性变换)

$$ag(x) \pm bh(x) \rightleftharpoons aG(f) \pm bH(f) \qquad (2-48)$$

式中:a、b 为常数,它们可以是实数或复数。

(2)守恒定理

$$\int_{-\infty}^{+\infty} |g|^2 \mathrm{d}x = \int_{-\infty}^{+\infty} |G|^2 \mathrm{d}f \qquad (2-49)$$

如果原函数是时间信号,如电流 $i(t)$,则 $i^2(t)$ 具有瞬时焦耳功率的意义,$i^2 \mathrm{d}t$ 具有能量 $\mathrm{d}W$ 的意义,即

$$W \propto \int i^2 \mathrm{d}t$$

守恒定理说明,能量也可以按频谱来计算,即

$$W \propto \int |G|^2 \mathrm{d}f$$

这里 G 是 $i(t)$ 的频谱:$i(t) \rightleftharpoons G(f)$。上式表明,$|G|^2$ 相当于单位频率间隔内的能量,亦即能量的谱密度。$|G|^2$ 的曲线称为能谱。

如果原函数是空间信息,如定态波前上的复振幅分布,则 $|\widetilde{U}|^2$ 代表光强(即光功率密度),二维的守恒定理说明,光强也可以按频谱来计算,即

$$I \propto \iint |\widetilde{U}|^2 \mathrm{d}x\mathrm{d}y = \iint |G|^2 \mathrm{d}f_x \mathrm{d}f_y$$

这里 $\widetilde{U}(x,y) \rightleftharpoons G(f_x,f_y)$。$|G|^2$ 相当于单位频率范围内的光强。亦即光功率的谱密度。

不过,在不相干系统中原函数常是光强分布函数,此时 I^2 和它的谱函数平方 $|G|^2$ 没有直观的物理意义,守恒定律成为单纯的数学形式。

（3）尺度缩放定理

$$g(ax) \rightleftharpoons \frac{1}{|a|}G(f/a) \qquad (2-50)$$

即当原函数曲线在横方向上的尺度压缩若干倍时,频谱曲线在横方向上扩大同一倍数,且在纵方向上压低同一倍数。

（4）相移定理

$$g(x \pm x_0) \rightleftharpoons \exp(\pm i2\pi f x_0)G(f) \qquad (2-51)$$

反之,有

$$\exp(\pm i2\pi f_0 x)g(x) \rightleftharpoons G(f \mp f_0) \qquad (2-52)$$

即当原函数平移时,频谱产生线性相移;反之,当原函数有线性相移时,频谱产生平移。

（5）共轭关系

$$g^*(x) \rightleftharpoons G^*(-f) \qquad (2-53)$$
$$g^*(-x) \rightleftharpoons G^*(f) \qquad (2-54)$$

（6）微积分运算

$$\frac{\mathrm{d}g(x)}{\mathrm{d}x} \rightleftharpoons i2\pi f G(f) \qquad (2-55)$$

$$\int g(x)\mathrm{d}x \rightleftharpoons \frac{1}{i2\pi f}G(f) \qquad (2-56)$$

由此可见,运算操作 $\mathrm{d}/\mathrm{d}x \rightleftharpoons i2\pi f, \int \mathrm{d}x \rightleftharpoons 1/(i2\pi f)$。

（7）卷积定理

函数 $g(x)$ 和 $h(x)$ 的卷积定义为

$$g(x) * h(x) = \int_{-\infty}^{+\infty} g(x')h(x-x')\mathrm{d}x' = \int_{-\infty}^{+\infty} g(x-x')h(x')\mathrm{d}x' = h(x) * g(x)$$

$$(2-57)$$

可见卷积运算服从交换律。可以证明,卷积的频谱等于频谱的乘积,即

$$g(x) * h(x) \rightleftharpoons G(f)H(f) \qquad (2-58)$$

反之,乘积的频谱等于频谱的卷积,即

$$g(x)h(x) \rightleftharpoons G(f) * H(f) \qquad (2-59)$$

以后还会看到,常常需要计算两个函数的卷积。这时先求每个函数的频谱,并相乘,然后再做傅里叶逆变换即可。这是求卷积的一种较方便的方法。

（8）相关定理

函数 $g(x)$ 和 $h(x)$ 的相关函数定义为

$$g(x) \bigstar h(x) = \int_{-\infty}^{+\infty} g^*(x')h(x+x')\mathrm{d}x' = \int_{-\infty}^{+\infty} g^*(x'-x)h(x')\mathrm{d}x'$$

$$(2-60)$$

$g(x)$的自相关函数定义为

$$g(x) \bigstar g(x) = \int_{-\infty}^{+\infty} g^*(x')g(x+x')\mathrm{d}x' = \int_{-\infty}^{+\infty} g^*(x'-x)g(x')\mathrm{d}x'$$

$$(2-61)$$

可见,相关运算不服从交换律。可以证明,相关函数的频谱与原函数的频谱有以下关系,即

$$g(x) \bigstar h(x) \rightleftharpoons G^*(f)H(f)$$
$$g(x) \bigstar g(x) \rightleftharpoons |G(f)|^2$$

下面介绍傅里叶变换中的一个非常重要的函数——δ 函数。δ 函数是狄拉克在量子力学中首先引用的一种广义函数,其定义为

$$\delta(x) = \begin{cases} \infty, x = 0 \\ 0, x \neq 0 \end{cases} \qquad (2-62)$$

$$\int_{-\infty}^{+\infty} \delta(x)\mathrm{d}x = 1 \qquad (2-63)$$

同时具备上述性质的"函数",称为 δ 函数。可以看出 δ 函数不是普通意义下的函数,而是一系列单脉冲型函数的极限。设有一单脉冲函数 $\delta(x,p)$,这里 p 是个参量。随着 p 值的无限增大,或趋于 0,$\delta(x,p)$ 的 $x = 0$ 处的峰值无限增大,但宽度无限缩小,而保持曲线下的面积为 1,即

$$\int_{-\infty}^{+\infty} \delta(x,p)\mathrm{d}x = 1(归一化条件)$$

对于任何具有上述性质的单脉冲函数 $\delta(x,p)$,都可认为 δ 函数是它们在$p\to\infty$或 0 时的极限,即

$$\delta(x) = \lim_{p\to\infty,0} \delta(x,p) \qquad (2-64)$$

函数 $\delta(x,p)$ 的选取可以有多种多样。

（1）单缝衍射因子

$$\delta(x,p) = \frac{1}{\pi}\frac{\sin(px)}{x}$$

$$\delta(0,p) = \frac{p}{\pi}, \frac{1}{\pi}\int_{-\infty}^{+\infty}\frac{\sin(px)}{x}\mathrm{d}x = 1$$

当$p\to\infty$时它满足上述所有条件,故可以认为

$$\delta(x) = \frac{1}{\pi}\lim_{p\to\infty}\frac{\sin(px)}{x} \qquad (2-65)$$

值得注意的是,上面的 $\delta(x,p)$ 可以写成积分形式,即

$$\delta(x,p) = \int_{-p/(2\pi)}^{p/(2\pi)} e^{\pm i2\pi fx} df \qquad (2-66)$$

因此 δ 函数可写为

$$\delta(x) = \lim_{p\to\infty}\delta(x,p) = \int_{-\infty}^{+\infty} e^{\pm i2\pi fx} df \qquad (2-67)$$

即 $\delta(x)$ 是常数频谱 $G(f) = 1$ 的傅里叶逆变换式;反之,常数 $g(x) = 1$ 的傅里叶变换式为 $\delta(f)$,即

$$\begin{cases} 1 \rightleftharpoons \delta(f) \\ \delta(x) \rightleftharpoons 1 \end{cases} \qquad (2-68)$$

（2）方垒 $\delta(x,p)$

$\delta(x,p) = \begin{cases} p, & |x| \leqslant 1/(2p) \\ 0, & |x| > 1/(2p) \end{cases}$,此函数显然满足上述条件,故而 δ 函数也可看作是它在 $p\to\infty$ 时的极限。

（3）高斯函数

$$\begin{cases} \delta(x,p) = \sqrt{\dfrac{p}{\pi}}\exp(-px^2) \\[2mm] \delta(0,p) = \sqrt{p/\pi} \\[2mm] \sqrt{p/\pi}\displaystyle\int_{-\infty}^{+\infty}\exp(-px^2)dx = 1 \end{cases}$$

故可认为

$$\delta(x) = \lim_{p\to\infty}\sqrt{\dfrac{p}{\pi}}\exp(-px^2) \qquad (2-69)$$

（4）洛伦兹函数

$$\begin{cases} \delta(x,p) = \dfrac{p}{\pi}\dfrac{1}{p^2 + x^2} \\[3mm] \delta(0,p) = \dfrac{1}{\pi p} \\[3mm] \dfrac{p}{\pi}\displaystyle\int_{-\infty}^{+\infty}\dfrac{dx}{p^2 + x^2} = 1 \end{cases}$$

故可认为

$$\delta(x) = \lim_{p\to 0}\dfrac{p}{\pi}\dfrac{1}{p^2 + x^2} \qquad (2-70)$$

（5）尖脉冲

$$\begin{cases} \delta(x,p) = \dfrac{p}{2}\mathrm{e}^{-p\,|x|} \\[2mm] \delta(0,p) = \dfrac{p}{2} \\[2mm] \dfrac{p}{2}\displaystyle\int_{-\infty}^{+\infty}\mathrm{e}^{-p\,|x|}\mathrm{d}x = 1 \end{cases}$$

故可认为

$$\delta(x) = \lim_{p\to\infty}\frac{p}{2}\mathrm{e}^{-p\,|x|} \qquad\qquad (2-71)$$

下面介绍 δ 函数的性质。

（1）δ 函数是偶函数

$$\delta(x) = \delta(-x) \qquad\qquad (2-72)$$

（2）δ 函数的选择性

对于任意连续函数 $f(x)$，有

$$\int_{-\infty}^{+\infty}\delta(x)f(x)\mathrm{d}x = f(0)$$

更普遍些，有

$$\int_{-\infty}^{+\infty}\delta(x-x_0)f(x)\mathrm{d}x = f(x_0)$$

（3）与 δ 函数的卷积

$$f(x)*\delta(x) = \int_{-\infty}^{+\infty}f(x')\delta(x-x')\mathrm{d}x' = f(x) \qquad\qquad (2-73)$$

故任意函数 $f(x)$ 可看成是它自身与 δ 函数的卷积。同理，可以导出

$$f(x)*\delta(x-x_0) = f(x-x_0) \qquad\qquad (2-74)$$

这相当于 δ 函数具有"扫描性能"。

（4）尺度的缩放

$$\delta(ax) = \frac{1}{|a|}\delta(x) \qquad\qquad (2-75)$$

δ 函数的傅里叶频谱是常数

$$\delta(x) \rightleftharpoons 1 \qquad\qquad (2-76)$$

δ 函数的傅里叶变换见表 2-4。

表 2-4　δ 函数的傅里叶变换

原函数	频谱
$\delta(x)$	1
$\delta(x\pm x_0)$	$\exp(\pm\mathrm{i}2\pi f x_0)$

44

原函数	频谱
1	$\delta(f)$
$\exp(\pm i2\pi f_0 x)$	$\delta(f \mp f_0)$
$\dfrac{1}{2}\left[\delta(x-x_0)+\delta(x+x_0)\right]$	$\cos(2\pi x_0 f)$
$\cos(2\pi f_0 x)$	$\dfrac{1}{2}\left[\delta(f-f_0)+\delta(f+f_0)\right]$
$\delta(x)+\dfrac{1}{2}\left[\delta(x-x_0)+\delta(x+x_0)\right]$	$1+\cos(2\pi x_0 f)$
$\displaystyle\sum_{n=-\infty}^{\infty}\delta(x-nx_0)$	$\dfrac{1}{x_0}\displaystyle\sum_{n=-\infty}^{\infty}\delta\left(f-\dfrac{n}{x_0}\right)$
$\displaystyle\sum_{n=-\infty}^{\infty}g(x-nx_0)$	$\dfrac{1}{x_0}G(f)=\displaystyle\sum_{n=-\infty}^{\infty}\delta\left(f-\dfrac{n}{x_0}\right)$

2.5　空间滤波和信息处理

前面已经指出,夫琅和费衍射装置就是傅里叶频谱分析器。不过在那里只讨论了空间周期函数及其分立谱,而且没有强调相位频谱。另外,已分别从物理上和数学上讨论了普遍情况下的夫琅和费衍射和傅里叶变换,现将两者进行比较。夫琅和费衍射积分的标准形式为

$$\widetilde{U}(\theta_1,\theta_2)=CA_1\exp\left[i\varphi(\theta_1,\theta_2)\right]\times\iint_{-\infty}^{+\infty}\widetilde{t}(x,y)\exp\left[-i(k\sin\theta_1 x+k\sin\theta_2 y)\right]\mathrm{d}x\mathrm{d}y$$

或

$$\widetilde{U}(x',y')=CA_1\exp\left[i\varphi(x',y')\right]\times\iint_{-\infty}^{+\infty}\widetilde{t}(x,y)\exp\left[\frac{-ik}{z}(xx'+yy')\right]\mathrm{d}x\mathrm{d}y$$

而屏函数的傅里叶变换式为

$$T(f_x,f_y)=\mathrm{FT}\left[\widetilde{t}(x,y)\right]=\iint_{-\infty}^{+\infty}\widetilde{t}(x,y)\exp\left[-i2\pi(f_x x+f_y y)\right]\mathrm{d}x\mathrm{d}y$$

对比一下可以看出,两者积分的形式是一样的,它们的被积函数都是屏函数与线性相因子的乘积。如果让它们相因子指数上的线性系数相等,即

$$2\pi(f_x,f_y)=(k\sin\theta_1,k\sin\theta_2)$$

或

$$2\pi(f_x,f_y)=\frac{k}{z}(x',y')$$

则有

$$\widetilde{U}(\theta_1,\theta_2) = CA_1\exp[\mathrm{i}\varphi(\theta_1,\theta_2)]\mathrm{FT}[\tilde{t}(x,y)] \qquad (2-77)$$

或

$$\widetilde{U}(x',y') = CA_1\exp[\mathrm{i}\varphi(x',y')]\mathrm{FT}[\tilde{t}(x,y)] \qquad (2-78)$$

式(2-77)和式(2-78)中的常系数 CA_1 对于衍射场的相对分布是无关紧要的。今后除非必要,总将它略去不写。此外,积分前面还有一个与场点位置有关的相因子 $\exp[\mathrm{i}\varphi(\theta_1,\theta_2)]$ 或 $\exp[\mathrm{i}\varphi(x',y')]$,这并非在任何时候都是无关紧要的。它的存在表明,夫琅和费衍射场中的复振幅分布尚不完全是屏函数的傅里叶频谱函数。对此,应分以下两种情况区别对待。

如果在一次衍射后就直接接收夫琅和费衍射场的强度分布,则上述相因子不起作用,即夫琅和费衍射场的强度分布等于屏函数的功率谱,即

$$I(x',y') = \widetilde{U}(x',y')\widetilde{U}^*(x',y') = \mathrm{FT}[\tilde{t}(x,y)]\mathrm{FT}^*[\tilde{t}(x,y)]$$
$$(2-79)$$

换句话说,对于一次衍射问题,如不相干成像问题,对衍射屏的位置勿须严格限制。

如果问题涉及 2 次衍射(相干系统的两步成像过程就是如此),则傅里叶面上的相位分布在第 2 次相干叠加时是要起作用的。在普遍的情况下,当此相因子与场点坐标 (x',y') 有关时,问题就比较复杂。为了避免这个问题,应该设计一个等光程的光路,使从衍射屏中心到达不同场点的衍射线等光程,即

$$\varphi(x',y') = kL_0(x',y') = 常数$$

把衍射屏放在透镜的前焦面 F 上即可满足上述要求。这时式(2-78)积分前的常数相因子也可略去不写了,后焦面上的复振幅分布准确地成为屏函数的傅里叶频谱,即

$$\widetilde{U}(x',y') = \mathrm{FT}[\tilde{t}(x,y)] \qquad (2-80)$$

这时傅里叶变换式中的变量 f_x,f_y 为

$$(f_x,f_y) = \frac{k}{2\pi F}(x',y') = \frac{1}{\lambda F}(x',y') \qquad (2-81)$$

式中:F 为透镜的焦距;λ 为照明光波长。

总之,把衍射屏放在透镜的前焦面上,在后焦面上的夫琅和费衍射场就准确地实现屏函数的傅里叶变换,其中空间频率与场点坐标满足替换关系式(2-81)。这一点,无论从数学上看还是从物理上看,都是一件有重要意义的事情。从数学上看,抽象的数学运算变成了实实在在的物理过程,由此开拓出来一个新的技术领域——相干光学计算技术。从物理上看,为分析夫琅和费衍射找

到了一种有力的数学手段,有关傅里叶变换的许多数学定理就可以直接移植过来作为分析夫琅和费衍射场以及光学信息处理的理论指导。

下面介绍相干光学图像处理系统(4f系统)。

已经看到,用夫琅和费衍射来实现图像的频谱分解,最重要的意义是为空间滤波创造了条件。由于衍射场就是屏函数的傅里叶频谱面,空间频率(f_x,f_y)与衍射场点位置(ξ,η)一一对应,使得人们可以从改变频谱入手来改造图像,进行信息处理。为此设计了相干光学图像处理系统(4f系统)。在此系统中,两个透镜L_1、L_2成共焦组合,L_1的前焦面(x,y)为物平面O,图像由此输入。L_2的后焦面(x',y')为像平面I,图像在此输出。共焦平面(ξ,η)称为变换平面T,在此可以安插各种结构和性能的屏(空间滤波器)。

当平行光照射在物平面上时,整个OTI系统成为相干成像系统。由于变换平面上空间滤波器的作用,使输出图像得以改造,所以OTI系统又是一个相干光学信息处理系统。这里先研究它的成像问题。

前面已介绍过阿贝成像原理,OTI系统的情况与此完全类似。着眼于光的波动行为,服务于光学信息处理这个目的,将相干光学系统的成像过程看作两步:第一步,从O面到T面,是第一次夫琅和费衍射,它起分频作用;第二步,从T面到I面,又一次夫琅和费衍射,它起合成作用,即综合频谱输出图像。在这样的两步中,变换平面T处于关键地位,若在此处设置光学滤波器,就能起到选频作用。要想做到图像的严格复原,T面必须完全畅通无阻。此处的4f系统,每次衍射都是从焦面到焦面,这就保证了复振幅的变换是纯粹的傅里叶变换。接下来证明如果光波能够自由通过变换平面T,图像将完全还原。

在物平面O上,$\widetilde{U}_0(x,y) \propto \tilde{t}_0(x,y)$;设在变换面$T$上$\tilde{t}_T(\xi,\eta)=1$,从而$\widetilde{U}_2(\xi,\eta)=\widetilde{U}_1(\xi,\eta)$,记做$\widetilde{U}_T(\xi,\eta)$;在像平面$I$上复振幅分布为$\widetilde{U}_1(x',y')$。在两次夫琅和费衍射过程中,复振幅的变换都是傅里叶变换,即

$$\widetilde{U}_T(\xi,\eta) = \mathrm{FT}_1[\widetilde{U}_0(x,y)]$$

$$\widetilde{U}_I(x',y') = \mathrm{FT}_2[\widetilde{U}_T(\xi,\eta)]$$

略去一切数值系数不写,上两式的具体表达式为

$$\widetilde{U}_T(\xi,\eta) \propto \iint_{-\infty}^{+\infty} \tilde{t}_0(x,y)\exp\left[\frac{-\mathrm{i}k}{F}(x\xi+y\eta)\right]\mathrm{d}x\mathrm{d}y$$

$$\widetilde{U}_I(x',y') \propto \iint_{-\infty}^{+\infty} \widetilde{U}_T(\xi,\eta)\exp\left[\frac{-\mathrm{i}k}{F}(\xi x'+\eta y')\right]\mathrm{d}\xi\mathrm{d}\eta$$

将前式代入后式,得

$$\widetilde{U}_1(x',y') \propto \iint_{-\infty}^{+\infty}\iint_{-\infty}^{+\infty} \tilde{t}_0(x,y)\exp\left\{\frac{-\mathrm{i}k}{F}[\xi(x+x')+\eta(y+y')]\right\}\mathrm{d}\xi\mathrm{d}\eta\mathrm{d}x\mathrm{d}y$$

$$= \iint_{-\infty}^{+\infty} \tilde{t}_0(x,y) \left\{ \int_{-\infty}^{+\infty} \exp\left[\frac{-ik(x+x')}{F} \xi \right] d\xi \right\}$$

$$\times \left\{ \int_{-\infty}^{+\infty} \exp\left[\frac{-ik(y+y')}{F} \eta \right] d\eta \right\} dxdy$$

$$\propto \iint_{-\infty}^{+\infty} \tilde{t}_0(x,y) \delta(x+x') \delta(y+y') dxdy$$

$$= \tilde{t}_0(-x', -y')$$

$$\propto \widetilde{U}_0(-x, -y) \tag{2-82}$$

亦即输出图像与输入图像完全一样,上式中 x'、y' 前的负号只表示像是倒立的。

上面的计算表明,连续两次的傅里叶变换,函数的形式基本复原,只是自变量变号,即图像倒置。也可以说,上述第二次傅里叶变换 $\widetilde{U}_{\mathrm{I}} = \mathrm{FT}_2[\widetilde{U}_{\mathrm{T}}]$ 是一次傅里叶逆变换加图像倒置。其实这个结论无需上述运算,只把傅里叶变换和逆变换放在一起对比一下即可得到

$$\widetilde{U}_0(x,y) = \mathrm{FT}_1^{-1}[\widetilde{U}_{\mathrm{T}}(\xi,\eta)]$$

$$= \iint_{-\infty}^{+\infty} \widetilde{U}_{\mathrm{T}}(\xi,\eta) \exp[i2\pi(f_x x + f_y y)] df_x df_y$$

$$= \iint_{-\infty}^{+\infty} \widetilde{U}_{\mathrm{T}}(\xi,\eta) \exp\left[\frac{i2\pi}{\lambda F}(\xi x + \eta y) \right] d\xi d\eta \tag{2-83}$$

$$\widetilde{U}_{\mathrm{I}}(x',y') = \mathrm{FT}_2[\widetilde{U}_{\mathrm{T}}(\xi,\eta)]$$

$$= \iint_{-\infty}^{+\infty} \widetilde{U}_{\mathrm{T}}(\xi,\eta) \exp[-i2\pi(f_x'\xi + f_y'\eta)] d\xi d\eta$$

$$= \iint_{-\infty}^{+\infty} \widetilde{U}_{\mathrm{T}}(\xi,\eta) \exp\left[\frac{-i2\pi}{\lambda F}(x'\xi + y'\eta) \right] d\xi d\eta \tag{2-84}$$

式中:$(f_x,f_y) = \frac{1}{\lambda F}(x,y)$;$(f_x',f_y') = \frac{1}{\lambda F}(x',y')$。

可以看出,将式(2-83)右端的积分做以下变量代换,即

$$(x,y) \rightarrow (-x', -y')$$

它就与式(2-84)右端的积分一样,因此得知

$$\widetilde{U}_{\mathrm{I}}(x',y') \propto \widetilde{U}_0(-x, -y)$$

这便是上面的式(2-82)。

在上述未经滤波的特例里,在频谱面上 $\widetilde{U}_2 = \widetilde{U}_1$,在有滤波器的情况下 $\widetilde{U}_2 = \widetilde{U}_1 \tilde{t}_{\mathrm{T}} \neq \widetilde{U}_1$,这里 $\tilde{t}_{\mathrm{T}}$ 为滤波器的透射率函数,这时经第二次傅里叶变换后,函数形式不再是复原加图像倒置,但仍可对 $\widetilde{U}_2$ 做傅里叶逆变换,然后将图像倒置,以此

48

米代替第二次傅里叶变换的运算。从物理概念上可以这样理解:对 $\tilde{U}_2$ 做傅里叶逆变换,是寻求这样一个假想的物波前,它可不经滤波,在频谱面上直接给出 $\tilde{U}_2$。此物波前的倒置就应是像面上的波前。

今后的运算中,将根据情况,傅里叶正、逆两种变换的方法交替使用。

2.6 4f 成像技术的发展

利用 4f 成像系统的方法测量材料的光学非线性系数从提出到成熟经历了一个逐步改进的过程。在这个实验技术的发展过程中,由法国 G. Boudebs 领导的实验小组做了重要的贡献。此方法的雏型早在 1996 年就被提出,然后经历了在 4f 系统入射面上放置双狭缝、微小矩形物体(包括振幅型、相位型和混合型)、圆孔等入射光阑以及直接利用空间高斯分布的脉冲光进行实验。其中,G. Boudebs 等对双狭缝、圆孔光阑及空间高斯光都进行了实验。利用双狭缝光阑进行实验主要是靠样品非线性的作用将原来中心 0 级衍射条纹的部分能量转移到更高级的衍射条纹上。利用空间高斯光直接入射 4f 系统,由于样品的非线性,使得从样品中出射的激光相位发生畸变,根据 4f 系统出射面上图形的变化可以推导出样品非线性折射率的值。利用圆孔光阑进行实验的基本原理与空间高斯光是相同的,由于透过圆孔光阑的入射光可以近似看成平顶(top-hat)光,数值模拟显示其实验精度可以比高斯光提高将近 8 倍。

下面简要地回顾一下 4f 相位成像技术的发展。1996 年,G. Boudebs 等借鉴了泽尼克空间滤波实验的思想,把非线性样品代替滤波器放置在频谱面上,在高光强的作用下非线性样品也会对光波起到滤波作用,尝试通过处理像平面上的图像以期实现非线性折射的测量。在泽尼克空间滤波实验中,可以通过在 4f 系统的共焦面上放置一个振幅型或相位型的滤波器进行图像处理。例如,在相衬显微镜中,相位物体上的小的瑕疵可以被转化为像平面上比较大的强度变化。受到空间滤波实验的启示,G. Boudebs 等已经研究了非线性样品对光波的滤波效应。下面介绍利用数值模拟的方法研究在显微系统中加入 3 阶非线性材料对观察物体对比度的增强效应。

在基于 4f 系统测量材料非线性光学性质的实验装置的研究发展过程中,其变化主要集中在对不同入射光阑的选择上。在最终的 4f 相位成像系统被提出之前,经过了杨氏双狭缝光阑、微小矩形光阑(包括振幅型和相位型)、圆形光阑及没有光阑的情况下直接用空间高斯光进行实验等各种尝试。下面将依次介绍使用各种光阑进行实验的结果和特点。

1. 杨氏双狭缝光阑

G. Boudebs 等首先使用了杨氏双狭缝光阑进行了尝试[2]。如图 2 - 1 所示,

49

将杨氏双狭缝光阑放置在 $4f$ 系统入射平面上，使双缝长的一维平行于 y 轴方向，而且必须保证 y 方向上缝的长度大于光斑尺寸。此时双狭缝的透射率可以表示成

$$t(x,y) = t'(x) = \text{rect}\left(\frac{x + x_0}{2d}\right) + \text{rect}\left(\frac{x - x_0}{2d}\right) \quad (2-85)$$

式中：$2x_0$ 为双缝之间的距离；$2d$ 为每个缝的宽度；rect 为矩形函数。

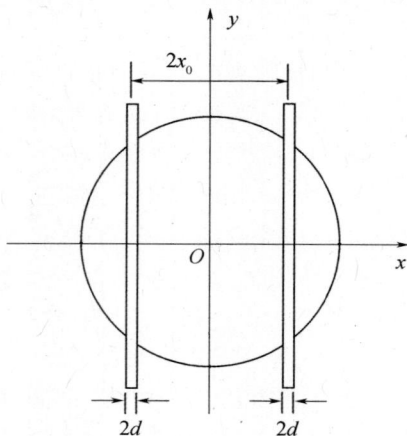

图 2-1　杨氏双狭缝示意图

（圆环代表入射激光光束）

一般情况下，入射光的空间分布为高斯型，沿 y 轴方向可以用高斯方程描述，即

$$E(x,y,t) = E'(y,t) = E_{00}(t)\exp\left(-\frac{y^2}{2\sigma^2}\right) \quad (2-86)$$

式中：$E_{00}(t)$ 为 $x = \pm x_0$、$y = 0$ 处的电场；σ 为光强的 $1/e$ 半宽度。因此有

$$O(x,y,t) = E(x,y,t)t(x,y) = E_{00}(t)\exp\left(-\frac{y^2}{2\sigma^2}\right)\left[\text{rect}\left(\frac{x + x_0}{2d}\right) + \text{rect}\left(\frac{x - x_0}{2d}\right)\right]$$

$$(2-87)$$

将 $O(x,y,t)$ 进行傅里叶变换就得到焦平面上的频域电场分布，即

$$S(u,v,t) = \frac{\sqrt{2\pi}\sigma}{\lambda f}E_{00}(t)4d\cos(2\pi x_0 u) \times \text{sinc}(2du)\exp(-2\pi^2\sigma^2 v^2)$$

$$(2-88)$$

式中，$\text{sinc}(u) = \sin(\pi u)/(\pi u)$。

从式(2-85)和式(2-88)中可以看到 $S(u,v,t)$ 产生了一个正弦相位衍射光栅，导致在图像上产生衍射级。衍射级随着傅里叶面上光强 $I(u,v,t)$ 的增强

50

而变得显著。通过理论模拟的非线性图像与实验测得的非线性图像的对比,可以测得材料的非线性折射率 n_2 的值。

经过非线性样品滤波的杨氏双狭缝光阑在像平面上的图像具有下列特点:

(1) 在位置 $x = \pm(2m+1)x_0$ (m 为整数)处出现衍射级。衍射的级次随着入射能量的增加而增加。

(2) 狭缝中心位置的强度 $I_{im}(\pm x_0, y)$ 随着更高级次衍射的出现而减弱。

(3) 第 1 级衍射强度 $I_{im}(\pm 3x_0, y)$ 随着入射光强的增强而增加,然后随着第 2 级衍射($m=2$)的出现而开始减小。

2. 微小矩形物体

在模拟中,假定被观察物体是一个微小的矩形物体,它可以是振幅型、相位型或混合型的。由于这类微小物体在线宽测量技术中经常用到,所以通过研究对比度的增强效应可以提高线宽测量的灵敏度[3]。从图 2-2 中可以看到,假设 I_S 和 φ_S(I_L 和 φ_L)分别是透过微小物体的光中 Σ_S(Σ_L)部分的强度和相位,微小物体的透过率函数可以表示为

$$O(x,y) = 1 + [t\exp(\mathrm{i}\varphi) - 1]\mathrm{rect}(x/L_x)\mathrm{rect}(y/L_y) \qquad (2-89)$$

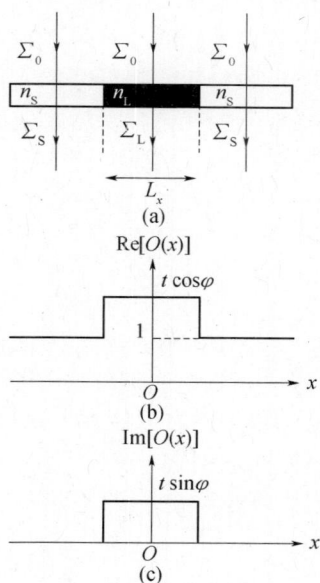

图 2-2　微小矩形物体

(a) 微小矩形物体的示意图(n_L 和 n_S 分别代表矩形物体及周围介质的折射率,
Σ_0 代表入射光,Σ_L 和 Σ_S 分别代表矩形物体及周围的透射光);
(b) $O(x)$ 的实部分布曲线;(c) $O(x)$ 的虚部分布曲线。

式中:$t = I_L/I_S$;$\varphi = \varphi_L - \varphi_S$;$L_x$ 和 L_y 分别为微小物体在 x 和 y 方向的宽度。微小

物体在傅里叶面上的谱分布为

$$S(u,v) = \delta(u,v) + L_x L_y [t\exp(i\varphi) - 1]\mathrm{sinc}(uL_x)\mathrm{sinc}(vL_y) \quad (2-90)$$

式中：$\delta(u,v)$ 是狄拉克函数；$\mathrm{sinc}(uL)$ 定义为 $\mathrm{sinc}(uL) = \sin(\pi uL)/(\pi uL)$。

根据 t 和 φ 选取的不同，微小物体可以分为振幅型（$\varphi = 0$）、相位型（$t = 1$）和混合型（任意的 t 和 φ）。可以定义像平面上的对比度为 $V = [I^{\mathrm{im}}_{\max}(x,y) - I^{\mathrm{im}}_{\min}(x,y)]/[I^{\mathrm{im}}_{\max}(x,y) + I^{\mathrm{im}}_{\min}(x,y)]$，其中 $I^{\mathrm{im}}(x,y)$ 是像平面上的强度分布。数值模拟结果表明，对于不同类型的微小物体，通过在傅里叶平面增加非线性物体都可以使得测量的对比度得到增强，并且可以通过数值的方法找到最优化的非线性吸收系数和折射率的组合使得像平面上的图像对比度最强。

实际上，测量中所用的中心思想与后来发展起来的 4f 相位成像系统测量样品非线性的思想已经很相近了。但是主要致力于通过在显微系统中引入非线性滤波效应，使得测量中像平面上的对比度得到提高，而没有反过来做关于非线性测量方面的深入探讨。不过其中详细的数值模拟也为以后利用相位光阑方法测量材料非线性打下了很好的基础。

3. 无光阑或圆形光阑

由于利用 4f 系统测量材料非线性的基本原理是放置在傅里叶平面上的样品在会聚强光的照射下产生非线性，对经过样品的光场进行了滤波处理，这样就使得 CCD 接收图像的光场分布产生变化。既然原理是如此简单，如果利用从激光器出射的空间高斯光直接入射到 4f 系统中，也应当能对样品的非线性进行测量。在这种情况下，4f 系统的入射面无需放置入射光阑[4]，或者说入射光阑函数为

$$t(x,y) = 1 \quad (2-91)$$

数值模拟的结果如图 2 – 3 所示。在图 2 – 3(a)中，实线表示归一化的线性光斑的中心剖面图，而虚线表示非线性光斑的中心剖面图。从图中可以看出当入射高斯光经过非线性样品的相位滤波以后，中心光强有向四周扩散的趋势，而且非线性效应越强扩散得越明显。图 2 – 3(b)是虚线与实线相减后的结果，而图 2 – 3(c)是实线与虚线相减后的结果。需要注意的是图 2 – 3(b)、(c)中相减后为负的部分都被设置为 0。

在以前 Z 扫描的实验中，W. Zhao 等曾经报道过与空间高斯光相比，使用 top-hat 光可以使灵敏度显著提高[6]。那么在 4f 系统实验中是不是也会有相同的结果呢？为了验证这个问题，Sudhir Cherukulappurath 等利用 top-hat 光进行了数值模拟和实验[4]。由于一般激光器出射的都是高斯光，得到 top-hat 光通常的做法是先将高斯光扩束，然后再在经过扩束的高斯光中心放置一个圆形光阑。当放置的光阑的半径远远小于高斯光的束腰半径的时候，光阑内的部分可以近似地看作是振幅和相位都是不变的，实验中就利用它作为 top-hat 光。利用 top-

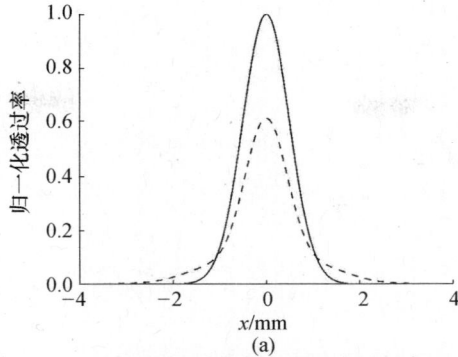

(a)

图中：实线表示样品没有非线性情况下得到的线性
结果；虚线表示非线性结果。

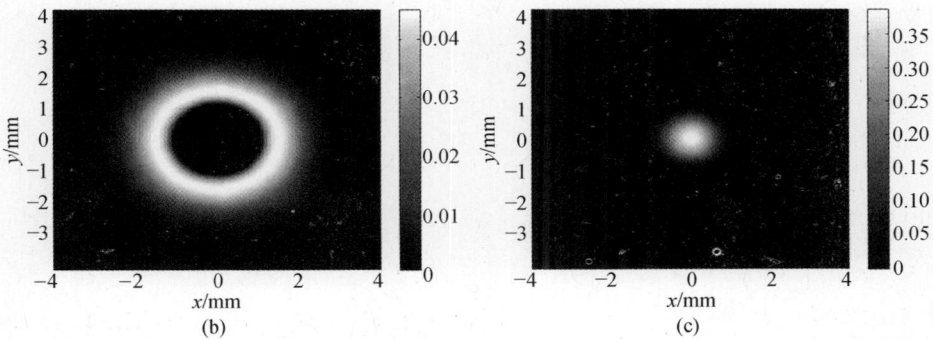

(b)

(c)

图 2 - 3　数值模拟结果

hat 光进行实验时,4f 系统入口处的圆形光阑的透过率函数表示为

$$t(x,y) = \mathrm{circ}(\sqrt{x^2 + y^2}/R_a) \qquad (2-92)$$

式中:R_a 为光阑半径;circ 为圆函数。

　　top-hat 光的模拟结果如图 2 - 4 所示。在图 2 - 4(a)中,实线和虚线分别表示归一化的线性光斑和非线性光斑的中心剖面图。从图中可以看出,当 top-hat 光经过非线性样品的相位滤波以后,中心能量也被衍射到原来的光斑之外。图 2 - 4(b)是虚线与实线相减后的结果,而图 2 - 4(c)是实线与虚线相减后的结果。图(b)和(c)中负数部分被设置为 0。

　　下面比较一下分别利用高斯光和 top-hat 光进行实验的精度如何。实验中选用的主要参数如下:波长 $\lambda = 1064\mathrm{nm}$,非线性相移 $\varphi_{\mathrm{NL}} = 2.30$,忽略非线性吸收($\beta = 0$)。模拟结果显示高斯光的最大衍射环强度[图 2 - 3(b)]为 4.5%,而 top-hat 光的衍射环强度[图 2 - 4(b)]最高可达 46.8%,灵敏度提高了一个量级。得到的结果与文献中报道的提高 8 倍有一定的差别,这是因为 top-hat 光中存在着光学传递函数引起的振荡,所以即使在类似的实验条件下峰值光强也会

(a)

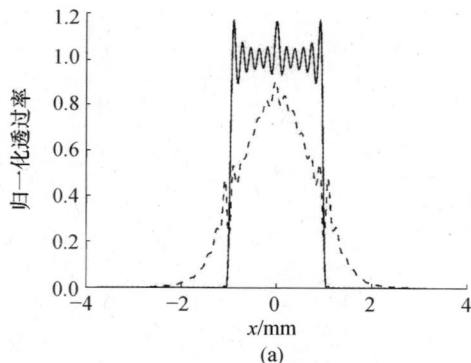

图中：实线表示样品没有非线性情况得到的线性
结果；虚线表示非线性结果。

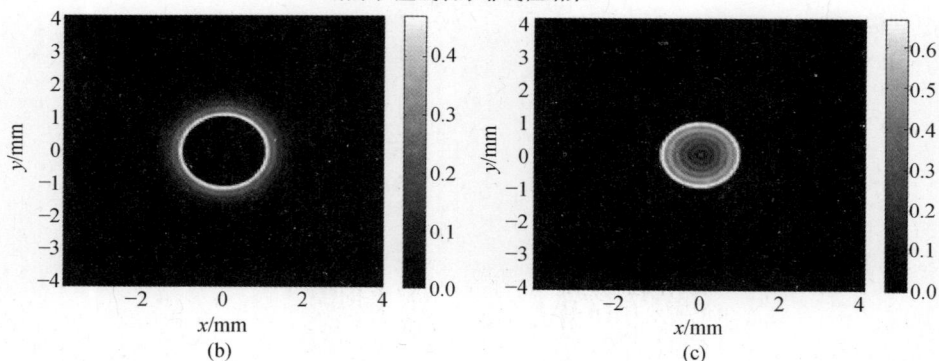

(b)

(c)

图 2-4　数值模拟结果

在一定范围内有浮动。

利用杨氏双狭缝光阑进行实验主要是靠样品非线性的作用将原来中心 0 级衍射条纹的部分能量转移到更高级的衍射条纹上。利用空间高斯光直接入射 4f 系统中，由于样品的非线性使得从样品中出射的激光相位发生畸变，根据 4f 系统出射面上图形的变化，可以推导出样品非线性折射率的值。利用圆孔光阑进行实验的基本原理与空间高斯光是相同的，由于透过圆孔光阑的入射光可以近似看成 top-hat 光，数值模拟显示其实验精度可以比高斯光提高将近 8 倍。虽然高斯光和 top-hat 光都能够用于光学非线性测量，并且整个光路变成关于光轴的圆对称系统，这样使得理论分析和数值模拟都能大大简化，但是这两种方法还存在一个致命的缺点，那就是不能确定非线性折射率的符号。相同非线性折射率的情况下，符号为正和为负可以得到相同的结果，如果这种方法还需要借助别的手段来判定非线性折射率的符号的话就显得比较麻烦了。

由于上述缺点，使得这些方法没有在实际中得到广泛的应用。后来

G. Boudebs小组通过研究在4f系统入射面上的圆形光阑中心增加了一个用于改变入射光相位的圆形 PO,这样就形成了将要介绍的4f相位成像技术。

2.7　4f相位成像技术

　　从基于4f系统测量材料非线性光学性质的方法被提出到最后发展成为4f相位成像系统的过程中,所有的光路都是以一个共焦双凸透镜构成的4f系统为主体光路,如图2-5所示。在4f系统的入射面上放置一个特定形状的振幅型的或相位型的光阑(也可以是振幅相位混合型的光阑),入射到4f系统中的光束被透镜 L1 会聚到放置在4f系统傅里叶平面的非线性样品上。根据样品所具有不同的非线性,会对入射光频谱进行振幅或相位的调制(相当于振幅或相位滤波器)。经过非线性样品调制的光场被透镜 L2 准直成像于4f系统的出射面上。实验中通常在此平面上放置一个二维的 CCD 对光场分布进行记录。在未放置非线性样品的情况下,光束从4f系统入射平面传播到傅里叶平面遵循傅里叶变换,从傅里叶平面到4f系统出射面遵循逆傅里叶变换。这样,CCD 记录下的光场分布是入射面上的光场分布转置。这里需要提醒的是,分析的过程中忽略了光路的光学传递函数对光束传播造成的影响。这是因为一般实验中所用的光束属于傍轴光束,而透镜尺寸相对光束而言足够大。当光路中放置非线性样品的情况下,非线性滤波效应将会对4f系统出射面上的光场分布产生影响。此时CCD 接收到的光场分布就会与入射光场不同,根据这种变化就可以反推出样品的光学非线性。

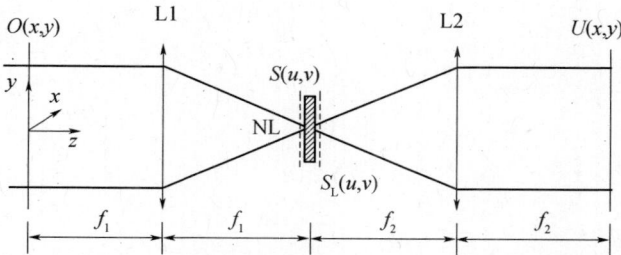

图2-5　4f系统测量材料非线性的基本光路

　　4f相位成像系统的入射光阑如图2-6所示,它是在圆形的光阑中心加入了一个圆形的 PO[5]。PO 是通过在玻璃板上镀透明介质薄膜形成的,它只改变透过光束的相位而不改变振幅。整个相位光阑的透过率可以表示成

$$t(x,y) = \text{circ}(\sqrt{x^2 + y^2}/R_a)\exp\left[i\varphi_L\text{circ}(\sqrt{x^2 + y^2}/L_p)\right] \quad (2-93)$$

式中:R_a 和 L_p 分别为光阑和 PO 的半径;φ_L 为 PO 的相位延迟。

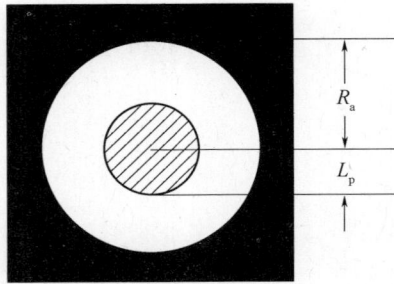

图 2 – 6　相位光阑示意图

图 2 – 6 中,黑色部分为不透光区域,白色和阴影部分是透光区域,其中阴影区域是在透明玻璃板上镀透明介质形成的 PO,通过它的光将比周围区域的光产生一个相位滞后。L_p 和 R_a 分别为 PO 和光阑的半径。

4f 相位成像系统的实验光路如图 2 – 7 所示。共焦透镜 L1 和 L2 构成 4f 系统,相位光阑 A、非线性材料 NL 和 CCD 分别放置在 4f 系统的入射面、傅里叶面和出射面上。被半反镜 BS1 分出,经过透镜 L3 最后照射到 CCD 上的分支是参考光路,用于监视入射脉冲的能量浮动。相衬显微镜是将相位滤波器放置在傅里叶平面上,对物面上的相位物体进行测量,与此相反,4f 相位成像系统将相位光阑 A 放置在 4f 系统的入射面上,对傅里叶面上未知参数的非线性材料进行测量。

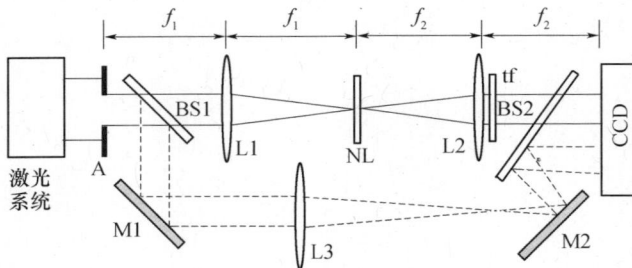

图 2 – 7　4f 相位成像系统简图

A—相位光阑;NL—非线性样品;L1 ~ L3—凸透镜;M1、M2—全反镜;BS1、BS2—半反镜;tf—中性衰减片。

图 2 – 8(a)是一个典型的数值模拟得到的非线性图像,图中的 3 个同心圆(分别为白色、灰色、黑色)代表光强有 3 个不同的等级分布。在模拟过程中,n_2 为正,可以看到在图像中相位物体的位置上光强比周围增强。相反的,如果 n_2 为负,图像中心光强将会减弱。图 2 – 8(b)中实线是图 2 – 8(a)中的非线性图像沿 $y = 0$ 的剖面图,虚线是 n_2 为负时得到的非线性图形的剖面图。透过率变化 ΔT 定义为 PO 内部的平均光强与外部平均光强的差值。

具体实验过程分 3 个部分进行。

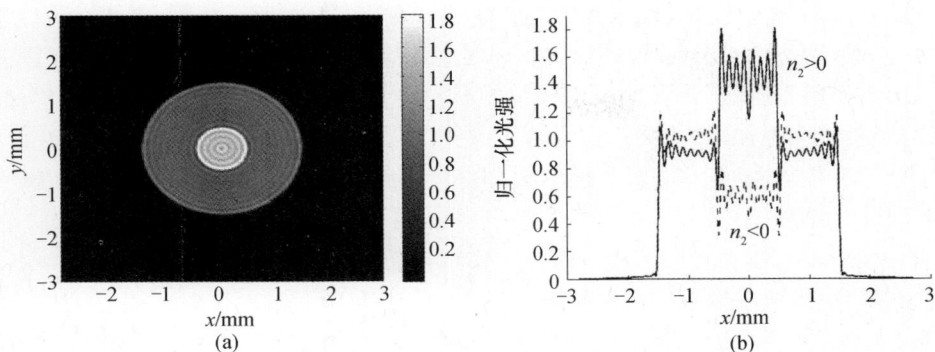

图 2 - 8　典型的 4f 相位成像系统数值模拟图

（a）n_2 为正的情况下得到的非线性图像；

（b）非线性图像沿 $y = 0$ 的剖面图。

（1）将能量计放置在傅里叶平面附近，然后发射一个激光脉冲，用能量计探测主光路中的脉冲能量，同时用 CCD 接收经过参考光路打到 CCD 上的参考光斑。由于入射到主光路中的能量与参考光路中的能量是成正比的，所以在后面的实验中通过读取参考光斑的强度就能够计算出主光路中脉冲的能量。

（2）将待测物体放置在傅里叶面上，并在待测物体前面放置一个中性衰减片，使得照射到样品上的光强不足以产生非线性。此时，用 CCD 接收到的主光路中的光斑称为"线性图像"。由于实际实验中激光脉冲的空间分布不可能是理想化的，而且还要受到系统的光学传递函数的影响，所以如果利用理想的 top-hat 光对非线性图像进行拟合的时候误差会比较大。因此在实验中通常用线性光斑的空间分布作为数值拟合的输入函数，使得很大程度上消除光源及器件对拟合带来的影响。

（3）将先前放置在待测样品之前的中性衰减片移到样品之后，此时用 CCD 接收到的是"非线性图像"。调整理论模拟的非线性图像与实验测得的非线性图像最接近的时候就可以得到待测材料的非线性折射率的值。

总结 4f 相位成像系统的优点，主要有以下 5 个方面：

（1）光路简单；

（2）测量灵敏度高；

（3）既可以测量非线性的大小又可以测量符号；

（4）脉冲测量时，样品无需移动；

（5）对光源能量稳定性要求不高。

正是 4f 相位成像技术具有上述优点，研究人员对该技术进行了深入的改进和应用研究。下面主要介绍以下 3 方面的工作：

（1）4f 相位成像系统的解析解求解，并在此基础上对测量系统的参数进行优化以及对测量适用范围进行判定。

（2）由于大部分样品同时具有非线性吸收和非线性折射，G. Boudebs 等通过改进实验系统，从带有非线性吸收的材料中提取出近似由纯非线性折射引起的信号。

（3）根据 4f 相位成像系统单脉冲实时测量的特点，用它来研究样品随曝光时间变化的动态过程。

此外本书作者开展的相关研究工作将在后续章节中详细叙述。

1. 4f 相位成像系统的解析解

J. Godet 等在极坐标系下推导了关于 4f 相位成像系统的解析解，并在一阶近似的情况下讨论了系统的参数优化以及适用的测量范围等问题[7]。通过分析得到了下列结论：

（1）相位光阑的 PO 和光阑半径之比 ρ 对系统的灵敏度影响很大，当 ρ 趋向于 0 或者 1 的时候，系统的灵敏度最大，而在 $\rho = 0.6$ 附近，系统的灵敏度降到了最低。

（2）当 PO 的相移在 $\pi/3 < \varphi_L < \pi/2$ 的范围内时，系统的灵敏度可以达到最大，但是具体的数值决定于不同的 ρ 值。

（3）在非线性相移 $|\varphi_0| < 1$ 的时候，相衬信号 ΔT 近似与非线性相移 φ_0 成线性关系。但是 ΔT 随 φ_0 的单调变化区间是有范围的，超出这个范围 ΔT 就出现振荡。因此实际测量时不能超出单调区间，即在较小非线性相移下测量比较好。

2. 带非线性吸收的材料非线性折射率的测量

前面介绍了 4f 相位成像系统在测量纯非线性折射方面有很多优点，但是当样品同时具有非线性吸收和非线性折射的时候，非线性吸收和非线性折射引起的信号会混到一起，不容易对它们分别进行独立测量。为了能在带有非线性吸收材料中提取出纯的非线性折射信号，G. Boudebs 等对 4f 相位成像系统进行了改进[8]。

改进后的光路图见图 2-9。其基本结构与普通的 4f 相位成像系统类似，改动的地方包括下面几点：

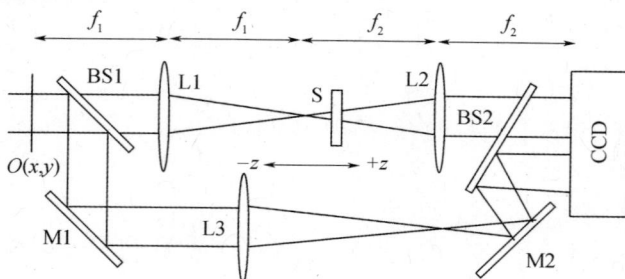

图 2-9　用于提取带非线性吸收的材料中非线性折射信号的 4f 相位成像光路

（1）将放置在 $4f$ 系统入射面上的相位光阑换成一个圆形的 PO。即透过率函数变为 $t(x,y) = \exp\left[i\varphi_L \text{circ}\left(\sqrt{x^2+y^2}/L_p\right)\right]$，其中 φ_L 和 L_P 分别是圆形 PO 的相位延迟和半径。

（2）入射光束换成空间高斯光束，而不是 top-hat 光束。

（3）非线性样品不是放置在傅里叶面上，而是可以在傅里叶面附近沿 z 方向移动。

首先用这个系统做一个 Z 扫描实验，这里可以分为加和不加 PO 两种情况。当没有 PO 的时候，整个光路与典型的 Z 扫描光路相比多了一个样品后的会聚透镜。在 $4f$ 系统入射面上增加了 PO 以后，它的 Z 扫描图形与一般的 Z 扫描图形是不同的。对于负的非线性折射介质，图形只有一个谷；对于正的非线性折射介质，仅出现一个单峰的曲线。曲线峰或谷的位置就是相衬信号最强的地方。将非线性样品固定在相衬信号最强的地方，在带 PO 和不带 PO 的情况下各记录一个非线性图像，用带 PO 的图像减去不带 PO 的图像所得的信号就可以近似看作是由纯非线性折射引起的。将相减后图形的 PO 内的平均光强与外部（取 PO 半径的 2 倍）平均光强的差值定义为 ΔT。通过数值计算就可以近似得到带有非线性吸收介质的非线性折射率的大小。

利用这个装置 G. Boudebs 等虽然得到了一个近似的非线性折射引起的信号，但是这里需要注意的是：在不同的非线性吸收的情况下 ΔT 与 $\varphi_{NL}(0)$ 的斜率是不相同的，在处理的过程中利用纯非线性折射情况下的斜率来近似代替样品真实的斜率，这会带来比较大的误差。例如，当 $\beta = 6\text{cm/GW}$ 时 $\Delta T = 0.44\varphi_{NL}(0)$，而纯非线性折射的情况下 $\Delta T = 0.56\varphi_{NL}(0)$。误差达到 21%。

3. 材料光致非线性折射率变化的研究

目前可以进行非线性测量的方法已经有很多种，许多方法需要重复多次对样品进行曝光得到一组数据来进行测量（如 Z 扫描）。由于多脉冲测量方法经历了一个相对长的过程，如果这个过程中样品稳定性非常好，测量是没有问题的。但是对于某些材料，它们的光学性质随着曝光时间是变化的[10,11]，这时用多脉冲测量得到的参数就是一种平均的结果，与样品的真实参数会产生差别。$4f$ 相位成像方法是一个单脉冲测量方法，可以实时地测量材料非线性折射率，因此用它来研究材料性质随曝光时间的动态过程是合适的。

G. Boudebs 等曾经利用 $4f$ 相位成像方法研究了一些半导体掺杂玻璃的光致非线性折射率变化特性，效果很明显[12]。文章中 G. Boudebs 等选用了 4 种不同的掺杂玻璃，利用 $4f$ 相位成像系统，用波长 1064nm、脉宽 15ps、重复频率 10Hz 的激光作光源，在 5GW/cm^2 的光强下，连续让样品曝光。结果发现材料的非线性折射率不仅大小能发生改变，而且有的还可以改变符号。大约 150s（1500 个脉冲）以后非线性折射率的数值趋于稳定。详细的情况请查阅参考文献[12]。

4. 4f 相位成像技术与 Z 扫描技术的对比

Z 扫描技术和 4f 相位成像技术都属于光束畸变测量方法,而 Z 扫描作为光束畸变方法的代表已被广大科研工作者熟悉。下面简要总结一下这两种方法的异同。

相同点:

(1) 都属于光束畸变测量方法;

(2) 都可以对非线性吸收和非线性折射的大小和符号进行测量;

(3) 光路简单;

(4) 测量灵敏度高。

不同点:

(1)Z 扫描技术是单光束测量技术,而 4f 相位成像技术是单脉冲测量技术;

(2)Z 扫描技术对光斑空间分布要求高,而 4f 相位成像技术要求不高;

(3)Z 扫描技术用能量/功率探头探测,靠探测能量的变化来测量非线性,而 4f 相位成像技术用 CCD 探测,靠非线性光斑的空间分布来对非线性样品进行测量。

2.8　4f 相位成像技术基本理论

正如前面所述,傅里叶光学对于解释 4f 相位成像技术是充分的。在实际情况下,4f 相位成像系统照射到物平面处的入射光一般来说空间上为 top-hat 分布,而时间上为高斯分布的线偏振单色平面光,即

$$E(x,y,t) = E_0 \exp[-\mathrm{i}(\omega t - kz)] \exp[-t^2/(2\tau^2)] \quad (2-94)$$

式中:ω 为光波角频率;k 为波矢大小;E_0 为光场振幅;τ 为激光脉冲宽。

事实上,由于 4f 相位成像技术最后只对相衬感兴趣,因此将会看到上式中的相位项(传播项)并不起作用,完全可以被忽略。考虑到式(2-93)所描述的相位光阑的透过率表达式 $t(x,y)$,有透镜 L1 前焦面上的电场分布为

$$O(x,y,t) = E(x,y,t)t(x,y) \quad (2-95)$$

因此系统频谱面(傅里叶面)上的电场分布为

$$S(u,v,t) = \frac{1}{\lambda f_1}\mathrm{FT}[O(x,y,t)] = \frac{1}{\lambda f_1}\iint O(x,y,t)\exp[-2\pi\mathrm{i}(ux+vy)]\mathrm{d}x\mathrm{d}y$$

$$(2-96)$$

式中:FT 为傅里叶变换符号;f_1 为透镜 L1 的焦距;λ 为入射激光波长;u 和 v 为焦平面处的空间频率,$u = \dfrac{x'}{\lambda f_1}$,$v = \dfrac{y'}{\lambda f_1}$;$x'$ 和 y' 为焦平面处的空间坐标。

为了简单,这里只考虑 3 阶光学非线性,在薄样品近似和慢变振幅近似下分

别有

$$\frac{\mathrm{d}\Delta\varphi}{\mathrm{d}z'} = n_2 Ik \tag{2-97}$$

$$\frac{\mathrm{d}I}{\mathrm{d}z'} = -(\alpha + \beta I) \tag{2-98}$$

式中：n_2 为非线性折射率；α 和 β 分别为线性和非线性吸收系数；z' 为光束在样品中传播的距离。

联立式（2-97）和式（2-98），样品出射表面处的光强分布和相位扭曲分别为

$$I_\mathrm{e}(z,r,t) = \frac{I(z,r,t)\mathrm{e}^{-\alpha L}}{1 + q(z,r,t)} \tag{2-99}$$

$$\Delta\varphi(z,r,t) = \frac{kn_2}{\beta}\ln[1 + q(z,r,t)] \tag{2-100}$$

式中：L 为样品长度；$q(z,r,t) = \beta I(z,r,t)L_\mathrm{eff}$；$L_\mathrm{eff} = (1 - \mathrm{e}^{-\alpha L})/\alpha$。

这时样品出射表面的电场分布为

$$S_\mathrm{L}(u,v,t) = S(u,v,t)\mathrm{e}^{-\alpha L/2}[1 + q(u,v,t)]^{ikn_2/\beta-1/2} \tag{2-101}$$

如果非线性样品为无损克尔介质，即 α 和 β 均为零，则式（2-101）可化简为

$$S_\mathrm{L}(u,v,t) = S(u,v,t)\exp[ikn_2 LI(u,v,t)] \tag{2-102}$$

这样，在 $4f$ 系统出射面上由 CCD 探测的光强分布可以表示为

$$I_\mathrm{im}(x,y,t) = |U(x,y,t)|^2 = |\mathrm{FT}^{-1}[S_\mathrm{L}(u,v,t)H(u,v)]|^2 \tag{2-103}$$

式中：FT^{-1} 代表逆傅里叶变换；$H(u,v)$ 为无色差透镜的相干光学传递函数，并且 $H(u,v) = \mathrm{circ}[(u^2 + v^2)^{1/2}\lambda G/N_\mathrm{A}]$，$N_\mathrm{A}$ 为透镜的数值孔径，G 为光学系统的放大倍率。考虑到 CCD 相机对激光脉冲的能流分布的响应，这样图像可表示为

$$F(x,y) = \int_{-\infty}^{\infty} I_\mathrm{im}(x,y,t)\mathrm{d}t \tag{2-104}$$

联立式（2-94）~式（2-104），可以数值模拟计算 CCD 相机所采集到的透射激光束的空间分布，进而得到介质的 3 阶非线性折射率。

参考文献

[1] 赵凯华，钟锡华. 光学[M]. 北京：北京大学出版社，2008.

[2] Boudebs G, Chis M, Bourdin J P. Third - order susceptibility measurements by nonlinear image processing[J]. Opt. Soc. Am. B, 1996, 13(7): 1450 - 1456.

[3] Boudebs G, Chis M, Monteil A. Contrast increasing by third - order nonlinear image processing: a numerical

study for microscopic rectangular objects[J]. Opt. Commun,1998,150:287 – 296.

[4] Cherukulappurath S, Boudebs G, Monteil A. 4*f* coherent imager system and its application to nonlinear optical measurements[J]. J. Opt. Soc. Am. B,2004,21(2):273 – 279.

[5] Boudebs G, Cherukulappurath S. Nonlinear optical measurements using a 4*f* coherent imaging system with phase objects[J]. Phy. Rev. A,2004,69:053813.

[6] Zhao W, Palffy – Muhoray P. Z – scan technique using top – hat beams[J]. Appl. Phys. Lett,1993,63: 1613 – 1615.

[7] Godet J, Derbal H, Cherukulappurath S, et al. Optimization and limits of optical nonlinear measurements using imaging technique[J]. Eur. Phys. J. D,2006,39:307 – 312.

[8] Boudebs G, Cherukulappurath S. Nonlinear refraction measurements in presence of nonlinear absorption using phase object in a 4*f* system[J]. Opt. Commun,2005,250:416 – 420.

[9] Goodman J W. Introduction to Fourier optics,2nd ed[M]. Mc Graw Hill, New York,1996.

[10] Yamane M, Asahara Y. Glasses for Photonics[M]. Cambridge University Press, Cambridge, UK,2000.

[11] Yu F T S, Yin S. Photorefractive Optics: materials, propertities, and applications[M]. Academic, New York, 1999.

[12] Boudebs G, Cid B de Araujo. Characterization of light – induced modification of the nonlinear refractive index using a one – laser – shot nonlinear imaging technique [J]. Appl. Phys. Lett, 2004, 85 (17): 3740 – 3742.

第 3 章
4f 相位成像技术中的相位滤波

前面已经通过物体成像技术测量了各种样品的 3 阶非线性。本章将对纯非线性折射材料发展一种近似方法去解析地计算非线性折射率。通过把 PO 的物光场分解为两个不同相位和半径的 top-hat 光，获得近似的相衬，从中可以提取非线性折射系数。在样品傍轴处非线性相移小于 π 的情况下这种近似都是有效的。同时，这种近似也可以更加容易地用来估计非线性测量的灵敏度和单调区间，进而最大化这两项重要指标。使用二硫化碳（CS$_2$）这种标准的 3 阶非线性折射材料在波长 532nm、脉宽 21ps 情况下对这种方法进行检验。当然也期望这种方法能够应用到高阶非线性折射情况。为了更好地理解 4f 相位成像技术中的相位滤波，有必要在下面简单回顾一些工作。

2004 年，Boudebs 等报道了用来测量光学材料 3 阶非线性折射率的一种带有 PO 的非线性成像技术（NIT-PO）[1]。这种技术包括了一个 PO（在半径为 R_a 的石英基片上镀一层半径为 L_p 的薄膜），一对共焦凸透镜和一个 CCD 相机，依次顺序放置。通过把非线性样品放在共焦面（傅里叶面）上，用 CCD 相机记录由于样品非线性导致的入射 top-hat 激光束的光强分面扭曲，然后获得样品的 n_2 值。凭借入射激光束中间部分由 PO 所引起的固定相移，这种技术成功地用单激光脉冲照射完成了这项任务。和要求多次激光脉冲照射并且要求样品沿光束传播方向移动的 Z 扫描技术[2]相比，一方面，在人们对单激光脉冲效应感兴趣或者入射脉冲能量浮动显著时 NIT-PO 优势明显。另一方面，在人们对交叉脉冲积累效应进行研究时，NIT-PO 能够分辨不同脉冲单次照射间的区别[3]。

通过对透射样品电场的傅里叶变换，Boudebs 等计算了 CCD 相机处的光强。2006 年，Godet 等对 3 阶非线性折射引起的小相位扭曲发展了一种近似的解析公式，用于获得 CCD 相机处的电场和光强[4]。通过调整 L_p 与 R_a 的比例来匹配 PO 引起的相位延迟 φ_L，进而提高 NIT-PO 的灵敏度。因此，对于样品后表面中心处的相位改变 φ_0，能够通过适当地选择 L_p/R_a 来提高 CCD 处光束中心和边缘

的透过率差值 ΔT。另外,这种被称为相衬的 ΔT 会随着 $|\varphi_0|$ 而变化。在小 $|\varphi_0|$ 情况下,ΔT 的变化是高度线性的,然而在大 $|\varphi_0|$ 情况下,这种变化演变成在一个饱和值附近振荡。

2006 年,李云波等的研究进一步表明通过设定 $\varphi_L = 0.57\pi$ 并且调整 L_p/R_a 为 0.1,对于非线性折射测量能够获得最大的灵敏度[5]。另外这种技术还被扩展到非线性吸收和非线性折射的同时测量[6]。通过记录 CCD 相机所探测的能量分布并且对每个像素所探测到的能量加和,能够完成这个目标,非线性吸收的最大值情况不同于非线性折射。对于单独的非线性吸收测量,产生最大灵敏度要求 $\varphi_L = \pi$ 并且 $L_p/R_a = 0.3$。对非线性吸收和折射共存的情况,则要求 $\varphi_L = \pi/2$ 并且 $L_p/R_a = 0.3$。

当使用皮秒脉冲泵浦的光学参量产生器在紫外和近红外区域执行 NIT-PO 测量时,每个激光脉冲照射之间的区别使我们无法把 CCD 相机观察到的图像和入射激光脉冲联系起来,这严重阻碍了对样品非线性的分析。为了解决这个问题,2009 年,李云波等采用了一个额外的 4f 系统(样品没有放在它的傅里叶面)。把入射激光分成两束,一束是穿越原始的 4f 系统,另一束是作为参考光沿额外增加的 4f 系统传播。通过比较由 CCD 同时记录的这两束光,避免了和激光脉冲空间不稳定相关的问题。

最近,Rativa 等提出使用 HS 波前传感器测量非线性折射的新技术[7]。HS 波前传感器一般用于天文学[8]、视觉光学、视网膜成像[9,10]、光学成分检测和激光光束表征[11]。其中一种技术使用了校准设置,不需要样品扫描,非线性折射诱导的不同波前畸变被 HS 波前传感器中的 CCD 矩阵记录。所有波前改变按照泽尼克多项式表示。由于非线性折射,某些特定的泽尼克系数将和激光光强有关。通过拟合这种特定的泽尼克系数、激光光强曲线,获得 n_2 值。因为这种技术仅关系到波前,因此它对光强浮动不敏感。此外,它也对光路准直、线性散射、样品缺陷和厚度不敏感。到目前为止,这种方法仅适用于测量透明材料的 n_2 值,并且灵敏度比 Z 扫描方法低一个数量级。另外,在研究宽带非线性时,每个激光脉冲空间分布之间的差异将在测量中导致较大的误差。

本章对于轴上非线性相移 φ_0 小于 π 并且没有非线性吸收的情况,给出了 ΔT 的近似解析解。在这种近似方法的帮助下,能够简单地计算出 n_2 值,并且估计出非线性测量的灵敏度和单调区间。也实现了最大化测量灵敏度和单调区间的参数优化。

3.1 相位滤波

如图 3 - 1 所示,一个典型的 NIT - PO 系统包含两路分支:一路是 4f 相干成像系统;另一路用来监测光强浮动。PO 被放在物平面,薄样品被放在傅里叶平面,PO 的像被放在像平面的 CCD 相机采集。NIT – PO 中的成像过程被傅里叶光学来描述是充分的。在大数值孔径透镜以及和空间解析度相比物体较大的情况下,光学传递函数(OTF)可以被忽略。另外,在皮秒超快脉冲低重复频率下热光效应也很小。极坐标被用来简化计算过程。

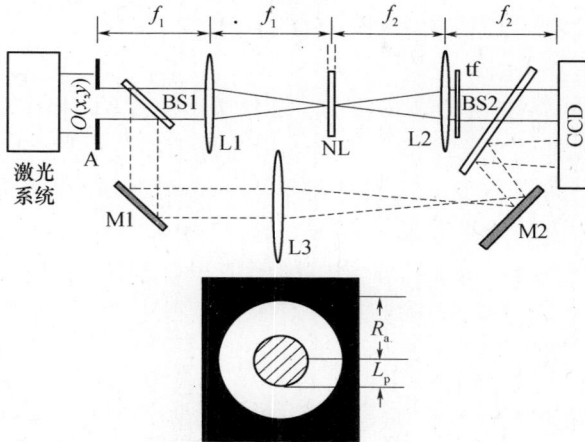

图 3 – 1   NIT – PO 示意图(包括 4f 相干成像系统)

BS1、BS2—分光镜;M1、M2—全反镜;L1 ~ L3—凸透镜;
A—带有相位物体的小孔;tf—中性滤波片;NL—非线性样品。

皮秒脉冲高斯激光被扩展后照射到 PO 上。由于扩展的高斯光光斑半径要比 R_a 大得多,因此输入光场可被看作是线偏振单色平面波 $E(z,t) = E_0(t)\exp[\mathrm{i}(\boldsymbol{k}z - \omega t)] + \mathrm{c.c.}$。这里 ω 为角频率,$\boldsymbol{k}$ 为波矢,$E_0(t)$ 是时间依赖的电场振幅。为了简化,考虑稳态情况,场的时间项被忽略。通过使用时间平均的折射率变化结果能够很容易地扩展到瞬态情况。通过 PO 的物光场能够表示为

$$E_i(r) = E_0 \mathrm{circ}(r/R_a) + E_0[\exp(\mathrm{i}\varphi_L) - 1]\mathrm{circ}(r/L_p) \quad (3 - 1)$$

亦即,被分解成两个 top-hat 光,T_{h1}[式(3 – 1)右边第一项]和 T_{h2}[式(3 – 1)右边第二项],即

傅里叶面上的总电场是物光场 T_{h1} 和 T_{h2} 傅里叶—贝塞尔变换(由 B{} 定义)的求和,即

$$E_f(\xi) = \frac{1}{\lambda f_1}\mathrm{B}\{E_i(r)\} = 2E_{f0}\left\{\frac{\mathrm{J}_1(\xi)}{\xi} + [\exp(\mathrm{i}\varphi_L) - 1]\theta\frac{\mathrm{J}_1(\theta\xi)}{\xi}\right\}$$
$$(3 - 2)$$

式中:$\mathrm{J}_1(x)$ 为第一类一阶贝塞尔函数;$\xi = 2\pi R_a r'/(\lambda f_1)$,为无量纲的径向空间频率;$f_1$ 为 L1 的焦距;$E_{f0} = E_0\pi R_a^2/(\lambda f_1)$,为没有 PO 的傅里叶面处的轴上光场;$\theta = L_p/R_a$。

傅里叶面处相应的光场强度为

$$I_f(\xi) = |E_f(\xi)|^2 = 4I_{f0}\left(\left[\frac{J_1(\xi)}{\xi}\right]^2 + 4\sin^2\left(\frac{\varphi_L}{2}\right)\left\{\left[\theta\frac{J_1(\theta\xi)}{\xi}\right]^2 - \theta\frac{J_1(\theta\xi)}{\xi}\frac{J_1(\xi)}{\xi}\right\}\right)$$

$$(3-3)$$

式中:$I_{f0} = I_0\left[\pi R_a^2/(\lambda f_1)\right]^2$ 代表没有 PO 的傅里叶面处的轴上光强,$I_0 = |E_0|^2$ 代表输入光强。

为了增加非线性测量的灵敏度,L_p 要比 R_a 小很多。根据傅里叶变换理论,傅里叶面的光强面积对空间频率与入射光场面积成反比。这样,傅里叶面处 T_{h2} 的光场对空间频率要比 T_{h1} 的宽得多。因为 L_p 比 R_a 小得多,所以在低空间频率区域 T_{h1} 相应的傅里叶面处场强要比 T_{h2} 的强得多。这就是说,能流密度(定义为单位面积上的能量)主要集中于傅里叶面的低频区域,如图 3 - 2 所示,那里 $\theta = 0.3$。需要注意的是,为了能够看得更清楚,人为地放大了 T_{h2} 的场振幅。

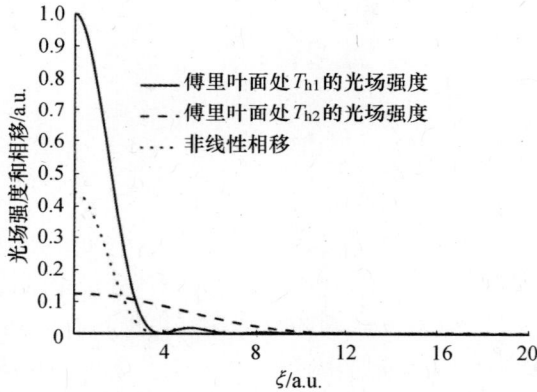

图 3 - 2　傅里叶面处的光场强度和相位分布($\theta = 0.3$)

为了简单起见,这里仅考虑 3 阶非线性折射,这样样品中折射率的改变 Δn 正比于光强 I,即

$$\Delta n = n_2 I \tag{3-4}$$

激光束相位被傅里叶面处的非线性样品调制,这样样品后表面处的出射电场将包含一个正比于光强 I 的非线性相移 φ_{NL},有

$$\varphi_{NL}(\xi) = kn_2 I(\xi)L = \varphi_0 P_f(\xi) \tag{3-5}$$

$$P_f(\xi) = \frac{I(\xi)}{I_{f0}} = 4\left(\left[\frac{J_1(\xi)}{\xi}\right]^2 + 4\sin^2\left(\frac{\varphi_L}{2}\right)\left\{\left[\theta\frac{J_1(\theta\xi)}{\xi}\right]^2 - \theta\frac{J_1(\theta\xi)}{\xi}\frac{J_1(\xi)}{\xi}\right\}\right)$$

$$(3-6)$$

式中:$P_f(\xi)$ 为傅里叶面处的归一化非线性相移;L 为样品厚度;$\varphi_0 = kn_2 I_0$

$\left[\pi R_a^2/(\lambda f_1)\right]^2 L$ 为傅里叶面处没有 PO 正比于光强的轴上非线性相移。

在 NIT – PO 中，在 L1 焦平面处的非线性样品扮演非线性滤波器的角色。依赖于非线性引起的失相的 PO 光强分布变化的空间滤波图像被 CCD 相机采集。如图 3 – 2 所示，能流密度主要集中在傅里叶平面处的低空间频率区域。所以，样品引起的正比光强的非线性相位滤波主要对傅里叶面的低空间频率起作用。也就是说，T_{h2} 上的相位滤波要远小于 T_{h1} 上的，非线性样品可被看作为低频滤波器。

根据傅里叶光学，像平面处的光场是傅里叶面处被滤波的场的逆傅里叶—贝塞尔变换。通过式(3 – 2)、式(3 – 3)和式(3 – 5)，即可获得像平面处的总场强，即

$$E_{im}(r) = E_{im1}(r) + E_{im2}(r) \qquad (3-7)$$

$$E_{im1}(r) = E_0 \int_0^\infty J_1(\xi)\exp[i\varphi_0 P_f(\xi)]J_0(r\xi/R_a)d\xi \qquad (3-8)$$

$$E_{im2}(r) = [\exp(i\varphi_L)-1]E_0\int_0^\infty \theta J_1(\theta\xi)\exp[i\varphi_0 P_f(\xi)]J_0(r\xi/R_a)d\xi$$

$$(3-9)$$

式中：E_{im1} 和 E_{im2} 分别为 T_{h1} 和 T_{h2} 在像平面处的光场；$J_0(x)$ 为零阶贝塞尔函数。

像平面处的光强是非常复杂的，所以必须进行适当的近似来进行后面的讨论。图 3 – 3 显示了有和没有样品非线性相位滤波情况下像平面处场振幅和相位的比较。

由于能流密度衍射出相应的区域，在非线性相位滤波之后，T_{h1} 和 T_{h2} 在相应的区域里($r \leqslant R_a$ 和 $r \leqslant L_p$)的场振幅都减少(见图 3 – 3(a)、(c))。相似地，T_{h1} 和 T_{h2} 在它们各自的区域发生相移(见图 3 – 3(b)、(d))，并且 T_{h1} 的相移要比 T_{h2} 的大很多，这和前面的分析一致。当 T_{h1} 和 T_{h2} 在像平面干涉时，相移将要在 PO 内部和外部产生光强差异 ΔT(见图 3 – 3(e))。根据矢量叠加原理，具有相同振幅的两个矢量的相位叠加是每个相位和的一半。如图 3 – 3(f)所示，经过滤波和未经过滤波的场的总相位近似为 T_{h1} 和 T_{h2} 各自相位和的一半。

因为像平面处 PO 内的场振幅分布几乎是平的，能够使用轴上场光强作为替换。这是第一个近似。根据式(3 – 8)和式(3 – 9)，$E_{imj}(\varphi_0) = E_{imj}^*(-\varphi_0)$ ($j = 1,2$)，像平面处轴上场振幅是 φ_0 的偶函数而相位是 φ_0 的奇函数，如图 3 – 4 所示。这样能够对 T_{h1} 和 T_{h2} 像平面上轴上光场的振幅和相位分别执行泰勒展开，截取展开式的前两项，即

$$E_{im1}(0) = E_0\left(1 + \frac{1}{2!}a_2\varphi_0^2\right)\exp\left[i\left(\delta_{11}\varphi_0 + \frac{1}{3!}\delta_{13}\varphi_0^3\right)\right] \qquad (3-10)$$

$$E_{im2}(0) = [\exp(i\varphi_L)-1]E_0\left(1 + \frac{1}{2!}b_2\varphi_0^2\right)\exp\left[i\left(\delta_{21}\varphi_0 + \frac{1}{3!}\delta_{23}\varphi_0^3\right)\right]$$

$$(3-11)$$

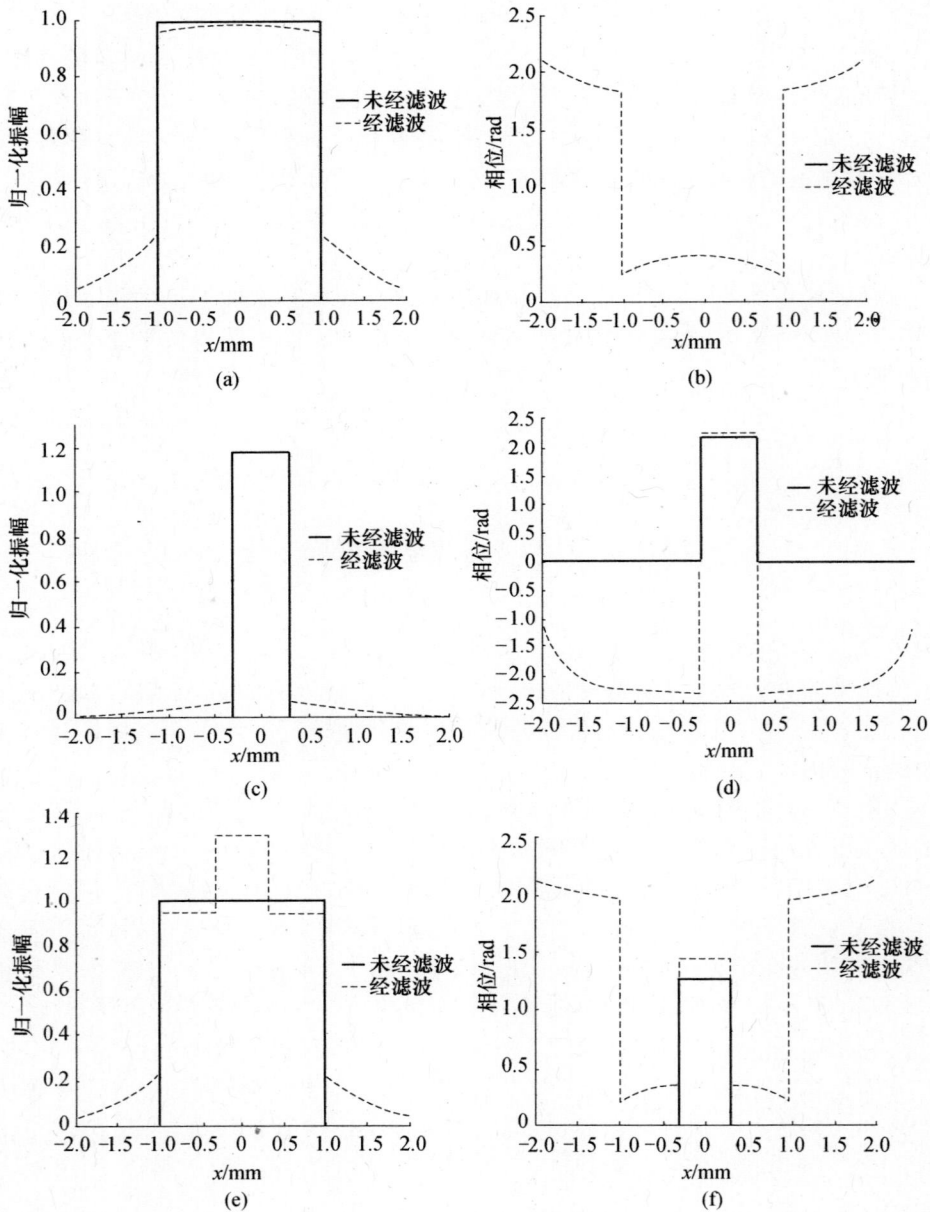

图 3-3 T_{h1} 、 T_{h2} 和整个场在样品相位滤波前和后的像平面处振幅和相位的比较

（a）T_{h1} 的振幅；（b）T_{h1} 的相位；（c）T_{h2} 的振幅；

（d）T_{h2} 的相位；（e）整个光场的振幅；（f）整个光场的相位。

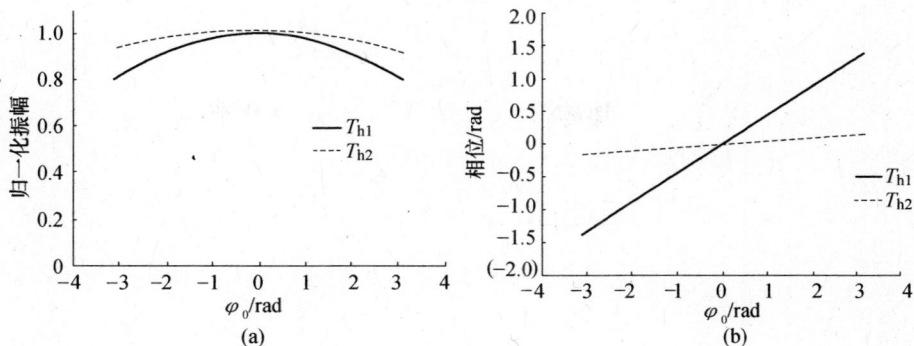

图 3 - 4 T_{h1} 和 T_{h2} 像平面上轴光场的振幅和相位

(a) 振幅；(b) 相位。

注意：能够统一地给出 T_{h1} 和 T_{h2} 的精确解和近似解，即

$$E(\varphi_0) = \int_0^\infty E_f(\xi) \exp[i\varphi_0 P_f(\xi)] d\xi \qquad (3-12)$$

$$E(\varphi_0) = A\exp(i\varphi) \qquad (3-13)$$

式中

$$E_f(\xi) = \begin{cases} J_1(\xi) & ,T_{h1} \\ \theta J_1(\theta\xi) & ,T_{h2} \end{cases} \qquad (3-14)$$

$$E(\varphi_0) = \begin{cases} \dfrac{E_{im1}(0)}{E_0} & ,T_{h1} \\ \dfrac{E_{im2}(0)}{[\exp(i\varphi_L) - 1]E_0} & ,T_{h2} \end{cases} \qquad (3-15)$$

这里 $E_f(\xi)$ 为 T_{h1} 和 T_{h2} 傅里叶面处的光强，$E(\varphi_0)$ 为 T_{h1} 和 T_{h2} 像平面处归一化轴上光场。$A = 1 + \dfrac{1}{2}a_2\varphi_0^2$，$\varphi = \delta_1\varphi_0 + \dfrac{1}{3!}\delta_3\varphi_0^3$ 分别为像平面处轴上光强的近似解的归一化振幅和相位。

注意：式(3-13)的导数为

$$E'(\varphi_0) = (A' + iA\varphi')e^{i\varphi} \to i\varphi'(0) = i\delta_1 \qquad (3-16)$$

$$E''(\varphi_0) = (A'' + 2iA'\varphi' + iA\varphi'')e^{i\varphi} \to A''(0) - \varphi'^2(0) = a_2 - \delta_1^2 \qquad (3-17)$$

$$E'''(\varphi_0) = A''' + 3iA''\varphi' + 3iA'\varphi'' + iA\varphi''' - 3A'\varphi'^2 - 3A'\varphi'\varphi'' - iA\varphi'''$$

$$\to 3iA'(0)\varphi'(0) + i\varphi'''(0) - i\varphi'^3(0)$$

$$= 3ia_2\delta_1 + i\delta_3 - i\delta_1^3 \qquad (3-18)$$

这里→代表 φ_0 接近于0时导数的极限，下面的方程也同时满足

$$\begin{cases} A'(0) = \varphi''(0) = 0 \\ A(0) = 1, A''(0) = a_2 \\ \varphi'(0) = \delta_1, \varphi'''(0) = \delta_3 \end{cases} \qquad (3-19)$$

另外,式(3-12)的导数为

$$E^{(k)}(\varphi_0) = \int_0^\infty E_f(\xi) \left[iP_f(\xi) \right]^k \exp\left[i\varphi_0 P_f(\xi) \right] d\xi \rightarrow \int_0^\infty E_f(\xi) \left[iP_f(\xi) \right]^k d\xi$$
$$(3-20)$$

定义

$$I_k \equiv \int_0^\infty E_f(\xi) \left[iP_f(\xi) \right]^k d\xi \qquad (3-21)$$

根据式(3-16)至式(3-21),有

$$\begin{cases} I_1 = i\delta_1 \\ I_2 = a_2 - \delta_1^2 \\ I_3 = 3ia_2\delta_1 + i\delta_3 - i\delta_1^3 \end{cases} \qquad (3-22)$$

能够得到

$$\begin{cases} a_2 = I_2 - I_1^2 \\ \delta_1 = -iI_1 \\ \delta_3 = -i(I_3 - 3I_2I_1 + 2I_1^3) \end{cases} \qquad (3-23)$$

利用式(3-6)、式(3-14)、式(3-21)和式(3-23),能够分别获得 T_{h1} 和 T_{h2} 像平面处轴上光场的近似解。

通过比较精确解的泰勒级数展开和近似解,能够得到扩展系数,即

$$\begin{cases} a_2 = I_{12} - I_{11}^2 \\ b_2 = I_{22} - I_{21}^2 \\ \delta_{11} = -iI_{11} \\ \delta_{21} = -iI_{21} \\ \delta_{13} = -i(I_{13} - 3I_{12}I_{11} + 2I_{11}^3) \\ \delta_{23} = -i(I_{23} - 3I_{22}I_{21} + 2I_{21}^3) \end{cases} \qquad (3-24)$$

$$I_{1k} = \frac{1}{E_0} \frac{\partial^k E_{im1}(0)}{\partial \varphi_0^k} \bigg|_{\varphi_0=0} = \int_0^\infty J_1(\xi) \left[iP_f(\xi) \right]^k d\xi \qquad (3-25)$$

$$I_{2k} = \frac{1}{[\exp(i\varphi_L) - 1]E_0} \frac{\partial^k E_{im2}(0)}{\partial \varphi_0^k} \bigg|_{\varphi_0=0} = \int_0^\infty \theta J_1(\theta\xi) \left[iP_f(\xi) \right]^k d\xi$$
$$(3-26)$$

使用式(3-7)、式(3-10)和式(3-11),能够得到像平面上归一化的轴上

70

场强

$$T(0) = \frac{I_{\text{im}}(0)}{I_0} = A_1^2 + 4A_2^2 \sin^2\left(\frac{\varphi_\text{L}}{2}\right) + 4A_1 A_2 \sin\left(\frac{\varphi_\text{L}}{2}\right) \sin\left(\delta_1 \varphi_0 + \frac{1}{3!}\delta_3 \varphi_0^3 - \frac{\varphi_\text{L}}{2}\right)$$

$$(3-27)$$

式中：$I_{\text{im}}(0) = |E_{\text{im}}(0)|^2$ 是像平面处轴上场强；$A_1 = 1 + \dfrac{1}{2!}a_2\varphi_0^2$，$A_2 = 1 + \dfrac{1}{2!}b_2\varphi_0^2$

分别是 T_{h1} 和 T_{h2} 在像面处轴上归一化的场振幅。$\Delta\varphi = \delta_1\varphi_0 + \dfrac{1}{3!}\delta_3\varphi_0^3$，定义为干涉项，代表 T_{h1} 和 T_{h2} 之间的相位差异，这里 $\delta_1 = \delta_{11} - \delta_{21}$，$\delta_3 = \delta_{13} - \delta_{23}$。$\Delta\varphi$ 是 φ_0 的一小部分，反映了 T_{h1} 和 T_{h2} 的干涉。

3.2 相衬

相衬 ΔT 被定义为 PO 内部和外部光强归一化平均值的差值，即

$$\Delta T = \frac{1}{I_0}\left[<I(r)>_{r\in[0,L_\text{p}]} - <I(r)>_{r\in[L_\text{p},R_\text{a}]} \right] \qquad (3-28)$$

设 T_p 和 T_o 分别代表 PO 内部和外部的平均光强。基于小孔内部能量守恒原则，有

$$\pi L_\text{p}^2 T_\text{p} + \pi(R_\text{a}^2 - L_\text{p}^2)T_\text{o} = \pi R_\text{a}^2 T_{\text{in}} \qquad (3-29)$$

式中：T_{in} 为小孔内部图像的归一化平均光强。

这里做另一个近似：T_{in} 随着 $|\varphi_0|$ 的增加而降低，这是因为更多的能流密度衍射到图像外部。这个近似基于能量守恒原理，如图 3-3(a)、(c) 所示。

忽略 T_{h2} 对衍射出小孔的能流密度的影响，小孔内的能流密度可以写为

$$P_{\text{in}} = 2\pi\int_0^{R_\text{a}} |E_{\text{im1}}(r)|^2 r\mathrm{d}r \qquad (3-30)$$

这样得到像平面处小孔内的归一化平均光强为

$$T_{\text{in}} = \frac{P_{\text{in}}}{\pi R_\text{a}^2} = \frac{2}{R_\text{a}^2}\int_0^{R_\text{a}} |E_{\text{im1}}(r)|^2 r\mathrm{d}r \qquad (3-31)$$

对 T_{in} 进行泰勒级数展开并截取前两项，即

$$T_{\text{in}} \approx 1 + \frac{1}{2!}\frac{\partial^2 T_{\text{in}}(\varphi_0 = 0)}{\partial\varphi_0^2} + \frac{1}{4!}\frac{\partial^4 T_{\text{in}}(\varphi_0 = 0)}{\partial\varphi_0^4}\varphi_0^4 = 1 + \frac{1}{2!}c_2\varphi_0^2 + \frac{1}{4!}c_4\varphi_0^4$$

$$(3-32)$$

$$\frac{\partial^k T_{\text{in}}}{\partial\varphi_0^k} = \frac{\partial^k}{\partial\varphi_0^k}\left[\frac{2}{R_\text{a}^2}\int_0^{R_\text{a}} |E_{\text{im1}}(r)|^2 r\mathrm{d}r\right] = \frac{2}{R_\text{a}^2}\int_0^{R_\text{a}}\left[\frac{\partial^k}{\partial\varphi_0^k}|E_{\text{im1}}(r)|^2\right]r\mathrm{d}r$$

$$(3-33)$$

式中

$$\frac{\partial^k}{\partial\varphi_0^k}|E_{im1}(r)|^2 = \frac{\partial^k}{\partial\varphi_0^k}\{\mathrm{Re}^2[E_{im1}(r)] + \mathrm{Im}^2[E_{im1}(r)]\} \qquad (3-34)$$

为了简单,定义

$$\begin{cases} E_{\mathrm{Re}}(r) = \mathrm{Re}[E_{im1}(r)] = \int_0^\infty J_1(\xi)\cos[\varphi_0 P(\xi)]J_0(r\xi/R_a)\,\mathrm{d}\xi \\[3mm] E_{\mathrm{Im}}(r) = \mathrm{Im}[E_{im1}(r)] = \int_0^\infty J_1(\xi)\sin[\varphi_0 P(\xi)]J_0(r\xi/R_a)\,\mathrm{d}\xi \end{cases}$$

$$(3-35)$$

因为式(3-35)中的两个量均为实数,因此有

$$\frac{\partial^2 E_{\mathrm{Re}}(r)}{\partial\varphi_0^2} = 2E_{\mathrm{Re}}'^2(r) + 2E_{\mathrm{Re}}(r)E''_{\mathrm{Re}}(r) \rightarrow -2\tilde{I}_{12}(r) \qquad (3-36)$$

$$\frac{\partial^2 E_{\mathrm{Im}}(r)}{\partial\varphi_0^2} = 2E_{\mathrm{Im}}'^2(r) + 2E_{\mathrm{Im}}(r)E''_{\mathrm{Im}}(r) \rightarrow 2\tilde{I}_{11}^2(r) \qquad (3-37)$$

$$\frac{\partial^k}{\partial\varphi_0^k}|E_{im1}(r)|^2 = \frac{\partial^k}{\partial\varphi_0^k}[E_{\mathrm{Re}}^2(r) + E_{\mathrm{Im}}^2(r)] \rightarrow 2\tilde{I}_{11}^2(r) - 2\tilde{I}_{12}(r)$$

$$(3-38)$$

下面的方程被使用,即

$$\begin{cases} \dfrac{\partial E_{\mathrm{Re}}(r)}{\partial\varphi_0} = -\int_0^\infty J_1(\xi)P_f(\xi)\sin[\varphi_0 P_f(\xi)]J_0(r\xi/R_a)\,\mathrm{d}\xi \rightarrow 0 \\[3mm] \dfrac{\partial^2 E_{\mathrm{Re}}(r)}{\partial\varphi_0^2} = -\int_0^\infty J_1(\xi)P_f^2(\xi)\cos[\varphi_0 P_f(\xi)]J_0(r\xi/R_a)\,\mathrm{d}\xi \\[3mm] \qquad\qquad \rightarrow -\int_0^\infty J_1(\xi)P_f^2(\xi)J_0(r\xi/R_a)\,\mathrm{d}\xi \\[3mm] \qquad\qquad = -\tilde{I}_{12}(r) \end{cases} \qquad (3-39)$$

$$\begin{cases} \dfrac{\partial E_{\mathrm{Im}}(r)}{\partial\varphi_0} = \int_0^\infty J_1(\xi)P_f(\xi)\cos[\varphi_0 P_f(\xi)]J_0(r\xi/R_a)\,\mathrm{d}\xi \\[3mm] \qquad\qquad \rightarrow \int_0^\infty J_1(\xi)P_f(\xi)J_0(r\xi/R_a)\,\mathrm{d}\xi = \tilde{I}_{11}(r) \\[3mm] \dfrac{\partial^2 E_{\mathrm{Im}}(r)}{\partial\varphi_0^2} = -\int_0^\infty J_1(\xi)P_f^2(\xi)\sin[\varphi_0 P_f(\xi)]J_0(r\xi/R_a)\,\mathrm{d}\xi \rightarrow 0 \end{cases} \qquad (3-40)$$

式中: $\tilde{I}_{1k}(r) = \int_0^\infty J_1(\xi)P_f^k(\xi)J_0(r\xi)\,\mathrm{d}\xi$。

相似地,有

72

$$\frac{\partial^4 |\tilde{E}_{im1}(r)|^2}{\partial \varphi_0^4} = 6\tilde{I}_{12}^2(r) + 2\tilde{I}_{14}(r) - 8\tilde{I}_{11}(r)\tilde{I}_{13}(r) \qquad (3-41)$$

将式(3-38)和式(3-41)代入式(3-33),得到 T_{in} 的泰勒级数展开系数为

$$T_{in} \approx 1 + \frac{1}{2!}c_2\varphi_0^2 + \frac{1}{4!}c_4\varphi_0^4 \qquad (3-42)$$

$$c_2 = 2\int_0^1 \left[2\tilde{I}_{11}^2(\eta) - 2\tilde{I}_{12}(\eta)\right]\eta d\eta$$

$$c_4 = 2\int_0^1 \left[6\tilde{I}_{12}^2(\eta) + 2\tilde{I}_{14}(\eta) - 8\tilde{I}_{11}(\eta)\tilde{I}_{13}(\eta)\right]\eta d\eta$$

式中: $\eta = r/R_a$。

式(3-42)右边最后两项(衍射项)代表由于能流密度向外衍射而引起的图像平均光强的降低。由于衍射项是 φ_0 的 2 阶小项,因此对于小入射光强引起的小 φ_0,可以忽略衍射项,从而图像的平均光强恒等于 1。

利用式(3-27)至式(3-29),可以得到相衬为

$$\Delta T = \frac{1}{1-\theta^2}\Big[4\sin(\varphi_L/2)A_1A_2\sin\Big(\delta_1\varphi_0 + \frac{1}{3!}\delta_3\varphi_0^3 - \varphi_L/2\Big)$$
$$+ A_1^2 + 4\sin^2(\varphi_L/2)A_2^2 - T_{in}\Big] \qquad (3-43)$$

3.3 讨论

在这节里将根据 3.2 节中的近似理论进一步讨论 ΔT。

3.3.1 误差分析

在大 θ 和大光强情况下,轴上图像光强不能很好地表示 PO 内的平均图像光强,这样近似理论就无法成立。另外,T_{h2} 对衍射出图像的能流密度的影响不能被忽略。但因为在实验上更小的 θ 可以获得更大的测量灵敏度,因此在小光强情况下基于近似理论定性讨论 NIT-PO 的行为仍然是有意义的。

定性地说,有 3 个方面可能会造成误差。第一个方面误差源于 PO 内归一化的平均光强被归一化的轴上光强所代替。第二个方面是 T_{h2} 对衍射出小孔的能流密度的影响被忽略。最后一个方面是高阶泰勒级数展开项的忽略。通过对小的和大的 θ 情况进行数值模拟,可以发现在 $\theta < 0.4$ 和 $|\varphi_0| < \pi$ 时近似理论和数值模拟符合得很好(见图 3-5)。使用的参数为:$\varphi_L = 0.4\pi$,$\theta = 0.3$,$a_2 = -0.0412$,$b_2 = -0.025$,$\delta_1 = 0.4148$,$\delta_3 = 0.0088$。

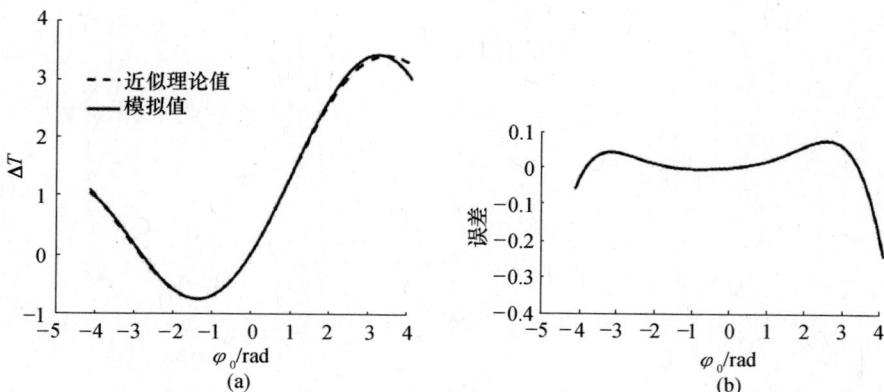

图 3 - 5   近似理论和数值模拟结果间的比较

（a）数据曲线；（b）误差曲线。

3.3.2   负 PO 对称性

从式(3 -31)中，能够看到 ΔT 不随 φ_0 和 φ_L 符号的改变而改变，这被称为负的 PO 对称性，也就是

$$\Delta T(\varphi_0, \varphi_L) = \Delta T(-\varphi_0, -\varphi_L) \tag{3 - 44}$$

3.3.3   相衬的一阶近似和实验验证

对于式(3 -31)，考虑低光强情况，当 $|\varphi_0| < 1$，$A_1 \approx A_2 \approx 1$，$\delta_3 \varphi_0^3 \approx 0$，$T_{in} \approx 1$，$\sin(\delta_1 \varphi_0) \approx \delta_1 \varphi_0$，并且 $\sin(\delta_1 \varphi_0 - \varphi_L/2) \approx \delta_1 \varphi_0 \cos(\varphi_L/2) - \sin(\varphi_L/2)$，得到 ΔT 的一阶近似为

$$\Delta T = \frac{2\xi_1 \sin\varphi_2}{1 - \theta^2}\varphi_0 = \frac{2\xi_1 \sin\varphi_2}{1 - \theta^2}kL\Delta n_0 \tag{3 - 45}$$

式中：Δn_0 为焦点处轴上峰值折射率变化。

对于具有时间高斯特性的输入脉冲，时间平均的折射率 $< \Delta n_0(t) >$ 可以写为

$$< \Delta n_0(t) > = \frac{\int_{-\infty}^{\infty} \Delta n_0(t) I_0(t)\,\mathrm{d}t}{\int_{-\infty}^{\infty} I_0(t)\,\mathrm{d}t} = \Delta n_0 / \sqrt{2} \tag{3 - 46}$$

在这种情况下，ΔT 的一阶近似变为

$$\Delta T = \frac{\sqrt{2}\delta_1 \sin\varphi_2}{1 - \theta^2}kLn_2 I_{f0} \tag{3 - 47}$$

74

这样，ΔT 直接正比于 n_2 和轴上光强 I_{f0}。为了验证这种一阶近似的可行性，利用 NIT – PO 对 CS_2 这种已知的非线性折射材料进行实验研究。调 Q 锁模 Nd：YAG 激光器（EKSPLA, PL2143B）产生 532nm 倍频激光，脉宽为 21ps（FWHM）。如图 3 – 1 所示，在进入 NIT – PO 之前，激光束被扩展并空间滤波变为近高斯光。CS_2 被放置在 2mm 厚石英比色皿中。其他的实验参数为：$R_a = 1.7\text{mm}, L_p = 0.5\text{mm}, \theta = 0.29, f_1 = 0.3\text{m}, I_{f0} \leqslant 1.3\ \text{GW/m}^2, \varphi_0 \leqslant 0.98 < 1,$ $\varphi_L = 0.4\pi, \delta_1 = 0.42$。如图 3 – 6 所示，$\Delta T$ 随 I_{f0} 线性增加，这和 Sheik – Bahae 等的 Z 扫描结果相符。通过使用式（3 – 13）简单地拟合实验结果，可以得到 CS_2 的近似值 $n_2 = 3.3 \times 10^{-18}\ \text{m}^2/\text{W}$，这和已报道的结果一致。这种一致性显示了 $|\varphi_0| < 1$ 时这种一阶近似的可行性。

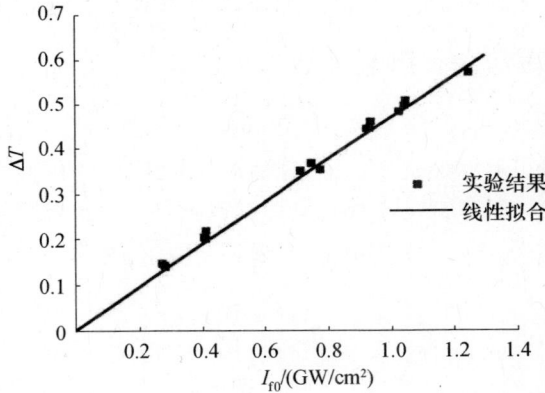

图 3 – 6　CS_2 中相衬和不同轴上光强之间的关系

3.3.4　测量灵敏度

测量灵敏度 Φ 被定义为 ΔT 对 φ_0 微分，即

$$\Phi = \frac{\mathrm{d}\Delta T}{\mathrm{d}\varphi_0} = \frac{2\delta_1 \sin\varphi_2}{1 - \theta^2} \qquad (3 - 48)$$

这样，Φ 直接正比于 $\sin\varphi_2$ 和 δ_1。对于 $|\varphi_0| < 1$ 并且 $\delta_1 \approx \Delta\varphi/\varphi_0$，一旦 φ_L 固定，Φ 直接正比于傅里叶面处低频和高频成分之间相位滤波的差值 $\Delta\varphi$。换句话说，Φ 直接正比于 R_a 和 L_p 或 θ 间的差值。随着 θ 变小，T_{h2} 的空间频率会在傅里叶面处进一步加宽，并且它的场强将变小。因为非线性相移主要发生在低频区域，那里光强更高，T_{h1} 和 T_{h2} 间的相对相位差异将变得更大。因此像平面处 PO 内部和外部的光强变化将更明显。总之，θ 越小，灵敏度越高。在 $\theta \to 0$ 或 $\theta \to 1$ 情况下，物平面处相位调制的差异接近于 0，并且傅里叶面处 T_{h1} 和 T_{h2} 间的相位滤波的差异达到独立于 φ_L 的最大值 δ_0。这样 Φ 仅仅是 φ_L 的函数，即

$$\Phi = 2\delta_0 \sin\varphi_L \propto \sin\varphi_L \qquad\qquad (3-49)$$

式中：$\delta_0 = \lim\limits_{\theta \to 0}\delta_1(0)$。显然，当 $\varphi_L = \pm\pi/2$ 时 Φ 达到最大值。

一般来说，当 $\dfrac{\partial |\Phi|}{\partial \varphi_L} = 0$ 和 $\dfrac{\partial^2 |\Phi|}{\partial \varphi_L^2} < 0$，也就是

$$\cos\varphi_L \big[I_{11}(\theta,\varphi_L) - I_{21}(\theta,\varphi_L) \big] + \sin\varphi_L \frac{\partial\big[I_{11}(\theta,\varphi_L) - I_{21}(\theta,\varphi_L) \big]}{\partial \varphi_L} = 0$$

$$(3-50)$$

如图 3-7 所示，对于某一 θ 值，式（3-60）有两个解 $\varphi_{LM}^+(\theta)$ 和 $\varphi_{LM}^-(\theta)$，这里 $\varphi_{LM}^+(\theta) = -\varphi_{LM}^-(\theta)$，相应地 $\Phi_M^+(\theta) = -\Phi_M^-(\theta)$。简而言之，测量灵敏度 $\Phi(\theta)$ 在 $\varphi_L(\theta)$ 等于 $\varphi_{LM}^+(\theta)$ 和 $\varphi_{LM}^-(\theta)$ 时达到最大值。

3.3.5 相衬振荡和单调测量区间

如图 3-8 所示，式（3-43）ΔT 中的 $\sin(\delta_1\varphi_0 + \delta_3\varphi_0^3/3! - \varphi_L/2)$ 这一项随 φ_0 而振荡，所以当 $|\varphi_0|$ 足够大时（$|\varphi_0| \approx 7$）ΔT 不再是 φ_0 的函数。在这种情况下，不能从 ΔT 推导 φ_0，不得不采取数值拟合。因此，增加单调测量区间是非常必要的。单调区间的上限 φ_{0+} 和下限 φ_{0-} 应该满足下面的方程，即

$$\begin{cases} \dfrac{\partial \Delta T}{\partial \varphi_0} = 0 \\[2mm] \varphi_{0+} > \varphi_{0-} \end{cases} \qquad\qquad (3-51)$$

忽略衍射项，有

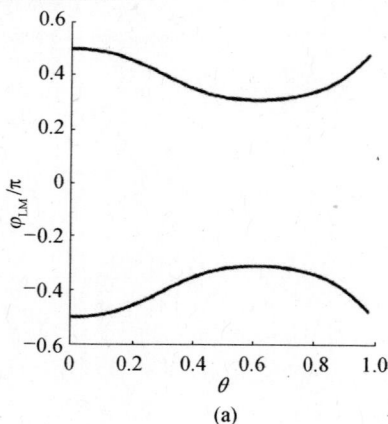

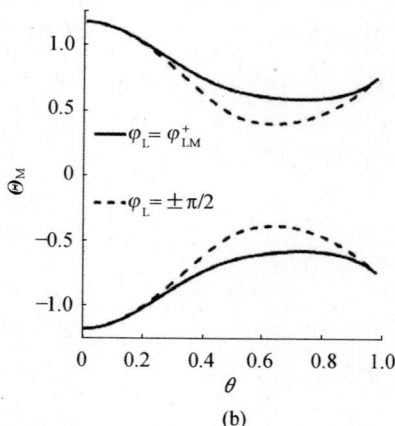

图 3-7　最大灵敏度曲线

（a）对于不同 θ 值的最优化 PO 相移；

（b）实线——在 $\varphi_{LM}(\theta)$ 处的测量的灵敏度，虚线——在 $\varphi_L = \pm\pi/2$ 处的测量灵敏度。

76

$$\frac{\partial \Delta T}{\partial \varphi_0} = \frac{4\sin(\varphi_L/2)}{1-\theta^2}\left(\delta_1 + \frac{1}{2}\delta_3\varphi_0^2\right)\cos\left(\delta_1\varphi_0 + \frac{1}{3!}\delta_3\varphi_0^3 - \frac{\varphi_L}{2}\right) \quad (3-52)$$

极值点必须满足边界条件,即

$$\delta_1\varphi_0 + \frac{\delta_3}{3!}\varphi_0^3 - \frac{\varphi_L}{2} = \left(m + \frac{1}{2}\right)\pi \quad (3-53)$$

式中:m 为整数。因为 $\varphi_L \in [-\pi, \pi]$,能够得到 0 点附近单调区间的边界值为

$$\begin{cases} \delta_1\varphi_{0+} + \dfrac{\delta_3}{3!}\varphi_{0+}^3 - \dfrac{\varphi_L}{2} = \dfrac{1}{2}\pi \\[4mm] \delta_1\varphi_{0-} + \dfrac{\delta_3}{3!}\varphi_{0-}^3 - \dfrac{\varphi_L}{2} = -\dfrac{1}{2}\pi \end{cases} \quad (3-54)$$

考虑到 $\theta \ll 1, \delta_1\varphi_{0-} \gg \dfrac{\delta_3\varphi_{0-}^3}{3!}$,3 阶项可以被忽略,这样式(3-54)有简单解,即

$$\begin{cases} \varphi_{0+} = \dfrac{\varphi_L + \pi}{2\delta_1} \\[4mm] \varphi_{0-} = \dfrac{\varphi_L - \pi}{2\delta_1} \end{cases} \quad (3-55)$$

在实验中,当 $\theta \ll 1$ 时,$\varphi_L = \varphi_{LM} \approx \pm\pi/2$ 能够产生最大的测量灵敏度(见 图 3-7)。当 $n_2 > 0$, $\varphi_0 > 0$ 时,有 $|\varphi_{0+}^+|/|\varphi_{0+}^-| = |(\varphi_{LM}^+ + \pi)/(\varphi_{LM}^- + \pi)| \approx |(\pi/2 + \pi)/(-\pi/2 + \pi)| = 3$。如图 3-9 所示,对于正 PO 单调区间的范围几乎是负 PO 的 3 倍,尽管当 $\varphi_0 > 0$ 时它们有相同的测量灵敏度。换句话说,为了达到最大的测量灵敏度和单调区间,当 $n_2 > 0$ 时应该使用正 PO 和 $\varphi_L = \varphi_{LM}^+$,当 $n_2 < 0$ 时应该使用负 PO 和 $\varphi_L = \varphi_{LM}^-$。

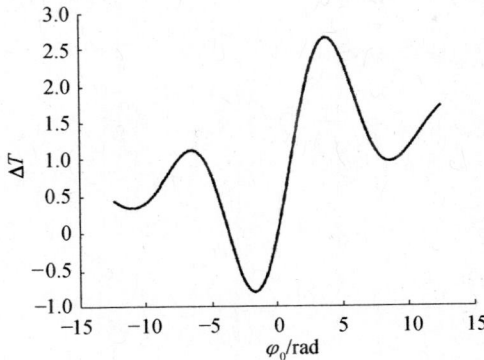

图 3-8　相衬的振荡($|\varphi_0| < 12, \theta = 0.3, \varphi_L = 0.4\pi$)

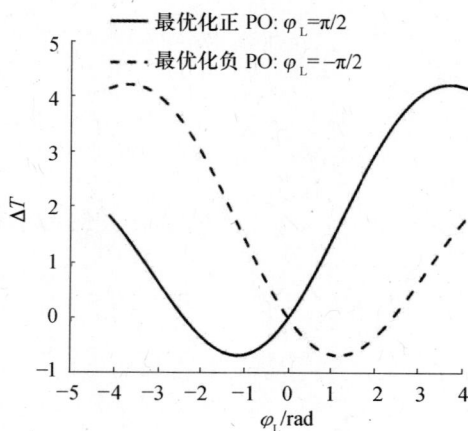

图 3-9　对于 $\theta = 0.1$ 相衬的单调区间

3.3.6　高阶非线性折射

相衬的解能够轻易地扩展到其他高阶非线性折射情况,这里样品仍然对傅里叶面的低空间频率成分进行相位滤波。例如,在考虑 5 阶非线性折射情况下,折射率改变正比于傅里叶面处的光强平方,有

$$\Delta n = n_4 I^2 \qquad (3-56)$$

同样,仅仅需要用正比于系统傅里叶面处场强平方的非线性相移 $\varphi_{NL}(\xi) = k n_4 I^2(\xi) L$ 替代公式(3-5)。结果类似于 3 阶非线性折射情况。然而,需要注意 $\varphi_0 = k n_4 I_{f0} L$,因此当 $|\varphi_0| < 1$ 时,有

$$\Delta T \propto n_4 I_{f0} \qquad (3-57)$$

这不同于在 3 阶非线性折射情况下 ΔT 和 I_{f0} 之间的线性关系。

3.3.7　其他形状的相位物体

对于其他形状的相位物体,为了提高测量灵敏度,相位调制的区域也必须要比小孔小很多。相似的相衬振荡也存在。

参考文献

[1] Boudebs G, Cherukulappurath S. Nonlinear optical measurements using a 4*f* coherent imaging system with phase objects[J]. Phys. Rev. A,2004,69:053813.

[2] Sheik-Bahae M,Said A A,Wei T,Hagan D J,Van Stryland E W. Sensitive measurement of optical nonlin-

earities using a single beam[J]. IEEE J. Quantum Electron,1990,26:760 – 769.

[3] Boudebs G,De Araijo C B. Characterization of light – induced modification of the nonlinear refractive index using a one – laser – shot nonlinear imaging technique[J]. Appl. Phys. Lett,2004,85:3740 – 3742.

[4] Godet J,Derbal H,Cherukulappurath S,et al. Optimization and limits of optical nonlinear measurements using imaging technique[J]. Eur. Phys. J. D,2006,39:307 – 312.

[5] Li Y,Zhang X,Yang K,Song Y. Optimization of phase objects in 4f coherent imaging system for nonlinear refraction measurement[J]. Opt. Commun,2006,266:686 – 690.

[6] Li Y,Yang K,Zhang X,et al. The study of the nonlinear absorption in the nonlinear – imaging technique with phase object[J]. Opt. Commun,2008,281:3913 – 3918.

[7] Rativa D,De Araujo R E,Gomes A S L,et al. Hartmann – Shack wavefront sensing for nonlinear materials characterization[J]. Opt. Express,2009,17:22047 – 22053.

[8] Malacara D. Optical Shop Testing,2nd ed[M]. Wiley,1992.

[9] Roorda A,Romero – Borja F,Donnelly W,et al. Adaptive optics scanning laser ophthalmoscopy[J]. Opt. Express,2002,10:405 – 412.

[10] Vohnsen B,Iglesias I,Artal P. Confocal scanning laser ophthalmoscope with adaptive optical wavefront corresction[J]. Proc. SPIE,2003,4964:24 – 32.

[11] Bueno J,Vohnsen B,Roso L,et al. Temporal wavefront stability of an ultrafast high – power laser beam[J]. Appl. Opt,2009,48:770 – 777.

第4章
非线性吸收和非线性折射的测量

介质的 3 阶光学非线性的测量主要包括非线性吸收系数和非线性折射率两个部分。在介质没有非线性吸收的条件下,应用 $4f$ 相位成像技术可以方便地测量介质的非线性折射率。但是对于大部分材料来说,拥有折射非线性的同时也常常拥有吸收非线性,这正是 Z 扫描技术广泛应用的原因之一。如果 $4f$ 相位成像系统不能够测量带有非线性吸收介质的非线性折射,或者不能进行非线性吸收的测量,那么对于这种方法的普遍推广将产生非常不利的影响。为了克服这个缺点,G. Boudebs 提出了结合 Z 扫描技术的 $4f$ 相位成像技术(简写为 $4f$ 相位成像 Z 扫描技术),测量了带有非线性吸收介质的非线性折射率。本章将较详细介绍 G. Boudebs 等的工作,4.4 节中讨论如何利用 $4f$ 相位成像技术同时测量非线性吸收和非线性折射,先根据非线性透射率的变化拟合出非线性吸收系数,然后再将其代入方程用程序拟合得到非线性折射系数。4.5 节分析 $4f$ 相位成像技术非线性吸收图像的形成原因,并在此基础上提出一种不受非线性折射影响,靠图形形状测量非线性吸收的方法。最后还利用数值模拟定性地研究常用的相位光阑条件下,相衬信号随非线性吸收和非线性折射的变化关系。提到光和物质的相互作用,首先要简单介绍光的吸收、色散和散射相关知识。

4.1 光的吸收和色散

除了真空没有一种介质对电磁波是绝对透明的。光的强度随进入介质的深度而减少的现象,称为介质对光的吸收。研究表明,这里还应区分真吸收和散射两种情况,前者是光能真被介质吸收后转化为热能,后者则是光被介质中的不均匀性散射到四面八方。

下面介绍吸收的线性规律。令单色平行光束沿 x 方向通过均匀介质。设光的强度经过厚度为 $\mathrm{d}x$ 的一层介质时强度由 I 减为 $I - \mathrm{d}I$。实验表明,在相当广

阔的光强范围内，$-\mathrm{d}I$ 正比于 I 和 $\mathrm{d}x$，有

$$-\mathrm{d}I = \alpha I \mathrm{d}x \qquad (4-1)$$

式中：α 为与光强无关的比例系数，称为该物质的吸收系数。

为了求出光束穿过厚度为 l 的介质后强度的改变，只需将式(4-1)改写为

$$\frac{\mathrm{d}I}{I} = -\alpha \mathrm{d}x$$

并在 $0 \sim l$ 区间对 x 积分，即得

$$\ln I - \ln I_0 = -\alpha l$$

或

$$I = I_0 \mathrm{e}^{-\alpha l} \qquad (4-2)$$

式中：I_0 和 I 分别为 $x=0$ 和 $x=l$ 处的光强，α 的量纲是长度的倒数，α^{-1} 的物理意义是光强因吸收而减到原来的 $\mathrm{e}^{-1} \approx 36\%$ 时所穿过介质的厚度。

式(4-2)称为布格尔定律或朗伯定律。因式(4-1)中的 α 与 I 无关，该式是光强 I 的线性微分方程，故布格尔定律是光的吸收的线性规律。在激光未发明之前，大量实验证明，此定律是相当精确的。然而激光的出现，使人们能够掌握的光强比原来大了几个乃至十几个数量级，光和物质的非线性相互作用过程显示出来了，并成为人们研究的重要领域。在非线性光学领域内，吸收系数 α 将和其他许多系数(如折射率)一样，依赖于电、磁场或光的强度，布格尔定律不再成立。

实验证明，当光被透明溶剂中溶解的物质所吸收时，吸收系数 α 与溶液的浓度 C 成正比，即

$$\alpha = AC \qquad (4-3)$$

式中：A 为一个与浓度无关的新常数。这时式(4-2)可以写成

$$I = I_0 \mathrm{e}^{-ACl} \qquad (4-4)$$

此规律称为比尔定律。比尔定律表明，被吸收的光能是与光路中吸收光的分子数成正比的，这只有每个分子的吸收本领不受周围分子影响时才成立。事实也正是这样，当溶液浓度大到足以使分子间的相互作用影响到它们的吸收本领时，就会发生对比尔定律的偏离。在比尔定律成立的情况下，可根据式(4-3)来测定溶液的浓度。这就是吸收光谱分析的原理。

下面介绍复数折射率的意义。

透明介质折射率的本意是 $n = c/v$，即真空光速 c 与介质中光速 v 之比。在介质中沿 x 方向传播的平面电磁波中电场强度可写为以下复数形式，即

$$\widetilde{E} = \widetilde{E}_0 \exp[-\mathrm{i}\omega(t - x/v)] = \widetilde{E}_0 \exp[-\mathrm{i}\omega(t - nx/c)] \qquad (4-5)$$

这里 n 是实数，电磁波不随距离衰减。如果形式地把折射率看成是复数，并记作

$$\tilde{n} = n(1 + i\kappa) \qquad (4-6)$$

其中 n 和 κ 都是实数,则式(4-5)可以化为

$$\tilde{E} = \tilde{E}_0 \exp[-i\omega(t - \tilde{n}x/c)] = \tilde{E}_0 e^{-n\kappa\omega x/c} \exp[-i\omega(t - nx/c)] \quad (4-7)$$

而光强则为

$$I \propto \tilde{E}^* \tilde{E} = |E_0|^2 e^{-2n\kappa\omega x/c} \qquad (4-8)$$

式(4-8)和式(4-2)形式相同,代表一个随距离 x 衰减的平面波,故 κ 称为衰减指数。将式(4-8)与式(4-2)加以比较,即可看出,衰减指数 κ 与吸收系数 α 的关系是

$$\alpha = 2n\kappa\omega/c = 4\pi n\kappa/\lambda \qquad (4-9)$$

式中:λ 为真空中波长。

由此可见,介质的吸收可归并到一个复数折射率 $\tilde{n}$ 的概念中去,$\tilde{n}$ 的虚部反映了因介质的吸收而产生的电磁波衰减。

下面介绍光的吸收与波长的关系。若物质对各种波长 λ 的光的吸收程度几乎相等,即吸收系数 α 与 λ 无关,则称为普遍吸收。在可见光范围内的普遍吸收意味着光束通过介质后只改变强度,不改变颜色,如空气、纯水、无色玻璃等介质都在可见光范围内产生普遍吸收。

若物质对某些波长的光的吸收特别强烈,则称为选择吸收。对可见光进行选择吸收,会使白光变为彩色光。绝大部分物体呈现颜色,都是其表面或体内对可见光进行选择吸收的结果。

从广阔的电磁波谱来考虑,普遍吸收的介质是不存在的。在可见光范围内普遍吸收的物质,往往在红外和紫外波段内进行选择吸收,故而选择吸收是光和物质相互作用的普遍规律。以空气为例,地球大气对可见光和波长在 300nm 以上的紫外线是透明的,波长短于 300nm 的紫外线将被空气中的臭氧强烈吸收。对于红外辐射,大气只在某些狭窄的波段内是透明的。这些透明的波段称为"大气窗口"。这里的主要吸收气体是水蒸气,所以大气的红外窗口与气象条件有密切关系。

制作分光仪器中棱镜、透镜的材料必须对所研究的波长范围是透明的。由于选择吸收,任何光学材料在紫外和红外端都有一定的透光极限。紫外光谱仪中的棱镜需用石英制作,红外光谱仪中的棱镜则常用岩盐或 CaF_2、LiF 等晶体制成。

下面讲解吸收光谱。令具有连续谱的光(白光)通过吸收物质后再经光谱仪分析,即可将不同波长的光被吸收的情况显示出来,形成"吸收光谱"。物质的发射光谱有多种——线光谱、带光谱、连续光谱等。大致说来,原子气体的光谱是线光谱,而分子气体、液体和固体的光谱多是带光谱。吸收光谱的情况也是如此。值得注意的是,同一物质的发射光谱和吸收光谱之间有相当严格的对应关系。发射光谱中的亮线和吸收光谱中的暗线一一对应。这就是说,某种物质

自身发射哪些波长的光,它就强烈地吸收哪些波长的光。

太阳光谱是典型的暗线吸收光谱,在其连续光谱的背景上呈现一条条的暗线。这些暗线是夫琅和费首先发现并用字母 A、B、C 等来标志的,称为夫琅和费谱线。这些谱线是处于温度较低的太阳大气中的原子对更加炽热的内核发射的连续光谱进行选择吸收的结果。将这些吸收谱线的波长与地球上已知物质发射的原子光谱对比一下,就可知道太阳表面层中包含哪些化学元素。现已查明,这些元素主要是氢(体积占 80%),其次是氦(体积占 18%)。由于原子吸收光谱的灵敏度很高,混合物或化合物中极少量原子含量的变化,会在光谱中反映出吸收系数很大的改变。

下面介绍色散。光在介质中的传播速度 v(或者说折射率 $n = c/v$)随波长 λ 而异的现象,称为色散。1672 年牛顿首先利用三棱镜的色散效应把日光分解为彩色光带。他还曾利用交叉棱镜法将色散曲线非常直观地显示出来。测量不同波长的光线通过棱镜的偏转角,就可算出棱镜材料的折射率 n 与波长 λ 之间的依赖关系曲线,即色散曲线。实验表明,凡在可见光范围内无色透明的物质,它们的色散曲线形式上很相似,其间有许多共同特点,如 n 随 λ 的增加而单调下降,且下降率在短波一端更大等。这种色散称为正常色散。

1836 年,科希给出一个正常色散的经验公式,即

$$n = A + \frac{B}{\lambda^2} + \frac{C}{\lambda^4} \qquad (4-10)$$

式中:A、B、C 为与物质有关的常数,其数值由实验数据来确定。

当 λ 变化范围不大时,科希公式可只取前两项,即

$$n = A + \frac{B}{\lambda^2} \qquad (4-11)$$

实验表明,在强烈吸收的波段,色散曲线的形状与正常色散曲线大不相同,成下部密度大上部密度小的水平钠蒸气柱,它和一个棱边在上(与管轴垂直)底部在下的"棱镜"等效。令一束白光从水平狭缝射出,经透镜变为平行光束,再由第 2 个透镜聚焦在分光仪的竖直狭缝上。该分光仪由此狭缝、第 3 个透镜、棱镜(棱边竖直)和第 4 个透镜及容器组成。当钢管未加热时,其内只有均匀气体,光线经过它时不发生偏折。由水平狭缝发出的白光经竖直狭缝进入分光仪后,在焦面上形成一水平光谱带。当钠被蒸发时,由于管内蒸气的色散作用,不同波长的光不同程度地向下偏折,在钠的吸收线附近,分光仪焦面上的水平光谱带被严重扭曲和割断,这种现象称为反常色散。

"反常色散"的名称是历史上沿用下来的,其实反常色散是任何物质在吸收线(吸收带)附近所共有的现象,本来无所谓"正常"和"反常"。

虽然各种物质的色散曲线各不相同,若考察它们从 $\lambda = 0$ 到几百米的广阔范围内的全部色散曲线,就会发现它们有些共同的特性:在相邻两个吸收线

（带）之间 n 单调下降，每次经过一个吸收线（带），n 急剧加大。总的趋势是曲线随 λ 的增加而抬高，即各正常色散区所满足的科希公式中常数 A 加大。$\lambda = 0$ 时，任何物质的折射率 n 都等于 1，对于极短波（γ 射线和硬 X 射线）n 略小于 1，它表明这时从真空射向其外表面的电磁波可以发生全反射。

光的发射、吸收与色散是紧密相关的。下面以原子气体为例来说明它们的关系。众所周知，气体原子光谱的主要特征是它由一系列细锐的分立谱线组成。从经典的电磁理论看来，能够发射单一频率电磁波的体系只有靠准弹性力维系的电偶极子，它有一定的固有圆频率 ω_0。这种电偶极子一旦被外部能源所激发，将以固有圆频率 ω_0 做简谐振动，并向周围空间发出同一频率的单色电磁波。因此，在经典理论中很自然地要把原子看成是一系列弹性偶极振子的组合，其中每个振子的固有频率对应一条光谱线。这就是原子的经典振子模型。

用经典振子模型可以说明，为什么同一物质的发射光谱和吸收光谱中谱线的波长（或者说频率）一一对应。这是因为当包含各种频率的白光照射在原子上时，只有那些频率与原子的固有频率一致的电磁波会引起谐振。电磁波中的电场对于偶极振子来说是一个周期性的策动力，使它做受迫振动。频率满足谐振条件的那些电磁波比起其他频率的电磁波，电场对振子做的功突出得多，这时能量大量由电磁波传递给振子，从而满足谐振条件的电磁波本身的强度大大减小，也就是说这些频率的电磁波被原子强烈地吸收了，于是在吸收光谱中形成一根根频率与原子固有频率对应的暗谱线。

除了光的发射和吸收外，经典振子模型也可以说明色散现象（正常色散和反常色散）。这要做些定量的推导。振子在无外场时的运动方程为

$$m\ddot{r} + g\dot{r} + kr = 0$$

式中：m 为电子质量；r 为位移。第三项为弹性恢复力，第二项为阻尼力，它正比于速度 $\dot{r}$。当 $g \to 0$ 时，电子以固有圆频率 $\omega_0 = \sqrt{k/m}$ 做简谐振动；$g \neq 0$ 时做阻尼振动。有圆频率为 ω 的外来电磁波时，振子的运动方程为

$$m\ddot{r} + g\dot{r} + kr = -eE_0 e^{-i\omega t}$$

式中：$-e$ 为电子电荷；E_0 为电场的幅值。上式又可写为

$$\ddot{r} + \gamma\dot{r} + \omega_0^2 r = \frac{-eE_0}{m} e^{-i\omega t} \tag{4-12}$$

式中：$\gamma = g/m$ 为阻尼常数。式（4-12）的特解为

$$r = \frac{eE_0}{m} \frac{1}{\omega^2 - \omega_0^2 + i\omega\gamma} e^{-i\omega t} \tag{4-13}$$

式（4-13）描述的是电子所做的受迫振动，振幅是复数表明位移 r 与场强 E 之间有一定的相位差。共振时，$\omega^2 - \omega_0^2 = 0$，$r = [-ieE_0/(\omega\gamma)] e^{-i\omega t}$，此时位移的相

位与力 $-eE_0\mathrm{e}^{-\mathrm{i}\omega t}$ 差 $\pi/2$，速度 $\dot{r}=(-eE_0/\gamma)\mathrm{e}^{-\mathrm{i}\omega t}$ 的相位与力相同，下面把位移 r 与折射率联系起来，以便解释色散现象。

电子的位移将引起介质的极化。设介质单位体积内有 N 个原子，每个原子有 Z 个电子，因每个位移为 r 的电子产生电偶极矩 $-er$，故介质的极化强度为

$$\widetilde{P} = -NZer = -\frac{NZe^2}{m}\frac{\widetilde{E}}{\omega^2 - \omega_0^2 + \mathrm{i}\omega\gamma} \tag{4-14}$$

式中：$\widetilde{E}=E_0\mathrm{e}^{-\mathrm{i}\omega t}$。

因电极化率 $\widetilde{\chi}_\mathrm{e}=\widetilde{P}/(\varepsilon_0\widetilde{E})$，（相对）介电常数 $\widetilde{\varepsilon}=1+\widetilde{\chi}_\mathrm{e}$，由式（4-14）得

$$\widetilde{\varepsilon} = 1 - \frac{NZe^2}{\varepsilon_0 m}\frac{1}{\omega^2 - \omega_0^2 + \mathrm{i}\omega\gamma} \tag{4-15}$$

因折射率 $\widetilde{n}=\sqrt{\widetilde{\varepsilon}}$，故式（4-15）也是 $\widetilde{n}^2$ 的表达式。按式（4-6）应有 $\widetilde{n}^2=n^2(1-\kappa^2)-\mathrm{i}2n^2\kappa$，代入式（4-15），然后把右端的实部与虚部也分开，令它们分别与左端相等，得

$$\begin{cases} n^2(1-\kappa^2) = 1 - \dfrac{NZe^2}{\varepsilon_0 m}\dfrac{\omega^2 - \omega_0^2}{(\omega^2 - \omega_0^2)^2 + (\omega\gamma)^2} \\[3mm] 2n^2\kappa = \dfrac{NZe^2}{\varepsilon_0 m}\dfrac{\omega\gamma}{(\omega^2 - \omega_0^2)^2 + (\omega\gamma)^2} \end{cases}$$

可以假定，振子的阻尼是很小的，即 $\gamma\ll\omega_0$，在此情况下 $\kappa\ll1$，上式可简化为

$$n^2 = 1 - \frac{NZe^2}{\varepsilon_0 m}\frac{\omega^2 - \omega_0^2}{(\omega^2 - \omega_0^2)^2 + (\omega\gamma)^2} \tag{4-16}$$

$$2n^2\kappa = \frac{NZe^2}{\varepsilon_0 m}\frac{\omega\gamma}{(\omega^2 - \omega_0^2)^2 + (\omega\gamma)^2} \tag{4-17}$$

按光谱学的习惯，将式（4-16）、式（4-17）改用真空中的波长 $\lambda=2\pi c/\omega$ 和 $\lambda_0=2\pi c/\omega_0$ 来表示，即

$$n^2 = 1 + \frac{NZe^2}{\varepsilon_0 m}\frac{\lambda_0^2\lambda^2(\lambda^2 - \lambda_0^2)}{(2\pi c)^2(\lambda^2 - \lambda_0^2)^2 + \gamma^2\lambda_0^4\lambda^2} \tag{4-18}$$

$$2n^2\kappa = \frac{NZe^2}{\varepsilon_0 m}\frac{1}{2\pi c}\frac{\gamma\lambda_0^4\lambda^3}{(2\pi c)^2(\lambda^2 - \lambda_0^2)^2 + \gamma^2\lambda_0^4\lambda^2} \tag{4-19}$$

在上面的讨论中把问题过于简化了，即认为介质中电子只有一个固有频率。更正确的模型应是每个原子中有多种振子。设它们的固有频率和阻尼常数分别为 $\omega_1,\omega_2,\cdots$ 和 $\gamma_1,\gamma_2,\cdots$，它们的数目为 $f_1,f_2,\cdots$。这样一来，式（4-14）应推广为以下形式，即

$$\widetilde{P} = -\frac{Ne^2}{m}\sum_j \frac{f_j\widetilde{E}}{\omega^2 - \omega_j^2 + \mathrm{i}\omega\gamma_j} \qquad (4-20)$$

其中,下标 j 是振子类型的标号 , $\sum\limits_j$ 是对一个原子中所有振子的类型求和。显然应有

$$\sum_j f_j = Z \qquad (4-21)$$

下面的推导与上述单个谐振频率情形完全类似,这里直接给出相应的结果,即

$$\widetilde{n^2} = \widetilde{\varepsilon} = 1 - \frac{Ne^2}{\varepsilon_0 m}\sum_j \frac{f_j}{\omega^2 - \omega_j^2 + \mathrm{i}\omega\gamma_j} \qquad (4-22)$$

当 $\kappa \ll 1$ 时,上式的实部与虚部分别为

$$n^2 = 1 - \frac{Ne^2}{\varepsilon_0 m}\sum_j \frac{f_j(\omega^2 - \omega_j^2)}{(\omega^2 - \omega_j^2)^2 + (\omega\gamma_j)^2} \qquad (4-23)$$

$$2n^2\kappa = \frac{Ne^2}{\varepsilon_0 m}\sum_j \frac{f_j\omega\gamma_j}{(\omega^2 - \omega_j^2)^2 + (\omega\gamma_j)^2} \qquad (4-24)$$

改用 λ 和 $\lambda_j = 2\pi c/\omega_j$ 表示,即

$$n^2 = 1 + \frac{Ne^2}{\varepsilon_0 m}\sum_j \frac{f_j\lambda_j^2\lambda^2(\lambda^2 - \lambda_j^2)}{(2\pi c)^2(\lambda^2 - \lambda_j^2)^2 + \gamma_j^2\lambda_j^4\lambda^2} \qquad (4-25)$$

$$2n^2\kappa = \frac{Ne^2}{\varepsilon_0 m}\frac{1}{2\pi c}\sum_j \frac{f_j\gamma_j\lambda_j^4\lambda^3}{(2\pi c)^2(\lambda^2 - \lambda_j^2)^2 + \gamma_j^2\lambda_j^4\lambda^2} \qquad (4-26)$$

在每个共振波长 λ_j 附近,上式求和号内各项中只有一项起主要作用。

为了导出正常色散区域的科希公式,可忽略式(4-20)中的 γ_j ,于是 n^2 的表达式可写为

$$n^2 = 1 + \sum_j \frac{a_j\lambda^2}{\lambda^2 - \lambda_j^2} \qquad (4-27)$$

式中: $a_j = \dfrac{Ne^2}{\varepsilon_0 m(2\pi c)^2}f_j\lambda_j^2 > 0$,是与 λ 无关的常数。

现在讨论两种典型情况。

(1)入射波段处于两条吸收线之间。假设

$$\lambda_1 \ll \lambda_2 \ll \cdots \ll \lambda_{j-1} \ll \lambda_j \ll \lambda \ll \lambda_{j+1} \ll \lambda_{j+2} \ll \cdots$$

式(4-27)可近似写为

$$n_2 \approx 1 + a_1 + a_2 + \cdots + a_{j-1} + \frac{a_j\lambda^2}{\lambda^2 - \lambda_j^2}$$

$$\approx 1 + a_1 + a_2 + \cdots + a_{j-1} + a_j\left[1 + \left(\frac{\lambda_j}{\lambda}\right)^2 + \cdots\right]$$

开方后再做近似展开,得

$$n_2 \approx A + \frac{B}{\lambda^2} + \cdots$$

式中:$A = \sqrt{1 + a_1 + a_2 + \cdots + a_j}$;$B = a_j \lambda_j^2 / (2A)$。以上便是科希公式,这里还证明了常数 A 随 j 增大的特点。

(2) 在极短波段,即 λ 远小于所有共振波长 $\lambda_1, \lambda_2, \cdots$ 时,式(4-22)可近似写成 $n^2 = 1 - \dfrac{a_1 \lambda^2}{\lambda_1^2} < 1$,从而 $n < 1$。

当 $\lambda \to 0$ 时,有

$$n^2 \to 1, \quad n \to 1$$

这些也都是描述过的色散曲线的一般特征。如果用频率来表示这一特征,就是当 ω 远大于所有共振频率 ω_j 时,式(4-22)化为

$$\varepsilon = n^2 \approx 1 - \frac{Ne^2}{\varepsilon_0 m} \sum_j \frac{f_j}{\omega^2} = 1 - \frac{NZe^2}{\varepsilon_0 m \omega^2} = 1 - \frac{\omega_p^2}{\omega^2} \qquad (4-28)$$

式中:$\omega_p = \sqrt{NZe^2/(\varepsilon_0 m)}$ 为该介质的等离子体振荡角频率。式(4-28)表明,在此高频波段,当 $\omega > \omega_p$ 时,$0 < \varepsilon < 1$,$0 < n < 1$,电磁波将在超过一定临界角 $i_c = \arcsin n$ 时在介质外表面发生全反射。式(4-28)还表明,$\omega \to \infty$ 时 $\varepsilon \to 1$,$n \to 1$。

上面的推导不仅适用于电介质(绝缘体),也适用于导体(如金属)。导体的特点是其中有一部分电子是自由的。在式(4-22)中可形式上令 $\omega_1 = 0$,用 $j = 1$ 的项代表自由电子:

$$\widetilde{\varepsilon} = 1 - \frac{Nf_1 e^2}{\varepsilon_0 (\omega^2 + i\omega\gamma_1)} - \frac{Ne^2}{\varepsilon_0 m} \sum_{j>1} \frac{f_j}{\omega^2 - \omega_j^2 + i\omega\gamma_j} \qquad (4-29)$$

对于稳恒电场,$\omega \to 0$,有

$$\widetilde{\varepsilon} = 1 + \frac{Ne^2}{\varepsilon_0 m} \sum_{j>1} \frac{f_j}{\omega_j^2} + i \frac{Nf_1 e^2}{\varepsilon_0 m \gamma_1 \omega} = \varepsilon + i \frac{\sigma}{\varepsilon_0 \omega} \qquad (4-30)$$

式中

$$\varepsilon = 1 + \frac{Ne^2}{\varepsilon_0 m} \sum_{j>1} \frac{f_j}{\omega_j^2} \qquad (4-31)$$

是 $\widetilde{\varepsilon}$ 的实部,它代表束缚电子对介电常数的贡献,而

$$\sigma = \frac{Nf_1 e^2}{m \gamma_1} \qquad (4-32)$$

组成 $\widetilde{\varepsilon}$ 的虚部,它实际上是自由电子的电导率。$\omega \to 0$ 时 $\widetilde{\varepsilon}$ 的虚部按 $1/\omega$ 的方式趋于无穷,这便是人们有时说的金属的介电常数为 ∞。应注意,采用这种说法

时,已经把自由电子和束缚电子等同起来,这已与通常在静电学中采用的定义不同了。如果撇开自由电子不算,则金属在稳恒场下的介电常数由式(4-31)给出,它和普通电介质的介电常数在数量级上没什么区别。

对于极高频场,即 $\omega \gg \omega_j$ 时,自由电子和束缚电子的区别已不重要,所有的项合并起来给出式(4-28)。从物理机制上看,这是因为在高频策动力的作用下,电子只在平衡点附近做极小幅度的振动,此时准弹性束缚力可以忽略,所有电子都可看成是自由的了。由此可见,对于极高频场,区分自由电子和束缚电子的做法是没有意义的。这时必须把静电场介电常数概念加以扩展,把自由电子包括进去,用一个复数介电常数 $\tilde{\varepsilon}$ 来描述电介质的行为。

以上是有关色散和共振吸收的经典电子论。此理论是半唯象的定性理论,它不能正确地说明某种介质中应有怎样的共振频率 ω_j 和相应的振子数目 f_j,准弹性振子的图像也不符合原子的有核模型,对上述问题的正确回答要靠量子力学。不过经典理论给出的 $\tilde{\varepsilon}$ 的表达式(4-22)在形式上是正确的,量子力学给出同一形式的表达式,只是对 ω_j、γ_j、f_j 等参量的理解与经典理论不同。实际上原子中的束缚电子并不做简谐振动,ω_j 应是两个量子能级间共振跃迁的频率,f_j 亦非整数,它正比于跃迁概率,从而正比于谱线强度。

4.2 群速

迄今为止,对于各向同性介质,在提到波速时,都指的是波面(等位相面)传播的速度,即相速。在惠更斯原理中如此,在波函数的表达式中也如此。这里用 v_p 代表它。

在真空中所有波长的电磁波以同一相速 c 传播。在色散介质中只有理想的单色波具有单一的相速。然而理想的单色波是不存在的,波列不会无限长。已知一列有限长的波相当于许多单色波列的叠加,通常把由这样一群单色波组成的波列称为波包。当波包通过有色散的介质时,它的各个单色分量将以不同的相速前进,整个波包在向前传播的同时,形状亦随之改变。把波包中振幅最大的地方称为它的中心,波包中心前进的速度称为群速,记做 v_g。下面推导有关群速的公式。

为简单起见,考虑由两列波组成的波包。设两列波分别为

$$\begin{cases} U_1(x,t) = A\cos(\omega_1 t - k_1 x) \\ U_2(x,t) = A\cos(\omega_2 t - k_2 x) \end{cases}$$

令:$\Delta\omega = (\omega_1 - \omega_2)/2$,$\omega_0 = (\omega_1 + \omega_2)/2$;$\Delta k = (k_1 - k_2)/2$,$k_0 = (k_1 + k_2)/2$。并设 $|\Delta\omega| \ll \omega_0$,$|\Delta k| \ll k_0$,即两波的频率(或波长)很接近,它们合成的波列为

$$U(x,t) = U_1(x,t) + U_2(x,t) = 2A\cos(\Delta\omega t - \Delta k x)\cos(\omega_0 t - k_0 x)$$

$$(4-33)$$

此波的瞬时图像是振幅受到低频调制的高频波列。此调制波列有一系列的最大值,因而它还算不得是一个典型的波包。要得到一个真正的波包,需有更多频率和波长相近的波叠加在一起。不过由上述两列波合成的调制波已可推导出正确的群速公式了。式(4-33)中高频波的传播速度为 ω_0/k_0,它相当于波包的相速 v_p;低频包络的传播速度为 $\Delta\omega/\Delta k$,这就是波包的群速 v_g 了。将 $\Delta\omega$、Δk 改写成微分,有

$$v_g = \frac{d\omega}{dk} \qquad (4-34)$$

这便是最常用的群速表达式。

较严格地推导群速公式(4-34),应将波包 $U(x,t)$ 展成傅里叶积分,即

$$\widetilde{U}(x,t) = \frac{1}{2\pi}\int_{k_0-\Delta k}^{k_0+\Delta k} A(k)\,e^{-i(\omega t - kx)}\,dk \qquad (4-35)$$

对于准单色波包,频谱范围 Δk 很小,式(4-35)中可取

$$A(k) \approx A(k_0)$$

把它当作常数提到积分号外。$\omega = \omega(k)$ 是 k 的函数,令 $k' = k - k_0$,将 $\omega(k)$ 做泰勒级数展开,只保留前两项,即

$$\omega \approx \omega(k_0) + \left(\frac{d\omega}{dk}\right)_{k=k_0} k'$$

式(4-35)中的指数可写为

$$\exp\left[-i(\omega_0 t - k_0 x)\right]\exp\left[-i\left(\frac{d\omega}{dk}t - x\right)k'\right]$$

式中: $\omega_0 = \omega(k_0)$。于是

$$\widetilde{U}(x,t) = A(k_0)\exp\left[-i(\omega_0 t - k_0 x)\right]\int_{-\Delta k}^{+\Delta k}\exp\left[-i\left(\frac{d\omega}{dk}t - x\right)k'\right]\frac{dk'}{2\pi}$$

$$= \frac{A(k_0)}{\pi}\frac{\sin\left[\left(\frac{d\omega}{dk}t - x\right)\Delta k\right]}{\frac{d\omega}{dk}t - x}\exp\left[-i(\omega_0 t - k_0 x)\right] \qquad (4-36)$$

它的包络因子的最大处前进的速度为 $d\omega/dk$,这便是波包的群速 v_g。

下面推导群速与相速之间的一个关系式。因 $\omega = kv_p$ 取对 k 的微商,有

$$v_g = v_p + k\frac{dv_p}{dk} = v_p - \lambda\frac{dv_p}{d\lambda} \qquad (4-37)$$

最后一步运算用到了 $k = 2\pi/\lambda$ 的关系。式(4-37)是瑞利的群速公式。它表明: $dv_p/d\lambda > 0$ 时,$v_g < v_p$,群速小于相速; $dv_p/d\lambda < 0$ 时,$v_g > v_p$,群速大于相速; 无色散时,$dv_p/d\lambda = 0$,$v_g = v_p$,群速与相速没有区别。

群速的公式还可表示为一些其他形式,如因 $v_p = c/n$,代入式(4-37)中,得

$$v_g = \frac{c}{n}\left(1 + \frac{\lambda}{n}\frac{dn}{d\lambda}\right) \qquad (4-38)$$

89

若已知折射率的色散关系 $n = n(\lambda)$，可用此式计算群速。

除了根据惠更斯原理用折射率法测出介质中的光速是相速外，大多数其他方法测出的都是光的信号速度，或者粗略地说，是能量传播速度。大家知道，波动携带的能量是与振幅的平方成正比的，故波包中振幅最大的地方，也是能量最集中的地方。可以认为，群速代表能量的传播速度或信号速度。

最后指出，相对论原理要求：任何信号速度不能超过真空中的光速 c，否则因果律会遭到破坏。波的相速并不受此限制。在有的场合，波的相速 v_p 是会大于 c 的，但波的信号速度（它经常等于群速）总小于 c。

4.3　光的散射

光线通过均匀的透明介质（如玻璃、清水）时，从侧面是难以看到光线的。如果介质不均匀，如有悬浮微粒的浑浊液体，便可从侧面清晰地看到光束的轨迹。这是介质中的不均匀性使光线朝四面八方散射的结果。光的散射与不均匀性的尺度有很大关系，下面就这个问题做详细的解释。

众所周知，按照几何光学，光线在均匀介质中沿直线传播，除了正对着光线的方向外，其他方向应是看不到光亮的。从分子理论来看，当入射光波射在介质上时，将激起其中电子做受迫振动，从而发出相干的次波来。注意，这与惠更斯—菲涅耳原理中所假设的次波稍有不同，这里的次波有真实的振源。理论上可以证明，只要分子的密度是均匀的，次波相干叠加结果，只剩下遵从几何光学规律的光线，沿其余方向的振动完全抵消。从微观的尺度来看，任何物质都由一个个分子、原子组成，没有物质是均匀的。这里"均匀"分布，是以光波的波长为尺度来衡量的，即在这样大小的范围内密度的统计平均是均匀的。

如果介质的均匀性遭到破坏，即尺度达到波长数量级的邻近小块之间在光学性质上（如折射率）有较大差异，在光波的作用下它们将成为强度差别较大的次波源，而且从它们到空间各点已有不可忽略的光程差，这些次波相干叠加的结果，光场中的强度分布将与上述均匀介质情形有所不同。这时，除了按几何光学规律传播的光线外，其他方向或多或少也有光线存在，这就是散射光。由此可见，尺度与波长可比拟的不均匀性引起的散射，也可看作是它们的衍射作用。如果介质中不均匀团块的尺度达到远大于波长的数量级，散射又可看成是在这些团块上的反射和折射了。

按不均匀团块的性质，散射可分为两大类。

（1）悬浮质点的散射。如胶体、乳浊液，含有烟、雾、灰尘的大气中散射属于此类。

（2）分子散射。即使十分纯净的液体或气体，也能产生比较微弱的散射。这是由于分子热运动造成密度的局部涨落引起的。这种散射称为分子散射。物质处在临界点时密度涨落很大，光线照射在其上，就会发生强烈的分子散射。这种现象称为临界乳光。

下面介绍瑞利散射定律。

为了解释天空为什么呈现蔚蓝色，瑞利研究了细微质点的散射问题，提出了散射光强与 λ^4 成反比的规律，这就是著名的瑞利散射定律。瑞利散射定律的适用条件是散射体的尺度比光的波长小。在此条件下作用在散射体上的电场可视为交变的均匀场，散射体在这样的场中极化，只感生电偶极矩而无更高级的电矩。按照电磁理论，偶极振子的辐射场强 E 正比于 $\omega^2 p/r$（ω 为角频率，p 为偶极矩，r 为距离），故辐射功率 $\propto E^2 \propto \omega^4 p^2/r^2$。瑞利认为，由于热运动破坏了散射体之间的位置关联，各次波不再是相干的，计算散射时应将次波的强度而不是振幅叠加起来。于是感生偶极辐射的机制就导致了正比于 ω^4 或 $1/\lambda^4$ 的规律。

较大颗粒对光的散射不遵从瑞利的 λ^4 反比律。米和德拜以球形质点为模型详细计算了电磁波的散射。他们的计算适用于任何大小的球体。球的半径 a 和波长 λ 之比是用参量 ka 来表征的（$ka = 2\pi a/\lambda$）。米—德拜的散射理论证明，只有 $ka < 0.3$ 时，瑞利的 λ^4 反比律是正确的。当 ka 较大时，散射强度与波长的依赖关系就不十分明显了。

用以上的散射理论可以解释许多日常熟悉的自然现象，如天空为什么是蓝的、旭日和夕阳为什么是红的及云为什么是白的等。

首先，白昼天空之所以是亮的，完全是大气散射阳光的结果。如果没有大气，即使在白昼，人们仰观天空，将看到光辉夺目的太阳悬挂在漆黑的背景中。这景象是航天员司空见惯了的。由于大气的散射，将阳光从各个方向射向观察者，才看到了光亮的天穹。按瑞利定律，白光中的短波成分（蓝紫色）遭到散射比长波成分（红黄色）强烈得多，散射光乃因短波的富集而呈蔚蓝色。瑞利曾对天空中各种波长的相对光强做过测量，发现与 λ^4 反比律颇相吻合。大气的散射一部分来自悬浮的尘埃，大部分是密度涨落引起的分子散射。后者的尺度往往比前者小得多，瑞利 λ^4 反比律的作用更加明显。所以每当大雨初霁、玉宇澄清了万里尘埃的时候，天空总是蓝得格外美丽可爱，其道理就在这里。

旭日和夕阳呈红色，与天空呈蓝色属于同一类现象。由于白光中的短波成分被更多地散射掉了，在直射的日光中剩余较多的自然是长波成分。早晚阳光以很大的倾角穿过大气层，经历大气层的厚度要比中午时大得多，从而大气的散射效应也要强烈得多，这便是旭日初升时颜色显得特别殷红的原因。

白云是大气中的水滴组成的，因为这些水滴的半径与可见光的波长相比已不算太小，瑞利定律不再适用。按米—德拜的理论，这样大小的物体产生的散射与波长的关系不大，这就是云雾呈白色的缘故。

下面介绍散射光强的角分布和偏振状态。

取球坐标的极轴 z 沿入射波的波矢 $\boldsymbol{k}_0$ 方向，散射波波矢 $\boldsymbol{k}_s$ 的方向（即观测方向)用(θ,φ)来表征。入射波的电矢量$\boldsymbol{E}$必在(x,y)平面内(横波),设它与x轴的夹角为ψ,与$\boldsymbol{k}_s$的夹角为Θ。按照电磁理论,$\boldsymbol{E}$激发的偶极振子发出的次波中,振幅正比于$\sin\Theta$,强度正比于$\sin^2\Theta$偏振方向由横波性所决定。若入射光是自然光,散射光强的角分布应对ψ平均。因为

$$\sin^2\Theta = 1 - \cos^2\Theta = 1 - \sin^2\theta\cos^2(\psi - \varphi)$$

故

$$\overline{\sin^2\Theta} = \frac{1}{2\pi}\int_0^{2\pi}\left[1 - \sin^2\theta\cos^2(\psi - \varphi)\right]d\psi = \frac{1}{2}(1 + \cos^2\Theta)$$

可以看出,在垂直于入射光的方向上($\theta = \pi/2$),散射光是线偏振的,在原入射方向或其逆方向上($\theta = 0$或π),散射光仍是自然光。前者的强度正好为后者的一半。在其他倾斜方向上,散射光是部分偏振的,强度介于前两个极端之间。

以上描绘的散射光特点,都可以从大气散射中得到验证。不过当空气中悬浮了过多较大的灰尘颗粒或水滴时,上面的结论将不适用。

瑞利散射不改变原入射光的频率。1928年拉曼和曼杰利什塔姆在研究液体和晶体内的散射时,几乎同时发现散射光中除与入射光的原有频率ω_0相同的瑞利散射线外,谱线两侧还有频率为$\omega_0 \pm \omega_1$,$\omega_0 \pm \omega_2$,⋯散射线存在。这种现象称为拉曼散射。

拉曼光谱的特征可归纳如下:

(1)在每条原始入射谱线(频率ω_0)两旁都伴有频率差$\omega_j(j = 1,2,\cdots)$相等的散射谱线。在长波一侧的(频率为$\omega_0 - \omega_j$)称为红伴线或斯托克斯线,在短波一侧的(频率为$\omega_0 + \omega_j$)称为紫伴线或反斯托克斯线。

(2)频率差$\omega_j(j = 1,2,\cdots)$与入射光的频率ω_0无关,它们与散射物质的红外吸收频率对应,表征了散射物质的分子振动频率。

拉曼效应也可用经典理论解释。在入射光电场$E = E_0\cos(\omega_0 t)$的作用下,分子获得感应电偶极矩p,它正比于场强E,即

$$p = \alpha\varepsilon_0 E$$

式中:α为分子极化率。如果分子极化率α是一与时间无关的常数,则p以频率ω_0做周期性变化,这便是上面讨论过的瑞利散射。如果分子以固有频率ω_j振动着,且此振动影响着极化率α,使它也以频率ω_j做周期性变化,有

$$\alpha = \alpha_0 + \alpha_j\cos(\omega_j t)$$

于是

$$p = \alpha_0\varepsilon_0 E_0\cos(\omega_0 t) + \alpha_j\varepsilon_0 E_0\cos(\omega_0 t)\cos(\omega_j t)$$

$$= \alpha_0\varepsilon_0 E_0\cos(\omega_0 t) + \frac{1}{2}\alpha_j\varepsilon_0 E_0\{\cos[(\omega_0 - \omega_j)t] + \cos[(\omega_0 + \omega_j)t]\}$$

即感应电矩的变化频率有ω_0和$\omega_0 \pm \omega_j$等3种,后两种正是拉曼光谱中的伴线。

拉曼散射的经典理论是不完善的,特别是它不能解释为什么反斯托克斯线比斯托克斯线弱得多这一事实。完善的解释要靠量子理论。

如前所述,拉曼散射是有分子振动参与的光散射过程。在晶体中的振动有较高频的光学支和低频的声学支两种,前者参与的光散射就是拉曼散射,后者参与的光散射称布里渊散射。其实,任何元激发,如磁介质中的自旋波、半导体中的螺旋波均可参与光的散射过程。也可认为这些都是广义的拉曼散射或布里渊散射过程。

拉曼散射的方法为研究分子结构提供了一种重要的工具,用这种方法可以很容易而且迅速地定出分子振动的固有频率,也可以用它来判断分子的对称性、分子内部的力的大小以及一般有关分子动力学的性质。分子的光谱本来在红外波段,拉曼效应把它转移到可见和紫外波段来研究,在很多情形下,它已成为分子光谱学中红外吸收方法的一个重要补充。

在出现激光之前,拉曼散射光谱已成为光谱学中的一个分支。激光问世以来,当光强达到一定水平时,还可出现受激拉曼散射等非线性效应。

4.4 4f 相位成像 Z 扫描技术

4f 相位成像 Z 扫描技术[1]的测量原理与 Z 扫描技术[2]消除非线性吸收影响的原理类似,将非线性样品固定在相衬信号最强的位置,分别进行带 PO 和不带 PO 两次 4f 成像实验,用带 PO 的 4f 相位成像结果减去不带 PO 的结果就可以得到一个近似的由非线性折射引起的信号。相衬信号最强的位置由基于相位物体的 Z 扫描实验确定(简写为 PO – Z 扫描或相位物体 Z 扫描)。4f 相位成像 Z 扫描技术的实验装置与典型的测量纯非线性折射系数的 4f 相位成像系统类似(图2–9),不同的地方是样品被放置在一个微动平台上可以沿光轴方向在焦点前后移动,在 4f 相位成像系统的入射面上放置一个相位光阑。相位光阑的透过率可以表示为 $t(r) = \exp[\mathrm{i}\varphi_{\mathrm{L}}\mathrm{circ}(r/L_{\mathrm{P}})]$,$L_{\mathrm{P}}$ 是 PO 的半径,从 PO 出射的电场可以表示成 $O(r) = E(r)t(r)$。由于实验的过程中样品没有放置在 4f 系统的傅里叶面上,所以傅里叶变换不再适用[3]。考虑到整个系统为圆对称,所以可以用极坐标进行数值模拟。整个过程可以用 4 个菲涅耳衍射完成。第一个透镜 L1 之前的电场表示为

$$U_{\mathrm{L1}}(r') = \frac{k}{\mathrm{i}d}\exp(\mathrm{i}kd)\exp\left(\frac{\mathrm{i}kr'^2}{2d}\right)\int_0^{+\infty} rO(r)\exp\left(\frac{\mathrm{i}kr^2}{2d}\right)\mathrm{J}_0\left(\frac{krr'}{d}\right)\mathrm{d}r$$

$$(4-39)$$

式中:$d = f_1$ 为传播的距离;f_1 为透镜 L1 的焦距;r' 是这个平面上半径;$k = 2\pi/\lambda$ 为波矢;λ 为激光波长;$\mathrm{J}_0(a) = \dfrac{1}{2\pi}\displaystyle\int_0^{2\pi}\exp[-\mathrm{i}a\cos(\theta-\theta')]\mathrm{d}\theta$ 为第一类零阶贝塞尔函数。透镜对光电场所产生的相位调制可以表示成 $t_{\mathrm{L}}(r) = \exp[\mathrm{i}kr^2/(2f)]$,透镜

L1 和 L2 焦距分别为 f_1 和 f_2。第二段传播距离为 $d = f_1 + z$，z 为样品所在位置相对于焦点的距离（向左为负，向右为正），当光束穿过样品之后传播到透镜 L2 以及从透镜 L2 后表面到 CCD 平面传播的距离分别为 $f_2 - z$ 和 f_2。

对于含有非线性吸收和非线性折射的样品（忽略线性吸收），其透过率 $T(\rho)$ 可以表示成

$$T(\rho, z) = \frac{S_{\mathrm{L}}(\rho, z)}{S_0(\rho, z)} = \frac{\exp[\,\mathrm{i}\varphi_{\mathrm{NL}}(\rho, z)\,]}{[\,1 + q(\rho, z)\,]^{1/2}} \qquad (4-40)$$

式中：S_0 和 S_{L} 分别为样品入射面和出射面上的电场分布；$q(\rho, z) = \beta L I(\rho, z)$；$L$ 为样品厚度；$I(\rho, z)$ 为样品内的光强；β 为非线性吸收系数。这样，非线性相移可以表示为

$$\varphi_{\mathrm{NL}}(\rho, z) = k n_2 \ln[\,1 + q(\rho, z)\,]/\beta \qquad (4-41)$$

相位物体 Z 扫描实验曲线与经典的 Z 扫描实验曲线不同，在不存在热致光学非线性的条件下，经典 Z 扫描的闭孔归一化曲线为谷峰（或峰谷）结构，而相位物体 Z 扫描闭孔归一化曲线为单峰（或单谷）结构。对于正的非线性折射介质，相位物体 Z 扫描实验闭孔归一化曲线只有一个峰而没有谷（如图 4-1(a) 中的点状线条），实验曲线中的峰或谷的位置即为相衬信号最强的地方。然后通过上面的理论模拟可以得出非线性折射率的数值。而对于负的非线性折射介质，引用标准样品 ZnSe 的参数进行数值模拟，模拟结果如图 4-1(b) 所示。模拟结果表明，相位物体 Z 扫描闭孔归一化曲线为单谷结构，而且谷的位置并不在焦点上而在焦点之前（当前条件下是傅里叶面之前 6mm）。闭孔归一化单峰（单谷）曲线的峰或谷的位置就代表是相衬信号最强的地方。

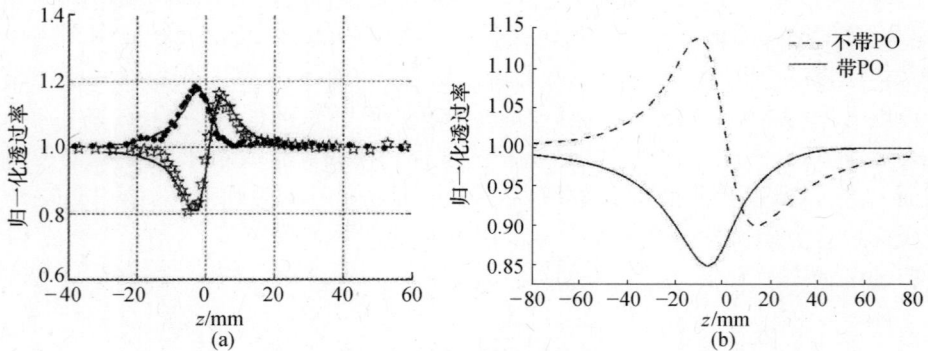

图 4-1　相位物体 Z 扫描实验曲线与经典 Z 扫描实验曲线
(a) 星形线是经典 Z 扫描实验曲线、点线是相位物体 Z 扫描实验曲线；
(b) 负折射介质的模拟曲线。

在测量过程中，首先需要在带 PO 和不带 PO 的情况下各记录一个非线性图像，在不带 PO 的情况下，4f 相位成像系统所记录的非线性图像包含了介质的非线性吸收性质；而带 PO 的情况下，4f 相位成像系统所记录的非线性图像既包含

了介质的非线性吸收性质,同时也包含了介质的非线性折射性质。然后用带 PO 的图像减去不带 PO 的图像所得的信号就可以近似看作是由纯非线性折射引起的。这里需要注意的是,实验过程中所用的光束是高斯光,而不能使用 top-hat 光。PO 区域的平均信号强度和 PO 以外区域(取 2 倍 PO 半径长度)的平均信号强度之差定义为 ΔT。理论模拟证明 ΔT 与非线性折射率的大小成正比。通过数值拟合可以得出材料的非线性折射率。图 4−2(a) 中随着半径平缓下降的线是不带 PO 的情况下得到的非线性图像,在 0~0.5mm 的地方出现下凹的曲线为带 PO 时得到的图像,用带 PO 的曲线减去不带 PO 的曲线得到图 4−2(b) 中所示的曲线,它可近似看作由纯非线性折射引起的信号。

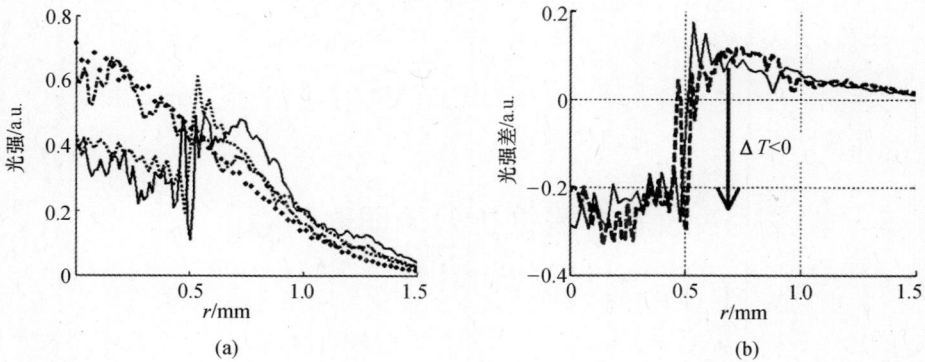

图 4−2　带和不带 PO 情况下非线性图像归一化曲线

根据文献[7]中的计算表明,对于一个入射平面波,当 $\varphi_{NL} < 1$ 的情况下在 $z = 0$ 的位置有关系式 $\Delta T(r) = 2\varphi_L(r)\varphi_{NL}(0)$。这说明了 ΔT 和 φ_{NL} 是成线性关系的,斜率为 $2\varphi_L$。但是平面波有一个缺点,就是它在焦点的衍射长度太小,以至于被测样品(大约 1mm)就不能看作是薄样品了。因此通常用高斯光来进行实验。数值模拟显示 ΔT 与样品内轴上非线性相移 $\varphi_{NL}(0)$ 近似成线性关系,结果见图 4−3。这样就可以根据实验测得的 ΔT 得到样品内的非线性相移,进而测得样品的非线性折射率。

利用这个装置 G. Boudebs 等虽然得到了一个近似的非线性折射引起的信号,但是这里需要注意的是:在不同的非线性吸收的情况下,ΔT 与 $\varphi_{NL}(0)$ 的斜率是不相同的,在处理的过程中利用纯非线性折射情况下的斜率来近似代替样品真实的斜率,这会带来比较大的误差。例如,当 $\beta = 6cm/GW$ 时 $\Delta T = 0.44\varphi_{NL}(0)$,而纯非线性折射的情况下 $\Delta T = 0.56\varphi_{NL}(0)$,误差达到 21%。

虽然 G. Boudebs 等提出的结合 Z 扫描技术的 $4f$ 相位成像技术可以测量带有非线性吸收介质的非线性折射性质,但是此方法测量步骤复杂、误差偏大。对于 $4f$ 相位成像系统,是否有简单、有效的测量带有非线性吸收介质的光学非线

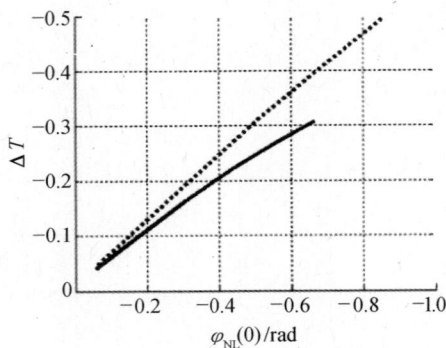

图 4 - 3　数值计算 ΔT 随轴上非线性相移的变化曲线

（实线是引用 ZnSe 的非线性吸收系数 $\beta = 6\text{cm/GW}$ 得到的；虚线是纯非线性折射情况下得到的）

性方法呢？$4f$ 相位成像系统中非线性吸收图像如何？下面分析 $4f$ 相位成像系统中非线性吸收图像的形成机理。

4.5　非线性吸收和非线性折射的同时测量

在激光辐射下，介质的非线性透过率的变化与辐照光强（或能流密度）有关，由介质的非线性吸收特性决定，而与介质的非线性折射无关。以双光子吸收介质为例，数值模拟非线性透过率随 $q(q = \beta L_{\text{eff}}I)$ 的变化曲线，模拟结果见图 4 - 4，从中可以看出非线性透过率归一化值（实验测得的非线性透过率与线性透过率的比值）是 q 的单调递减函数。根据这个单调关系，测量介质的非线性透过率随光强的变化关系曲线就可以确定非线性吸收系数。而且从图 4 - 4 中还可以看到随着 q 的增大，斜率的绝对值逐渐减小，意味着 q 越大测量灵敏度越低。

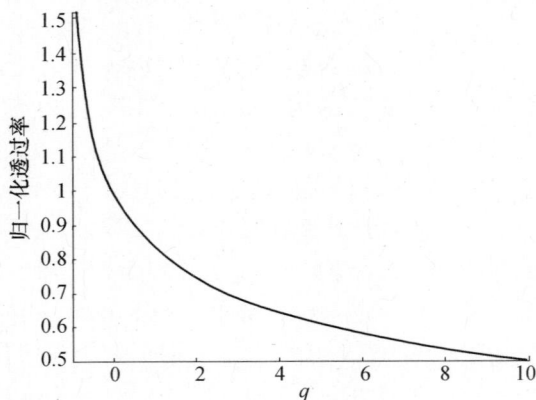

图 4 - 4　非线性透过率随 q 的单调变化曲线

4f 相位成像系统在测量过程中 CCD 记录激光光斑空间分布,可以对光斑上所有像素进行积分得到光斑的相对能量。这样可以应用 4f 相位成像系统测量介质的非线性透过率。在 4f 相位成像技术测量光学非线性过程中记录了 3 个光斑,即无样品光斑、线性光斑和非线性光斑,通过对光斑上所有像素记录的能流强度信号进行积分就可以得到线性光斑能量 E_1、无样品光斑的能量 E_{ns} 和非线性光斑的能量 E_{nl}。虽然这个能量是相对的能量而不是真实的能量,但是由于数据处理过程中需要的只是能量的比值,所以知道相对能量的大小已经足够。样品的线性透过率为 $T_1 = E_1/E_{ns}$,以及非线性透过率为 $T_{nl} = E_{nl}/E_1$。数据处理时要注意样品前后表面的非涅耳反射对透过率的影响。通过在程序中不断调整非线性吸收系数 β 的值,使得数值模拟得到的非线性透过率与实验测得的非线性透过率相等的时候就得到了被测样品的非线性吸收系数。在拟合非线性吸收系数 β 的过程中,非线性折射率 n_2 的值是未知的,但是由于介质非线性折射不对非线性透过率产生影响,所以可以设为任意值,通常设为 0。当非线性吸收系数 β 被确定以后,把它代入到程序计算,此时唯一的未知参数就只有 n_2,通过调整程序中 n_2 的数值使得理论模拟的非线性图形与实验测得的非线性图形最接近的时候就得到了被测样品的非线性折射率。

半导体 ZnSe 在 532nm 波长处具有较强的双光子吸收,这里用 ZnSe 来验证此方法。4f 相位成像实验所用的光源为锁模倍频 Nd:YAG 激光器,输出激光波长为 532nm,脉冲宽度为 22ps,ZnSe 样品厚度 $L = 2$mm,凸透镜 L1 和 L2 的焦距 $f_1 = f_2 = 400$mm,整个光学系统的放大率 $G = 1$,L1 的数值孔径 $N_A = 0.1$,相位光阑半径 $R_a = 1.7$mm,相位物体半径 $L_p = 0.5$mm,相移 $\varphi_L = 0.4\pi$。CCD 相机采用的是 Lavision 公司的 Imager QE,像素为 1040×1376,每个像素点有 4095 阶灰度,像素尺寸为 $6.4\mu m \times 6.4\mu m$。在本书中如没有特殊说明,均采用此实验条件。实验中将高斯光扩束,使其束腰为 1.5cm,这时 R_a 远小于光束束腰,照射到相位光阑内的部分可以近似看成 top-hat 光。透镜 L1 后焦面上的爱里半径(无 PO 时)为 $\omega_0 = 0.61\lambda f_1/R_a = 76\mu m$,相应的衍射长度为 $z_0 = \pi\omega_0^2/\lambda = 3.4$cm,它远远大于样品厚度,因此薄样品近似适用。

M. Sheik-Bahae 等改变激光能量,对 ZnSe 进行了强度相关的 Z 扫描研究。实验结果表明:当入射光强 $I_0 < 0.5$GW/cm^2 时,ZnSe 的非线性折射主要是 3 阶效应;然而在更高的光强下双光子吸收产生的自由载流子效应变得明显起来,它等价于一个 5 阶的非线性。4f 相位成像实验在 ZnSe 上 5 个不同的位置进行了 50 次独立的测量。入射脉冲的能量分布为 $0.22\mu J \sim 0.45\mu J$,产生相应的峰值光强为 0.19GW/cm^2 ~ 0.42GW/cm^2。由于光强小于 0.5GW/cm^2,可以认为只有 3 阶非线性的存在。在单次实验测量中,利用同样的中性滤波片,并且保证无样品光斑、线性光斑和非线性光斑的入射能量是相同的,它们之间的微小浮动可以用参考光路来监视。

图 4-5(a)~(c)分别是实验中的线性光斑、无样品光斑和非线性光斑,

图 4 - 5(d) 是数值模拟的非线性光斑。在数据处理的过程中, 调整数值模拟 T_{nl} 与实验测量值误差在 $\pm 0.01\%$ 以内得到非线性吸收系数 β 的值, 然后将 β 代入程序调整唯一未知的参数 n_2, 使得数值模拟的非线性光斑与实验的非线性光斑最接近就可以得到材料的非线性折射率。从图 4 - 5(e) 中可以看出, 数值模拟的非线性光斑(实线)和实验非线性光斑(虚线)吻合得很好。图 4 - 6(a)、(b) 显示实验的重复性非常好。从中可以得到: β 的平均值为 6.0cm/GW, 误差 $\pm 12\%$; n_2 的平均值为 $-5.7 \times 10^{-18}\text{m}^2/\text{W}$, 误差在 $\pm 17\%$ 内。与其他文献报道的数值符合得很好[5]。

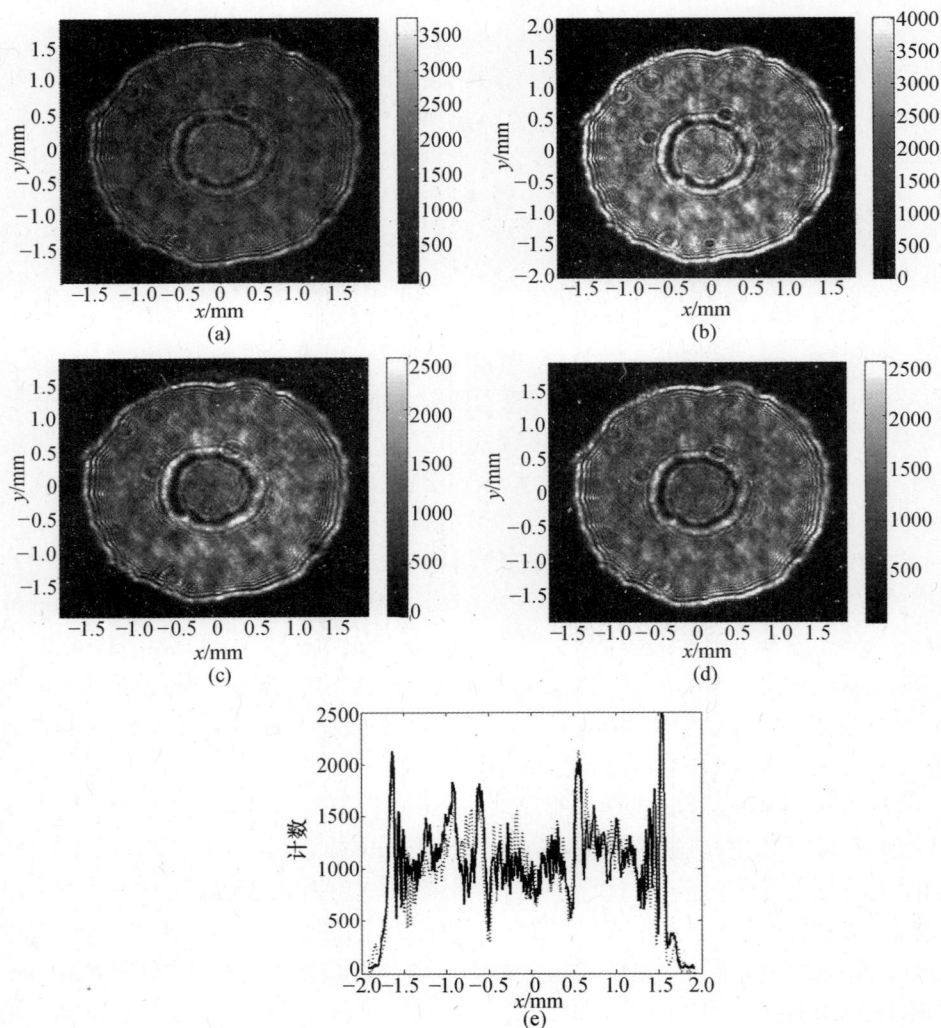

图 4 - 5 数值模拟光斑和曲线

(a) 实验的线性光斑;(b) 实验的无样品光斑;(c) 实验的非线性光斑;(d) 数值模拟的非线性光斑;
(e) 非线性光斑沿 $y = 0$ 的剖面图。

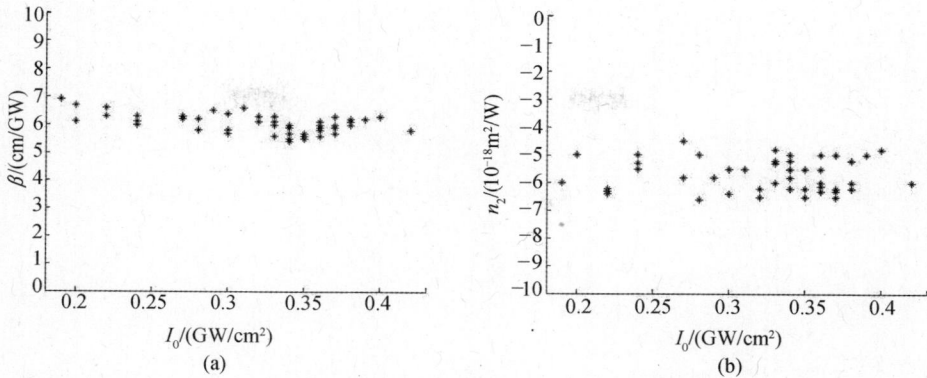

图 4 - 6 在不同光强下多次重复测量的实验结果

（a）非线性吸收系数；（b）非线性折射率。

4.6 非线性吸收对非线性折射测量的影响

之前介绍的工作大都是围绕着纯非线性折射进行的。G. Boudebs 和 S. Cherukulappurath虽然研究过对于带有非线性吸收样品的非线性折射的测量，但是其研究的重点在于如何消除非线性吸收本身的影响而试图得到一个与非线性吸收无关的信号，并没有对非线性吸收进行研究。上节中给出了同时测量非线性吸收和非线性折射的方法，只是通过对记录的光斑的相对强度的积分实现了透过率的测量，并没有涉及非线性吸收存在时非线性图像的变化、形成原因及对非线性折射的影响等方面。本节将围绕非线性吸收进行更深入的探讨。

图 4 - 7 是数值模拟的非线性折射图像的剖面图，与前面介绍过的非线性折射图像相比它没有了振荡。其实图像上的振荡是由于实验系统的光学传递函数（OTF）引起的。在实际情况中可以通过使用大孔径的透镜来减小光学传递函数对测量的影响，而且数值模拟显示光学传递函数引起的振荡对非线性光斑的整体分布以及相衬信号大小的影响几乎可以忽略。因此在本节中为了让读者将细节看得更加清楚，在数值模拟的过程中省略了光学传递函数。图 4 - 8 是数值模拟的非线性吸收图像的剖面图。尽管非线性吸收图像与非线性折射图像相似，但是它们形成的原因是不同的。非线性折射图形是利用相衬原理将非线性材料中的非线性相移转变成非线性图像中的振幅变化[5,6]。但是对于非线性吸收材料来说，非线性吸收只能改变电场的振幅而不能产生非线性相移，因此非线性吸收图像的形成是与相衬效应无关的。

4f 系统入射面上的电场可以表示为

$$O(x,y,t) = O_0(x,y,t)\exp(i\varphi_0)\text{circ}\left[(x^2+y^2)^{1/2}/R_a\right]\exp\left\{i\varphi_L\text{circ}\left[(x^2+y^2)^{1/2}/L_p\right]\right\}$$

$$(4-42)$$

99

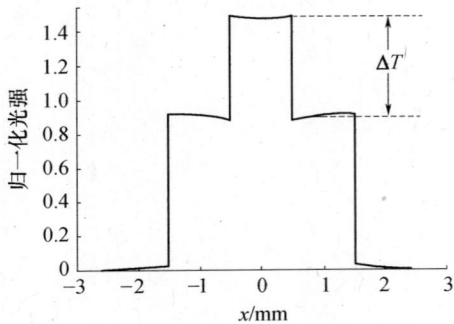

图 4 - 7　非线性折射图像剖面图

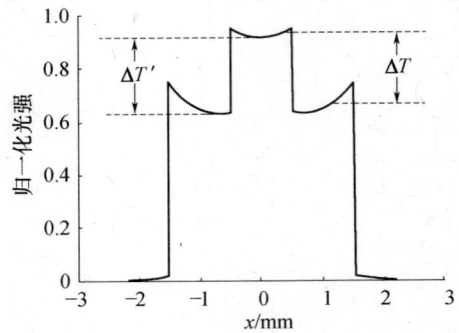

图 4 - 8　纯非线性吸收图像剖面图

式中：$O_0(x,y,t)$ 为 $O(x,y,t)$ 的振幅；φ_0 为入射电场的初始位相。由于初始相位不影响讨论，为了简单起见，设置 $\varphi_0 = 0$。按照式(4-42)，将电场 $O(x,y,t)$ 分解成两个 top-hat 光，即 $T_{h1}(x,y,t)$ 和 $T_{h2}(x,y,t)$，令 $O = T_{h1} + T_{h2}$，有

$$T_{h1}(x,y,t) = O_0(x,y,t)\mathrm{circ}\left[(x^2 + y^2)^{1/2}/R_a\right] \qquad (4-43)$$

$$T_{h2}(x,y,t) = \left[\exp(\mathrm{i}\varphi_L) - 1\right]O_0(x,y,t)\mathrm{circ}\left[(x^2 + y^2)^{1/2}/L_p\right]$$

$$(4-44)$$

假设 ω_i、S_{i0} 和 I_{i0} 分别是傅里叶面上的爱里半径、轴上电场和光强(对于 T_{h1} 和 TH_2 分别有 $i = a$ 和 $i = p$)。令 $L_p = aR_a (0 \leqslant a \leqslant 1)$，因为爱里半径与 top-hat 光的半径成反比，因此有 $\omega_p = \omega_a/a$。由文献[7]可以得到

$$S_{a0}(t) = O_0(0,0,t)\pi R_a^2/(\lambda f_1) \qquad (4-45)$$

$$S_{p0}(t) = \left[\exp(\mathrm{i}\varphi_L) - 1\right]O_0(0,0,t)\pi L_p^2/(\lambda f_1) \qquad (4-46)$$

所以

$$I_{a0}(t) = O_0^2(0,0,t)\pi^2 R_a^4/(\lambda^2 f_1^2) \qquad (4-47)$$

$$I_{p0}(t) = 2(1 - \cos\varphi_L)O_0^2(0,0,t)\pi^2 L_p^4/(\lambda^2 f_1^2) = 2(1 - \cos\varphi_L)a^4 I_{a0}(t)$$

$$(4-48)$$

　　对于小的 α，T_{h2} 产生的非线性效应是可以忽略的，只有 T_{h1} 产生非线性，所以 T_{h2} 对 T_{h1} 的影响是可以忽略的。将 T_{h1} 在 4f 系统出射面上的电场表示成 $U_1(x, y, t)$。由 T_{h1} 产生的非线性主要集中在爱里半径 ω_a 内，而 ω_a 又远小于 ω_p，因此 T_{h1} 产生的非线性对 T_{h2} 的影响也是可以忽略的。这样 T_{h2} 在 4f 系统的出射面上保持与入射相同，即 $U_2(x,y,t) = T_{h2}(x,y,t)$。

　　由于整个入射光被分解成两个 top-hat 光，首先研究在 4f 相位成像系统中单个 top-hat 光的非线性吸收结果。top-hat 光在 4f 傅里叶面上的电场分布是大家所熟知的爱里图案，所以大部分光强都集中在爱里斑之内。又由于在反饱和吸收中吸收强度是随光强的增加而增加的，因此能量的损失主要集中在低

频区域。在空域中, top – hat 光的边缘有一个强度的突变, 这就意味着边缘部分比中心部分包含更多的高频成分。按照这个理论, top – hat 光的中心部分会由于反饱和吸收的原因比边缘部分损失更多的能量而呈现出一个下凹的形状。理论模拟的 top – hat 光的非线性吸收图像见图 4 – 9, 它和分析的结果吻合, 中心光强比边缘弱。

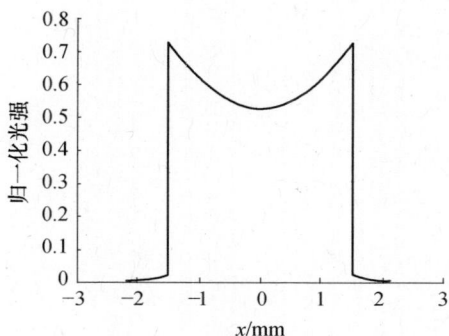

图 4 – 9　入射光为 top – hat 光时非线性吸收图像的剖面图

假设 T_{h1} 和 T_{h2} 在 $4f$ 系统出射面轴上电场为 $U_1(0,0,t) = r(t)O_0(0,0,t)$ 和 $U_2(0,0,t) = [\exp(i\varphi_L) - 1]O_0(0,0,t)$。那么 T_{h1}、T_{h2} 以及总的非线性图像的轴上光强分别为

$$I_1(0,0,t) = |U_1(0,0,t)|^2 \qquad (4-49)$$

$$I_2(0,0,t) = |U_2(0,0,t)|^2 \qquad (4-50)$$

$$I_{im}(0,0,t) = |U_1(0,0,t) + U_2(0,0,t)|^2 = O_0^2(0,0,t)|\exp(i\varphi_L) - 1 + r|^2$$
$$(4-51)$$

定义

$$\Delta I(t) = I_{im}(0,0,t) - I_1(0,0,t) = O_0^2(0,0,t)[|\exp(i\varphi_L) - 1 + r|^2 - r^2]$$
$$= 2O_0^2(0,0,t)[(1-r) + (r-1)\cos\varphi_L] \qquad (4-52)$$

$\Delta I(t)$ 值的大小就代表了系统的灵敏度。$\Delta I(t)$ 对 φ_L 的一阶导数为

$$\Delta I_{\varphi_L}(t) = 2O_0^2(0,0,t)[1 - r(t)]\sin\varphi_L \qquad (4-53)$$

令 $\Delta I_{\varphi_L}(t) = 0$, 可以得到 $\varphi_L = n\pi$(n 为整数)。$\Delta I(t)$ 对 φ_L 的二阶导数为

$$\Delta I_{\varphi_L\varphi_L}(t) = 2O_0^2(0,0,t)[1 - r(t)]\cos\varphi_L \qquad (4-54)$$

当考虑反饱和吸收的时候, 从图 4 – 9 中可以得到 $0 < r(t) < 1$。所以当 $\varphi_L = 2n\pi$ 时, $\Delta I_{\varphi_L\varphi_L}(t) > 0$, $\Delta I(t)$ 具有最小值。当 $\varphi_L = (2n+1)\pi$ 的时候 $\Delta I_{\varphi_L\varphi_L}(t) < 0$, $\Delta I(t)$ 具有最大值。

为了验证以上结论, 进行了数值模拟。由于像平面上的轴上光强差 ΔI 不能

101

从实验图像直接得到,定义了一个类似的物理量 $\Delta T'$,即非线性图像中轴上的光强与靠近 PO 的外边缘的光强的差值(见图 4 – 8)。虽然 $\Delta T'$ 的定义与 ΔI 有一定的区别,但是 top – hat 光的非线性图像的中心部分变化很缓慢,所以当 PO 很小的情况下 $\Delta T'$ 和 ΔI 可以看作是等价的。数值模拟的结果见图 4 – 10,从中可以看到模拟结果与推导是吻合的。

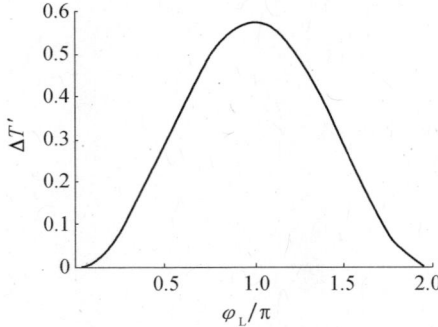

图 4 – 10　相同光强情况下 $\Delta T'$ 随 PO 相移 φ_L 的变化关系曲线

尽管非线性吸收的灵敏度在 $\varphi_L = \pi$ 时达到了最大值,但在这种情况下非线性折射效应仍然不能被消除。从图 4 – 11 中可以看出非线性折射在 $\varphi_L = \pi$ 时保留了大约最大灵敏度的 15% 。同样从图中也可以看出在 $\varphi_L = 1.10\pi$ 时非线性折射的灵敏度可以降到 0,而此时可以看到非线性吸收几乎可以保持最高灵敏度。进一步的数值模拟证明在 $a = L_p/R_a \leqslant 1/3$(在这个范围内系统具有比较高的灵敏度)的范围内,非线性吸收在 $\varphi_L = 1.10\pi$ 时的灵敏度不超过最高灵敏度的 5% 。通过这些分析,可以认为在 $\varphi_L = 1.10\pi$ 时,非线性信号基本上都是由非线性吸收引起的。因此,$\varphi_L = 1.10\pi$ 对于只关心材料的非线性吸收的情况是非常有用的。在数值模拟的过程中,还发现了一个近似的线性关系(图 4 – 12)为

$$\Delta T/T^3 = Kq \qquad (4 – 55)$$

式中:T 为归一化的非线性透过率;K 为斜率系数;$q = \beta I_0(0,0,0)L_{eff}$,$I_0(0,0,0)$ 为 $4f$ 系统傅里叶面上的峰值光强;L_{eff} 是样品的有效厚度。斜率系数 K 的数值是由实验装置决定的,它除了利用数值模拟的方法可以得到以外,还有更简单的方法。

由于 ΔT、T、$I_0(0,0,0)$ 和 L_{eff} 可以很容易从实验中获得,用标准样品进行一次实验,在标准样品非线性吸收系数已知的情况下就可以得到 K 的数值。当 K 被确定以后,就可以利用式(4 – 55)很方便地对样品的非线性吸收系数进行测量。

利用 $4f$ 相位成像系统测量材料的非线性吸收的时候,它的灵敏度也比根据

透过率变化(如开孔 Z 扫描)的方法有所提高。由于这两种方法的测量灵敏度都是随着 q 而改变的,在这里只对小 q 情况下的灵敏度进行比较。数值模拟显示当 $\varphi_L = 1.10\pi$ 和 $a = L_p/R_a = 1/3$ 时,$4f$ 相位成像系统的 $\mathrm{d}\Delta T/\mathrm{d}q \approx 0.56$,而开孔 Z 扫描的灵敏度为 $\mathrm{d}T/\mathrm{d}q \approx -0.34$。因此,灵敏度的增加为 $|0.56/(-0.34)| \approx 1.65$ 倍。

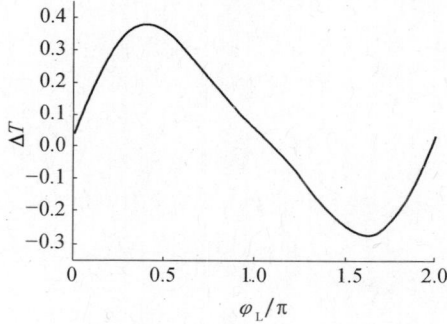

图 4 - 11　相衬信号 ΔT 随 φ_L 的变化关系曲线

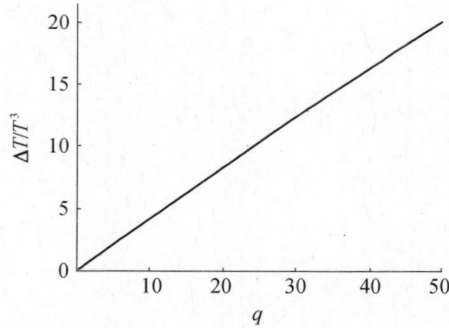

图 4 - 12　当 $\varphi_L = 1.10\pi$、$R_a = 1.5\,\mathrm{mm}$、$L_p = 0.5$ mm 时 $\Delta T/T^3$ 与 q 成近似线性关系

当 PO 的相移 $\varphi_L = 1.10\pi$ 的时候,实验系统非常适合进行非线性吸收的测量。但是当既需要非线性吸收系数也需要非线性折射率的时候,这样的 PO 就不适用了。此时,常用的 $\varphi_L = \pi/2$ 应该是一个更好的选择。在这种情况下,非线性吸收和非线性折射信号总是混在一起的,很难将它们区分开来。G. Boudebs 等曾经努力在带有非线性吸收的材料中提取出一个纯非线性折射信号来,但是实验方法很繁琐而且实验装置与常用的 $4f$ 相位成像系统不同。在这里将给人们提供在 $4f$ 相位成像系统中,ΔT 随非线性吸收和非线性折射演变的一些趋势。在下面的部分将对反饱和吸收进行分析,饱和吸收的结果也可以用类似的方法得到。数值模拟中所利用的主要参数有 $R_a = 1.5\,\mathrm{mm}$,$L_p = 0.5\,\mathrm{mm}$,$\varphi_L = \pi/2$,$f_1 = f_2 = 400\,\mathrm{mm}$ 和 $\lambda = 532\,\mathrm{nm}$。

前人已给出 ΔT 与轴上非线性相移 $|\varphi_{NL}|$ 之间的关系,其中 $\varphi_{NL}=kn_2I(r=0,t=0)\cdot L_{eff}$,$L_{eff}$是有效样品厚度。图 4-13 中显示当 $\varphi_{NL}>5\text{rad}$ 或 $\varphi_{NL}<-2\text{rad}$ 时,ΔT 开始振荡。在本节中只给出了 $|\varphi_{NL}|<7$ 范围内的曲线,更大范围内出现振荡的区域不重点考虑。数值模拟的结果显示在图 4-13 中,其中虚线表示归一化的透过率,它与非线性折射没有关系,实线表示相衬信号 ΔT 随 φ_{NL} 的变化关系曲线。从图 4-13 中可以看出相衬信号在 S_1 点($\varphi_{NL}=4.41$)达到了最大值 $\Delta T_{max}=2.37$,在 S_2 点($\varphi_{NL}=-1.85$)达到了最小值 $\Delta T_{min}=-0.59$。在 S_1 和 S_2 之间 ΔT 与 φ_{NL} 近似成线性关系,$\Delta T\approx0.75\varphi_{NL}$。在 φ_{NL} 降低到 -3.84 时,ΔT 的符号从负号变成了正号。

在图 4-14 中,虚线显示归一化的透过率随 $q(q=\beta I(r=0,t=0)L_{eff})$ 的增加而减小,实线表示 ΔT 随 q 的变化曲线:当 $q<10$ 的时候,ΔT 随着 q 的增加而迅速增大,并且在 S 点($q=24.4$)达到了最大值 $\Delta T_{max}=0.49$;在 $q>24.4$ 的范围内,ΔT 随着 q 的增大而缓慢减小。

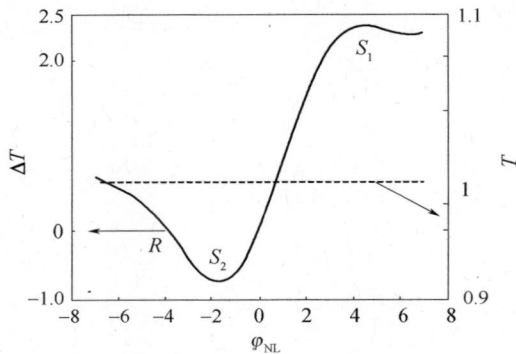

图 4-13　相衬信号 ΔT 以及透过率 T 随非线性相移 φ_{NL} 的变化关系曲线

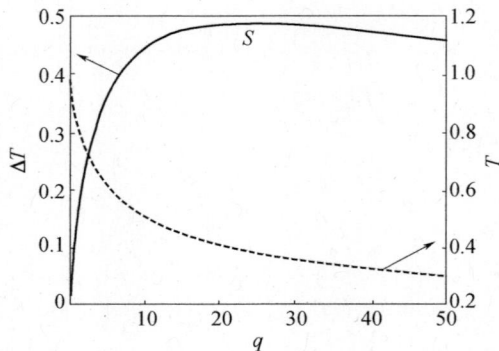

图 4-14　相衬信号 ΔT 以及透过率 T 随 q 的变化关系曲线

图 4 – 15 是 ΔT 随 q 和 φ_{NL} 的变化曲线。从图 4 – 15 中可以看到当 q 很小的时候，ΔT 在 φ_{NL} 为负的区间有一个小于 0 的谷值，而在 φ_{NL} 为正的区间有一个峰值。随着 q 的增大，峰值和谷值都被削弱了。当 q 值超过一个特定值（在模拟中是 $q = 6.39$）的时候，无论 φ_{NL} 怎么变化 ΔT 始终大于 0。最后曲线演化成了一条 ΔT 随 φ_{NL} 单调递增的曲线。

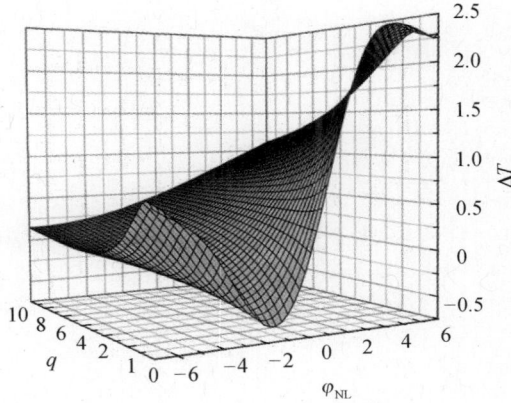

图 4 – 15 ΔT 随 q 和 φ_{NL} 的变化曲线

图 4 – 16 显示了在不同 q 位置的 $\Delta T = 0$ 的曲线。$\rho_{NL} = \beta / (2kn_2)$ 是 3 阶极化率 $\chi^{(3)}$ 的虚部与实部的比值。所谈论的反饱和吸收的情况下，q 值为正，所产生的非线性信号是正的。对于正的 n_2，所产生的相衬信号也是正的，所以总的信号也自然是正的。而对于 n_2 为负的情况，总的信号从正变到负，然后又在 $q < 6.39$ 的时候再次变为正。这个过程对应于图中随着 $|\rho_{NL}|$ 的减小从 C 区穿过 B 区进入 A 区。在 D 区，$q > 6.39$，相衬信号随着 φ_{NL} 而改变，但是由于在

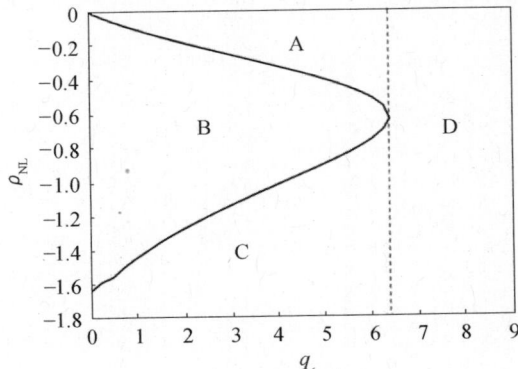

图 4 – 16   在不同 q 值时 $\Delta T = 0$ 的曲线
（$\rho = \beta / (2kn_2)$，所用模拟参数与图 4 – 15 相同）

任何 φ_{NL} 非线性折射产生的负信号都不足以抵消由非线性吸收产生的正信号，所以 ΔT 总是正的。概括说起来就是图 4 – 16 中的实线代表 $\Delta T = 0$ 的地方，在 B 区域 $\Delta T < 0$，而在其他区域（包括 A、C 和 D）$\Delta T > 0$。

参考文献

［1］Boudebs G，Cherukulappurath S. Nonlinear refraction measurements in presence of nonlinear absorption using phase object in a 4f system［J］. Opt. Commun，2005，250：416 – 420.

［2］Sheik – bahae M，Said A A，Wei T，et al. Sensitive measurement of optical nonlinearities using a single beam ［J］. IEEE J. Quantum Electron，1990，26(4)：760 – 769.

［3］Shi G，Wang Y，Liu D，et al. Determination of large third – order optical nonlinearities in tetra – tert – butylphthalocyaninatogallium iodide film［J］. J. Appl. Phys. ，2008，104：113102.

［4］Van Stryland E W，Woodall M A，Vanherzeele H，et al. Energy band – gap dependence of two – photon absorption［J］. Opt. Lett，1985，10(10)：490 – 492.

［5］Momose A. Phase – constrast X – ray imaging based on interferometry［J］. J. Synchrotron Radiat，2002，9：136 – 142.

［6］Jesacher A，Furhapter S，Bemet S，et al. Shadow effects in spiral phase contrast microscopy［J］. Phys. Rev. Lett. ，2005，94(23)：233902.

［7］Godet J，Derbal H，Cherukulappurath S，et al. Optimization and limits of optical nonlinear measurements using imaging technique［J］. Eur. Phys. J. D，2006，39：307 – 312.

第 5 章
时间分辨 $4f$ 相位成像技术

时间分辨泵浦探测技术是研究介质的非线性光学响应随时间变化的一种常用方法。时间分辨泵浦探测技术的基本原理主要是首先采用较强的泵浦光激发光学介质,然后在不同的时刻采用较弱的探测光检测被泵浦光激发的介质的光学性质。原则上探测光束在介质处与泵浦光束保持空间重叠,探测光相对于泵浦光的时间延迟由光路延迟调整,随着光路延迟装置扫描,就可以在不同延迟时刻记录下探测光的透过能量或透过率的变化。常用的非线性光学时间分辨技术包括瞬态吸收光谱技术、泵浦探测四波混频技术、光学克尔门技术、泵浦探测 Z 扫描技术等。瞬态吸收光谱技术是一种传统的泵浦探测技术,主要是针对介质的非线性吸收特性,研究激发态吸收、自由载流子吸收等;根据非线性吸收的时间特性,可以区分激发态吸收和双光子吸收,也可以有效区分非线性吸收和非线性散射。光学克尔门技术可以测量介质的非线性折射动力学过程,却不能确定非线性折射的正负。泵浦探测四波混频技术可以测量介质的非线性极化率,但却无法区分其虚部(吸收)和实部(折射),而在很多情况下,介质往往同时具有非线性吸收和非线性折射。泵浦探测 Z 扫描技术虽然可以同时测量介质的非线性吸收和非线性折射的瞬态响应,但是测量过程中需要样品移动,这一点制约了泵浦探测 Z 扫描技术的应用,相关研究报道非常少。虽然激发态吸收理论已经比较完善并为学术界所接受,同时激发态吸收的实验测量及其应用研究已有大量报道,但是激发态折射的研究却踟蹰难行,缺乏有效直接测量激发态折射的技术手段是主要原因。

$4f$ 相位成像技术可以从每一个非线性图像中同时提取出非线性吸收和非线性折射的相关信息,并且不需要样品移动,易于实现泵浦探测测量,只要在其光路中引入一束带有时间延迟装置的泵浦光光束就可以同时实现非线性吸收和非线性折射的动态测量。

5.1 基于4f相位成像系统的时间分辨泵浦探测技术

图 5-1 所示为基于 4f 相位成像技术的时间分辨泵浦探测系统的光路示意图。同经典的 4f 相位成像技术不同的是引入了一路有光束延迟的泵浦光，而 4f 相位成像系统的主光路为探测分支。泵浦光和探测光经调 Q 锁模 Nd：YAG 激光器产生的 22ps、532nm 倍频激光分束而来。泵浦光束光强较强，探测光束光强较弱，泵浦光强与探测光强之比约为 100∶1。通过波片可以方便地控制泵浦光与探测光的偏振方向，在一般情况下，通常利用 1/2 波片把泵浦光的偏振方向调整成与探测光偏振方向垂直。泵浦光光路延迟由电控微进动位移平台来实现，其最小步长为 0.1 μm，这个最小步长和泵浦光脉冲宽度共同决定了系统的时间分辨率。正如前面所说，探测光路是一个标准的 4f 相位成像系统。探测光首先通过焦距分别为 $f_1 = 10cm$ 和 $f_2 = 40cm$ 的凸透镜 L1 和 L2 将光束直径从 8mm 扩展到 32mm，然后让它入射到由等焦距 $f_3 = f_4 = 40cm$ 的 L3 和 L4 组成的 4f 系统中。相位光阑（光阑半径 $R_a = 1.7mm$，相位物体半径 $L_p = 0.5mm$，对 532nm 波长的相移为 $\varphi_L = 0.4\pi$）被放置在透镜 L3 的前焦面上，它只允许扩束后光斑的一小部分通过。由于相位光阑的尺寸远远小于光斑尺寸，透过相位光阑的部分可以近似看作是 top-hat 光。非线性样品位于 4f 系统的傅里叶面上。CCD 相机被放置在透镜 L4 的后焦面上，用来记录探测光光斑的空间分布。CCD 相机的灰度级和空间分辨率要足够高，以保证有效记录光束的空间分布和能量密度变化，其像素为 1040×1376，每个像素有 4095 种灰度，像素大小为 6.4μm×6.4 μm。

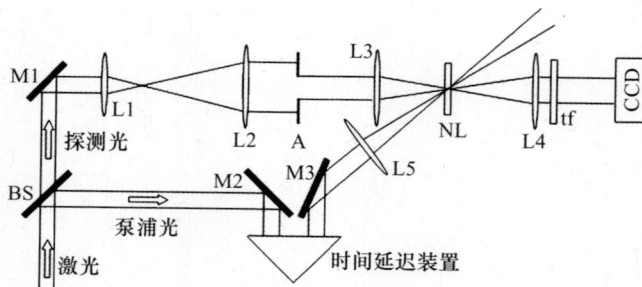

图 5-1　基于 4f 相位成像技术的时间分辨泵浦探测系统光路示意图

BS—分束镜；M1~M3—反射镜；L1~L5—凸透镜；A—相位光阑；tf—中性滤波片；NL—非线性材料。

下面利用这种结合了傅里叶光学和非线性光学的时间分辨泵浦探测 4f 相位成像技术来研究半导体、有机大分子和简单克尔分子液体的光学非线性动力学。

5.2 半导体 ZnSe 的超快束缚电子和自由载流子非线性动力学

半导体 ZnSe 的光学非线性研究已有许多报道,正如人们所知,半导体 ZnSe 的光物理响应中包含两种非线性机制:快速的束缚电子非线性以及相对较慢的自由载流子非线性。有关自由载流子的非线性折射率主要应用经典的 Z 扫描方法间接得到,但是文献中报道的吸收截面、载流子寿命等光物理参量各不相同。采用时间分辨泵浦探测 4f 相位成像技术,则可以同时直接测量半导体的自由载流子吸收与折射非线性动力学[1]。

半导体 ZnSe 样品厚度为 2mm,在 532nm 波长处的线性折射率为 2.7,线性透过率为 0.55(包括样品前后表面的菲涅耳反射)。光源为 EKSPLA 公司的 2143B 皮秒脉冲激光器。探测光光束在透镜 L3 后焦面上的爱里半径为 ω_{p0} = 1.22$\lambda f/(2R_a)$ =76μm。泵浦光是由透镜 L5 汇聚到样品上的高斯光束,样品上束腰半径 ω_{e0} =180μm(HW1/e^2M)。借助针孔调整泵浦光和探测光光斑在样品内部空间重叠。泵浦光与探测光之间的夹角大约 4.5°。探测光的峰值光强是泵浦光的 1.5%。具体的实验测量过程如下:

首先将泵浦光屏蔽,分别拍摄一个线性光斑和一个无样品时的光斑。由此可以得到样品的线性透过率为 $T_1 = E_1/E_{ns}$。然后将泵浦光放出,拍摄一系列不同延迟时刻的非线性光斑图像。对于每一个光斑图像都提取出 E_{nl} 和 ΔT。其中 E_{nl} 随延迟时间 t_d 的关系曲线只与非线性吸收有关。而 ΔT 随延迟时间 t_d 的关系曲线既与非线性吸收有关也与非线性折射有关,是非线性吸收和非线性折射共同耦合的结果。在测量的过程中,泵浦光的单脉冲能量为 1.48 μJ,产生的峰值光强为 0.1 GW/cm^2。由于 CCD 相机对背景光敏感,而且采集的探测光相对比较弱,因此整个实验过程需要在暗室中完成,并且在进行实验之前需先使用软件消除背景光。测量显示激光器能量浮动为 ±3%。为了进一步消除误差,在每一个延迟点都采集 5 个光斑进行平均。图 5-2 (a)、(b) 分别是线性光斑和零延迟时刻的非线性光斑。从图 5-2 中可以看到,无论是在线性图像还是非线性图像中,光阑和相位物体都是圆对称的。E_{nl} 和 ΔT 被从每个非线性光斑中提取出来,在提取的过程中低于 20 计数的点都被设置成 0 以进一步降低背景噪声的影响(背景噪声的平均强度为 4.2 计数,而光斑平均强度大于 800 计数)。归一化的 E_{nl} 和 ΔT 随 t_d 的变化曲线见图 5-3 和图 5-4。其中每一个点是 5 个图像的平均结果。

想要从 ΔT 中提取出一个只与非线性折射有关的信号是十分困难的,所以首先分析 E_{nl} 随 t_d 的变化曲线,得到与非线性吸收相关的光物理参数。在光吸收相关参数已知的情况下,可以通过模拟 ΔT 随 t_d 的变化曲线得到非线性折射率。

(a)

(b)

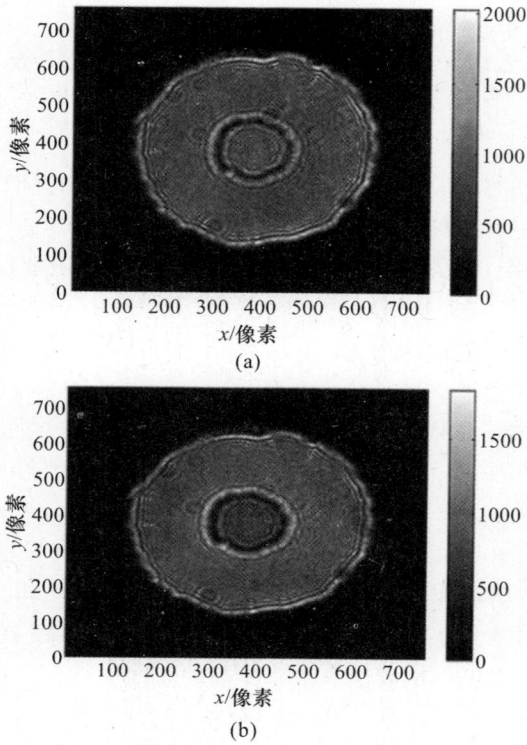

图 5 - 2   线性光斑和零延迟时刻的非线性光斑
（a）实验中线性图像；（b）实验中零延迟时刻的非线性图像。

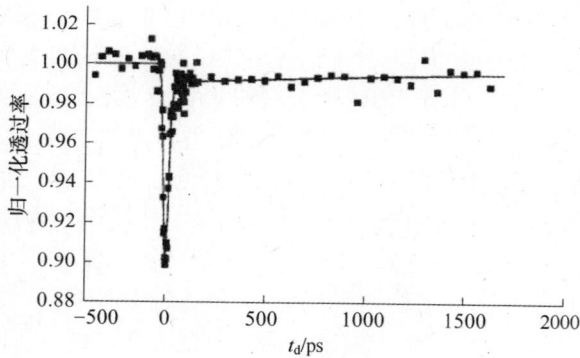

图 5 - 3   ZnSe 时间分辨的归一化透过率曲线
（点为实验数据，线为模拟结果）

总的折射率变化 Δn 和吸收系数变化 $\Delta \alpha$ 为束缚电子（用脚标 b 表示）和自由载流子（用脚标 f 表示）的贡献之和[2]，即

$$\Delta n = \Delta n_b + \Delta n_f \qquad (5 - 1a)$$

110

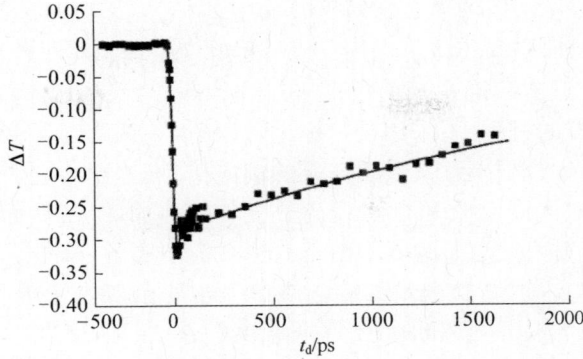

图 5 - 4   ZnSe 的时间分辨 ΔT 曲线

（点为实验数据，线为模拟结果）

$$\Delta\alpha = \Delta\alpha_b + \Delta\alpha_f \qquad (5-1b)$$

式中，束缚电子效应可以用非线性折射率 n_2 和双光子吸收系数 β 来描述，即

$$\Delta n_b = 2n_2 I_e \qquad (5-2a)$$

$$\Delta\alpha_b = 2\beta I_e \qquad (5-2b)$$

自由载流子吸收和折射与激光诱导的自由载流子密度 ΔN 成正比，即

$$\Delta\alpha_f = \sigma_\alpha \Delta N(t) \qquad (5-3a)$$

$$\Delta n_f = \sigma_r \Delta N(t) \qquad (5-3b)$$

式中：σ_α 和 σ_r 分别为自由载流子吸收截面和折射体积。

因为在泵探实验中探测光比泵浦光弱很多，所以可以认为自由载流子完全是由泵浦光产生，从而忽略探测光的影响，即

$$\frac{\mathrm{d}\Delta N}{\mathrm{d}t} = \frac{\beta}{2\hbar\omega} I_e^2 - \frac{\Delta N}{\tau_r} \qquad (5-4)$$

式中：τ_r 为自由载流子寿命。

在考虑慢变振幅近似和薄样品近似的情况下，探测光在样品中传播满足

$$\frac{\mathrm{d}I_p}{\mathrm{d}z} = -\alpha I_p - 2\beta I_e I_p - \sigma_\alpha \Delta N I_p \qquad (5-5)$$

$$\frac{\mathrm{d}\varphi_p}{\mathrm{d}z} = \frac{2\omega}{c} n_2 I_e + \sigma_r \Delta N \qquad (5-6)$$

泵浦光在样品中传播满足，即

$$\frac{\mathrm{d}I_e}{\mathrm{d}z} = -\alpha I_e - \beta I_e^2 \qquad (5-7)$$

式中：α 为样品的线性吸收系数。

探测光在从 4f 系统物平面到傅里叶面上的样品前表面以及光束从样品出射面到 CCD 的两段空间传播可以用二维傅里叶变换以及傅里叶逆变换来计算。

下面利用上述方程通过数值模拟来得到 ZnSe 的光物理参数。为了减小计算量,在数值模拟的过程中,采用极坐标进行。图 5-3 只与非线性吸收有关,图中零延迟附近的尖锐下降且又快速恢复的响应信号(这个信号是脉冲宽度相关的)对应半导体双光子吸收和自由载流子吸收的叠加效应,后面比较弱且缓慢的回复信号对应自由载流子吸收。由于自由载流子吸收非常小(归一化透过率只降低到 0.99 左右),实验测量的快响应信号主要由双光子吸收决定,通过对这个尖谷的拟合可以得到 ZnSe 双光子吸收系数 $\beta = 5.4\text{cm/GW}$。由于微位移台移动行程的限制,泵探延迟时间短于 2ns,且在 532nm 波长处自由载流子吸收非常小,随时间变化也不显著,想要根据非线性吸收变化来精确确定载流子的寿命是很困难的,这也是过去各研究小组所报道的载流子寿命不一致的原因之一。但是在此波长下,表征非线性折射的 ΔT 时间相关曲线变化明显,见图 5-4。同瞬态吸收曲线类似,瞬态折射曲线也有两个过程,零延迟附近的尖锐下降且又快速恢复的谷对应电子和自由载流子非线性折射的叠加,但是谷快速恢复了约 1/10 就变成一个缓慢的恢复过程,这个慢过程信号对应着自由载流子折射。同瞬态吸收曲线结果不同的是,自由载流子折射信号比较强,其峰值与电子折射信号峰值相接近,差距不大。从中可以得到载流子寿命为 $\tau_r = 2.5\text{ns}$。将 β 和 τ_r 代入方程以后重新拟合图 5-3,得到自由载流子的吸收截面 $\sigma = 6.6 \times 10^{-17}\text{cm}^2$。然后利用与确定 β 和 σ 相同的方法,通过拟合图 5-4 可以得到 $n_2 = -6.4 \times 10^{-14}\ \text{cm}^2/\text{W}$ 和 $\eta = -9.5 \times 10^{-21}\ \text{cm}^3$。

在基于 4f 相位成像技术的时间分辨泵浦探测系统中,样品内泵浦光和探测光尺寸的相对大小是影响该系统测量灵敏度的一个关键因素。利用上面提到的参数进行数值模拟。图 5-5 显示了 $|\Delta T|$ 随 ω_{e0}/ω_{p0} 变化曲线,其中实线是采用标准样品 ZnSe 的参数 $\beta = 5.8\text{cm/GW}$ 和 $n_2 = -6.8 \times 10^{-14}\ \text{cm}^2/\text{W}$ 在零延迟时刻的曲线,虚线是利用另一种标准样品 CS_2 的参数 $\beta = 0\text{cm/GW}$ 和 $n_2 = 3.2 \times 10^{-14}\text{cm}^2/\text{W}$ 得到的。从图 5-5 中可以发现,两条曲线都在 $\omega_{e0}/\omega_{p0} \approx 1.25$ 达到了最高灵敏度。这也就是说,无论样品是否有非线性吸收,非线性折射的测量灵敏度都在同一个半径比值时达到最高。但是这个条件下非线性吸收的测量灵敏度是否也是最高呢?图 5-6 给出了非线性吸收的测量灵敏度随 ω_{e0}/ω_{p0} 的比值变化曲线,其中 T_v 是零延迟时刻的归一化透过率,该非线性吸收的测量灵敏度变化规律与非线性折射不同,随 ω_{e0}/ω_{p0} 的比值增大而增大,最后有饱和的趋势。根据以上的计算结果,在非线性吸收和非线性折射同时存在的条件下,泵浦光半径 ω_{e0} 是探测光半径 ω_{p0} 的 2 倍~3 倍为最佳选择:第一个原因是虽然这样的选择让非线性折射的测量精度比最高灵敏度降低了 1/3 左右,但是非线性吸收的灵敏度相应地增加了大约 1.3 倍;第二个原因是当泵浦光尺寸比探测光大时,

112

探测光可以探测到一个相对均匀的区域,这样由于泵浦光和探测光中心轴的偏差带来的影响会比泵浦光与探测光尺寸几乎相等的时候要小得多。当然对于纯非线性折射介质,测量时应选择泵浦光和探测光光斑尺寸比值为 $\omega_{e0}/\omega_{p0} \approx 1.25$。

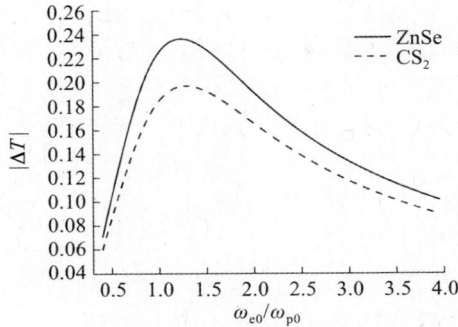

图 5 – 5 在具有非线性吸收(ZnSe)和没有非线性吸收(CS_2)的情况下 ΔT 的绝对值随泵浦光和探测光束腰半径比的变化曲线

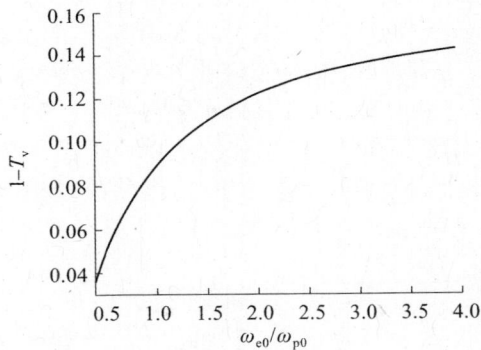

图 5 – 6 非线性吸收信号 $1 - T_v$ 随泵浦光和探测光半径比的变化曲线
(T_v 是零延迟时刻归一化的透过率)

除了基于 $4f$ 相位成像技术的时间分辨泵浦探测系统外,类似的基于 Z 扫描的时间分辨泵浦探测系统也可以实现相同的功能。在这两种实验装置中,泵浦光都是聚焦的高斯光,所以整个系统的灵敏度主要是由探测光路决定的。这样只需要比较 $4f$ 相位成像系统与 Z 扫描系统的精度就可以知道整个系统的灵敏度。在小非线性相移($|\Delta\varphi_0| \leqslant \pi$,其中 $\Delta\varphi_0$ 表示轴上非线性相移)和闭孔线性透过率很小的情况下,Z 扫描有关系式 $\Delta T_{p-v} \approx 0.406|\Delta\varphi_0|$,其中 ΔT_{p-v} 是峰谷透过率的差值。对于 $4f$ 相位成像系统来说,灵敏度由相位光阑中相位物体和光阑的半径比 ρ 以及相位物体的相移 φ_L 决定。以实验中常见的参数 $\rho = 0.345$ 和 $\varphi_L = 0.39$ 为例,系统有关系式 $\Delta T = 0.889\Delta\varphi_0$,所以 $4f$ 相位成像技术的灵敏度是 Z 扫描技术的 2 倍多(0.889/0.406)。此外,基于 Z 扫描的时间分辨

113

泵浦探测系统在测量瞬态非线性折射之前,一般要先确定 Z 扫描曲线的峰谷位置,而且在进行泵浦探测实验时,峰谷值无法同步得到。

5.3 金属酞菁化合物的激发态非线性动力学

在过去 20 多年里,本研究小组在激发态吸收理论、实验方面开展了较深入的工作。在激发态折射研究方面也进行了大量工作,但是在激发态折射直接测量方面却未能取得进展。开展 4f 相位成像技术研究的目的之一就是为了解决激发态折射的直接测量。开发泵浦探测 4f 相位成像技术之后,相继开展了金属酞菁化合物、富勒烯等材料的激发态折射动力学研究。下面介绍金属酞菁化合物 $ZnPcBr_4$ 的激发态非线性研究。

具有高结构对称性和大离域二维 π 电子系统的酞菁展示了大的激发态光学非线性,并且得到了极大的研究关注[3]。相关激发态吸收理论业已成熟。首先回顾激发态非线性吸收和折射理论。我们知道,在旋转波和慢变振幅近似下可以从密度矩阵的运动方程得到粒子数的速率方程。一般来说,光场与有机大分子相互作用时可以用如图 5 - 7 所示的能级结构图加以说明[4,5]。

图 5 - 7 所示的包括单重态和三重态的五能级模型已被证明用来表述复杂有机分子的光谱响应是有效的,我们依然采用这个模型来讨论激发态折射动力学特性。按偶极跃迁选择定则,三重态和单重态之间的跃迁是禁止的,但一般对于大分子来说,由于自旋轨道耦合的增强使系际跃迁量子产率增大,特别是金属原子和其他一些重原子耦合到分子结构中,能够使能量相近的单重态和三重态的波函数重叠,从而使系际跃迁时间变短。

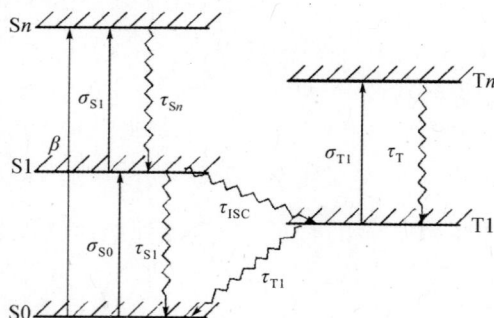

图 5 - 7　$ZnPcBr_4$ 分子五能级模型图

图 5 - 7 中的能级已包含各自的振动能级,振动能级由于寿命非常短,实际上可以不用考虑;带箭头的直实线表示低能级到高能级的受激跃迁,注意这是和受激辐射相抵消后剩下的部分;波浪线表示高能级到低能级的弛豫过程。

下面简要描述和五能级模型相关的光物理过程。通过线性吸收,电子从基态 S0 跃迁到第一单重激发态 S1，然后有 3 种过程可能发生。电子可能通过无辐射跃迁弛豫到 S0；另一种可能是通过自旋翻转过程系际跃迁到最低的三重激发态 T1；第三种可能是吸收另一个光子，使电子跃迁到更高的单重激发态 Sn，从那里它又快速地弛豫到 S1。当电子发现它在 T1 态时有两种可能存在。它可以通过磷光弛豫到 S0，另一种可能是吸收另外一个光子跃迁到高阶激发三重态 Tn，从那里它快速弛豫到 T1。在考虑双光子吸收时描述能级模型中这些变化过程的速率方程为

$$\frac{\mathrm{d}N_{S0}}{\mathrm{d}t} = -\frac{\beta I^2}{2\hbar\omega} - \frac{\sigma_{S0}IN_{S0}}{\hbar\omega} + \frac{N_{S1}}{\tau_{S1}} + \frac{N_{T1}}{\tau_{T1}} \tag{5-8}$$

$$\frac{\mathrm{d}N_{S1}}{\mathrm{d}t} = -\frac{\sigma_{S1}IN_{S1}}{\hbar\omega} + \frac{\sigma_{S0}IN_{S0}}{\hbar\omega} - \frac{N_{S1}}{\tau_{S1}} - \frac{N_{S1}}{\tau_{ISC}} + \frac{N_{Sn}}{\tau_{Sn}} \tag{5-9}$$

$$\frac{\mathrm{d}N_{Sn}}{\mathrm{d}t} = \frac{\beta I^2}{2\hbar\omega} + \frac{\sigma_{S1}IN_{S1}}{\hbar\omega} - \frac{N_{Sn}}{\tau_{Sn}} \tag{5-10}$$

$$\frac{\mathrm{d}N_{T1}}{\mathrm{d}t} = -\frac{\sigma_{T1}IN_{T1}}{\hbar\omega} - \frac{N_{T1}}{\tau_{T1}} + \frac{N_{S1}}{\tau_{ISC}} + \frac{N_{Tn}}{\tau_{Tn}} \tag{5-11}$$

$$\frac{\mathrm{d}N_{Tn}}{\mathrm{d}t} = \frac{\sigma_{T1}IN_{T1}}{\hbar\omega} - \frac{N_{Tn}}{\tau_{Tn}} \tag{5-12}$$

式中：N_i、σ_i 和 τ_i 分别为能级 $i(i = S0, S1, Sn, T1, Tn)$ 的粒子数密度、吸收截面和寿命；τ_{ISC} 为系际跃迁时间；I 为样品内光强；$\hbar$ 为普朗克常数；ω 为光波角频率。注意，在薄样品近似以及慢变振幅和相位近似下，各能级粒子数密度的变化由吸收非线性影响，与折射非线性无关。

对上面的速率方程进行分析就可以得出粒子数密度变化的基本规律。假设入射光为连续波，那么一开始，由于低能级的粒子数远远大于高能级粒子数，因此跃迁粒子数远大于弛豫粒子数，此时高能级的粒子数不断增加，低能级的粒子数不断减少；这种粒子数的变化导致跃迁概率减小而弛豫概率增加，考虑到粒子数守恒，所以可以预料最后各能级粒子数分布达到动态平衡。对于脉冲光，各能级的粒子数可能无法达到动态平衡，此时分析材料的非线性应采用动态方法，数值求解出各能级粒子数随时间的变化，然后得到光学非线性变化。样品中光强 I 和相位 φ 的变化可以表示为

$$\frac{\mathrm{d}I}{\mathrm{d}z} = -(\sigma_{S0}N_{S0} + \sigma_{S1}N_{S1} + \sigma_{T1}N_{T1} + \beta I)I \tag{5-13}$$

$$\frac{\mathrm{d}\varphi}{\mathrm{d}z} = k(\Delta\eta_{S1}N_{S1} + \Delta\eta_{T1}N_{T1} + \gamma I) \tag{5-14}$$

式中：$\Delta\eta_i$ 为能级 i 折射体积的变化；z 为样品中的传播深度。

由于和相位相关的折射非线性并不对能级模型中的粒子数密度变化产生影响，因此在下面的分析中先不考虑它。由于后面将要涉及纳秒开孔 Z 扫描实

验,因此这里在能级模型下对其进行理论分析。在纳秒脉冲的作用下,由于高能级 Sn 和 Tn 的寿命非常短(一般在亚皮秒量级),因此布居在这两个能级上的粒子数可以忽略不计。同时又由于 T1 的寿命很长(一般为亚毫秒量级),因此在关心的纳秒时间尺度上 T1 上的粒子数可以看作不会弛豫到基态 S0。这样在纳秒脉冲作用下,五能级模型也可以简化成一种只包含基态、第一单重激发态和第一三重激发态如图 5 – 8 所示的三能级模型。即不考虑 Sn 和 Tn 这两个高能级的粒子数变化,但必须考虑双光子吸收 β 和激发态吸收 σ_{S1} 和 σ_{T1} 的贡献。这些合理的近似可以使物理图像更加清晰,并且使相关的、复杂的数学问题和繁琐的编程问题得到极大简化。

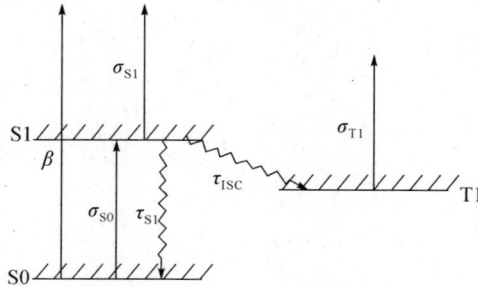

图 5 – 8　纳秒时间尺度下简化的能级图

此时的速率方程可以简化为

$$\frac{dN_{S0}}{dt} = -\frac{\beta I^2}{2\hbar\omega} - \frac{\sigma_{S0}IN_{S0}}{\hbar\omega} + \frac{N_{S1}}{\tau_{S1}} \qquad (5-15)$$

$$\frac{dN_{S1}}{dt} = \frac{\beta I^2}{2\hbar\omega} + \frac{\sigma_{S0}IN_{S0}}{\hbar\omega} - \frac{N_{S1}}{\tau_{S1}} - \frac{N_{S1}}{\tau_{ISC}} \qquad (5-16)$$

$$\frac{dN_{T1}}{dt} = \frac{N_{S1}}{\tau_{ISC}} \qquad (5-17)$$

对于基于 4f 相位成像技术的时间分辨泵浦探测系统,由于探测光的强度远小于泵浦光,以至于其对非线性的贡献可以忽略,因此可以认为泵浦光是非线性的唯一来源,此时速率方程(5 – 8)至式(5 – 12)中的 I 应写为 I_e。此外还应该注意式(5 – 13)和式(5 – 14)应改写为

$$\frac{dI_p}{dz} = -(\sigma_{S0}N_{S0} + \sigma_{S1}N_{S1} + \sigma_{T1}N_{T1} + 2\beta I_e)I_p \qquad (5-18)$$

$$\frac{d\varphi_p}{dz} = k(\Delta\eta_{S1}N_{S1} + \Delta\eta_{T1}N_{T1} + 2\gamma I_e) \qquad (5-19)$$

β 和 γ 前面的系数 2 来自弱波延迟,它的有效性依赖于这样的情况:介质的响应时间 τ_r 必须小于拍频周期,也就是说,$\tau_r|\omega_p - \omega_e| \ll 1^{[6,7]}$。这对于简并的或者是瞬态的非线性是正确的。泵浦光的光强衰减方程可以写为

116

$$\frac{\mathrm{d}I_\mathrm{p}}{\mathrm{d}z} = -(\sigma_{\mathrm{S0}}N_{\mathrm{S0}} + \sigma_{\mathrm{S1}}N_{\mathrm{S1}} + \sigma_{\mathrm{T1}}N_{\mathrm{T1}} + \beta I_\mathrm{e})I_\mathrm{e} \qquad (5-20)$$

在泵浦探测中,调节泵浦光使它和探测光有相互垂直的线偏振。输入的探测光光场有 top-hat 的空间轮廓,可以表示为 $A_{\mathrm{p0}}(t) = A_0\exp[-t^2/(2\tau^2)]$,这里 $A_0 = (E_0\pi^{3/2}R_\mathrm{a}^2\tau)^{1/2}$,其中 E_0 为脉冲能量,$\tau = \tau_\mathrm{p}/(2\sqrt{\ln2})$,$\tau_\mathrm{p}$ 是激光脉冲宽度(FWHM)。这样在 4f 相位成像系统入口处的光场可以表示为 $A_{\mathrm{p0}}(r,t) = A_{\mathrm{p0}}(t)t_\mathrm{a}(r)$。其中,$t_\mathrm{a}(r)$ 是带有相位物体的小孔的透过率,表示为 $t_\mathrm{a}(r) = \mathrm{circ}(r/R_\mathrm{a}^2)\exp[\mathrm{i}\varphi\,\mathrm{cric}(r/L_\mathrm{p})]$。这里,$\mathrm{circ}(x)$ 代表圆函数,在 $x \leqslant 1$ 时为 1,否则为 0。φ 是相位物体引入的相位延迟,在这里等于 0.4π。R_a 和 L_p 分别是小孔和相位物体的半径。L1 焦平面处的光场是 $A_{\mathrm{p0}}(r,t)$ 的空间傅里叶变换,即

$$A_{\mathrm{p0}}(\rho,t) = \frac{2\pi}{\lambda f_1}\int_0^{R_\mathrm{a}} rA_{\mathrm{p0}}(r,t)\mathrm{J}_0(2\pi r\rho)\mathrm{d}r \qquad (5-21)$$

式中:λ 为波长;J_0 为零阶贝塞尔函数;ρ 为傅里叶面的空间频率。在泵浦脉冲的作用下,由式(5-21)给出的探测光光场在放置于 L1 焦平面处的样品上产生圆形光栅。这里,把厚度为 L 的薄光学样品出射表面的复光场记为 $A_{\mathrm{pL}}(\rho,t)$。前面讨论的酞菁分子的五能级模型可以用来描述复杂的光和物质相互作用。由放置在光学系统入口处的相位物体所引入的延迟相位极大地提高了灵敏度,并且允许人们同时确定非线性折射率的大小和符号。4f 相位成像系统出射面处的复光场是 $A_{\mathrm{pL}}(\rho,t)$ 的逆傅里叶变换,即

$$A_{\mathrm{pL}}(r,t) = 2\pi\lambda f_2\int_0^\infty \rho A_{\mathrm{pL}}(\rho,t)\mathrm{J}_0(2\pi r\rho)\mathrm{d}\rho \qquad (5-22)$$

归一化的能流可以被表达为

$$F_\mathrm{N}(r) = \frac{\displaystyle\int_{-\infty}^{+\infty}|A_{\mathrm{pL}}(r,t)|^2\mathrm{d}t}{T_0\displaystyle\int_{-\infty}^{+\infty}|A_{\mathrm{p0}}(r,t)|^2\mathrm{d}t} = \frac{\displaystyle\int_{-\infty}^{+\infty}I_{\mathrm{pL}}(r,t)\mathrm{d}t}{I_0\sqrt{\pi}\tau T_0} \qquad (5-23)$$

式中:$I_{\mathrm{pL}}(r,t)$ 为 CCD 表面处探测光光强;$F_\mathrm{N}(r)$ 是时间延迟 t_d 的函数,只是为了简洁而没有被清楚地写出。使用式(5-23)数值模拟 ΔT。
归一化的透过能量由以下计算获得,即

$$F_\mathrm{N} = \frac{E_{\mathrm{nl}}}{E_1} = \frac{2\pi\displaystyle\int_{-\infty}^{+\infty}\mathrm{d}t\int_0^\infty rI_{\mathrm{pL}}\mathrm{d}r}{E_0 T_0} \qquad (5-24)$$

通过联立方程即可数值模拟激发态非线性动力学过程。

非线性样品为金属酞菁化合物 $ZnPcBr_4$,样品分子结构式如图 5-9 所示。它是通过模板方法从 4 溴邻苯二甲酸获得的。4 溴邻苯二甲酸(2.2mol)、$ZnCl_2$(0.55 mol)、钼酸铵(2×10^{-3} mol)和尿素(0.022mol)的混合物经过 6h 的分馏并冷却。反应产物被过滤,固体被甲醇、3% 盐酸、热水、甲醇依次清洗。深绿色产

物在真空干燥炉内被干燥,产率为 75%。化合物的分子量为 893.5g/mol。材料被溶解在纯度为 99.9% 的二甲基亚砜(DMSO)中。在实验中使用的 $ZnPcBr_4$ 的浓度是 1.44×10^{-4} mol/L,对应的粒子数密度为 8.67×10^{22}。线性吸收谱如图 5-10 所示,在 400~600nm 的波段范围内,该化合物的线性吸收很弱,在这个波段范围内可能具有较强的激发态吸收和折射性质。

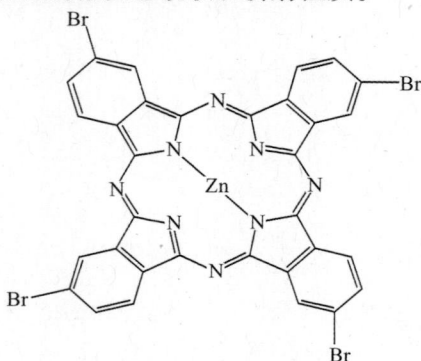

图 5-9　$ZnPcBr_4$ 的分子结构

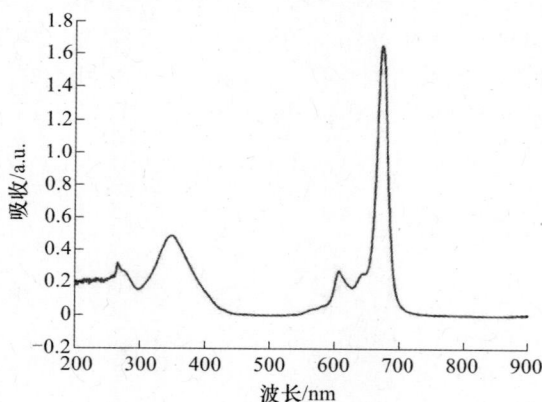

图 5-10　$ZnPcBr_4/DMSO$ 溶液的线性吸收谱

采用图 5-1 泵浦探测 4f 相位成像实验系统。样品溶于 DMSO 溶剂,置于厚度为 2mm 的比色皿中。将样品放在 4f 系统的傅里叶平面处,将高密度衰减片放置在样品前面,使入射激光能量大大降低,利用能量计测得样品在 532nm 波长处的线性透过率为 $T_0 = 0.88$。

对于 CCD 接收到的非线性图像,定义相位物体内部和外部的归一化能流平均值的差值为 ΔT。假如在样品中引起的非线性相移 φ 为正,有 $\Delta T > 0$。相反,当 φ 为负时,$\Delta T < 0$。调节泵浦光在样品中的光斑尺寸使其大于探测光,这保证了相对均匀的区域被探测光探测。这样由于泵浦光和探测光未对准所引起的误差小于它们有相同半径时的情况,探测光(没有相位物体时)在傅里叶面内的爱

坐半径为 $\omega_p = 0.61\lambda f_1/R_a = 76\ \mu m$，高斯泵浦光被聚焦到 $\omega_e = 180\ \mu m$（HW1/e^2M）的尺寸，这样 2mm 厚的样品可以被认为是薄的。保持延迟泵浦光的半径为常数时，通过最小化 L3 前面的泵浦光的发散来最大化可扫描的时间延迟范围。在针孔的帮助下，确保在样品中泵浦光和探测光精确的空间交叠。使用一个具有长恢复时间的激发态吸收样品，通过最大化探测光透过率改变来完成细调。最终具有瞬态响应的双光子吸收样品被用来确定零延迟的位置。泵浦光和探测光的角度为 4.5°。积分非线性图像的所有像素来获得非线性图像的透过能量 E_{nl}。在扫描时间延迟时，一系列非线性图像被采集。这样，获得了相对于延迟时间 t_d 的归一化透过能量 T_N 和 ΔT 数据。由于 CCD 的灵敏性，实验在暗室中进行，背景光在操作之前用软件归零。

我们得到在没有泵浦光的情况下探测光透过样品的图像，将其作为归一化 ΔT 和总的透过能量的参考图像。溶液在峰值入射光强为 4.4GW/cm^2 时的归一化数据如图 5–11 所示，其中每个数据点是 5 个图像的平均。

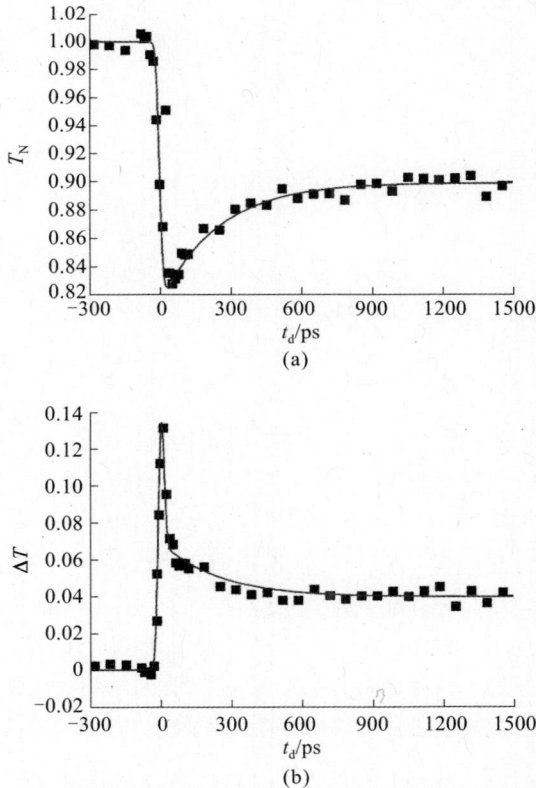

(a)

(b)

图 5–11　ZnPcBr$_4$/DMSO 溶液的归一化能量透过率 T_N 和能流对比度 ΔT 相对于延迟
时间 t_d 的关系

（方块为实验数据，曲线为理论拟合）

为了确定介质的三重激发吸收系数,应用 Z 扫描[8,9]进行测量。光源为倍频 Q 开关 Nd: YAG 激光器(Continuum Surelite Ⅱ – 10)产生的脉宽为 4ns (FWHM)的脉冲,通过空间滤波而得到一个近高斯光,然后将其分成两束:一束弱的参考光用来监测能量和光束位置的浮动,另一束强光被聚焦(光束束腰半径等于27μm)。测量传播经过非线性介质的强光透过率作为相对焦平面的 z 位置的函数。RJ7620 能量计和 RJP765 硅探测器(Laser Probe)用来探测透过能量和参考光能量,当位置被平移台(PI C – 630 Apollo)改变时,能量计和平移台的信息寄存器分别通过 GPIB 和 RS232 接口与计算机通信。Z 扫描技术的更多详细资料请参阅其他文献。在峰值入射光强为0.47GW/cm^{2}下的实验结果如图 5 – 12 所示。每个数据点是 10 次照射的平均。实验在基于 LabVIEW(NI 公司)的自动数据采集系统的帮助下进行。

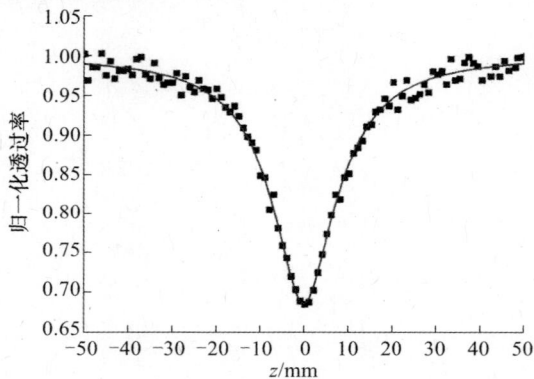

图 5 – 12　纳秒开孔 Z 扫描归一化透过率曲线
(方块为实验数据,曲线为理论拟合)

接下来将要求解速率方程的数值解,然后替代式(5 – 18)至式(5 – 20)去获得 $I_{pL}(\rho,t)$ 和 $\varphi_{pL}(\rho,t)$,它们用来计算 T_N 和 ΔT,然后和实验比较。

ZnPcBr$_4$/DMSO 溶液的 T_N 和 ΔT 的实验结果如图 5 – 11 所示。图 5 – 11 (a)中所示的 T_N 数据通过积分分布在所有曝露像素中的光强获得,而在不同的延迟时间 t_d 下获得的归一化的能流对比度 ΔT 在图 5 – 11(b)中给出。可以看到,当前的分子系统展示了极大的非对称。在图 5 – 11(a)中,T_N 在零延迟时间区域展示了一个快速的下降,然后伴随着一个缓慢的恢复,显示为随着 t_d 的增加而产生的一个透过率拖尾。另外,ΔT 在零延迟时间区域迅速地增加到一个较大值,然后逐渐地衰减到一个常数水平。T_N 和 ΔT 对延迟时间 t_d 的依赖分别由 ZnPcBr$_4$/DMSO 溶液中吸收和折射动力学所致。

532nm 的激发波长在吸收窗口中有小吸收(图 5 – 10)。而这个波长下的小吸收正是图 5 – 11 所示的 ZnPcBr$_4$/DMSO 溶液中激发态非线性的起源。为了解释观察到的 T_N 和 ΔT 数据,调用速率方程式(5 – 8)至式(5 – 12),通过数值计算求解这些微分方程组。考虑到系际跃迁时间 τ_{ISC} 为纳秒或更长量级,当寻找皮秒时间范围的信息时,首先忽略三重态布居粒子数 N_{T1} 和 N_{Tn}。设置 σ_{S0} 的值为 $7.3 \times 10^{-18} \, \mathrm{cm}^2$(从测量的线性透过率的值和粒子数密度得到)。假设泵浦光是高斯型的,数值积分方程获得 N_{S0} 和 N_{S1} 作为时间的函数。然后结果被用在式(5-18)至式(5-20)去获得探测光的光强和相位。r、t 和 z 的积分范围分别是从 0 到 $+\infty$、从 $-\infty$ 到 $+\infty$、从 0 到 L。通过调整 σ_{S1}、τ_{S1}、$\Delta\eta_{S1}$ 和 β 的值直到获得实验数据的最佳拟合,计算 T_N 和 ΔT。T_N 和 ΔT 在零延迟时间区域的最佳拟合分别给出 $\beta = 0$、$\Delta\eta_{S1} = 3.9 \times 10^{-23} \, \mathrm{cm}^3$、$\sigma_{S1} = 2.4 \times 10^{-17} \, \mathrm{cm}^2$ 和 $\tau_{S1} = 0.31 \, \mathrm{ns}$。$\beta = 0$ 的结果表明,在这个波长下材料的非线性完全来自于激发态动力学。注意 $\sigma_{S1} > \sigma_{S0}$,显示 S_1 激发态吸收的重要性。因此可以认为激发态吸收而不是双光子吸收是 T_N 数据中观测到的陡峭下降的原因。随后在 T_N 中从谷底的恢复和衰减时间 τ_{S1} 相关。从 $\Delta\eta_{S1}$ 的大小可以看出,激发态在影响 ΔT 快速上升中起了重要作用。

在短时间内的模拟的 T_N 和 ΔT 曲线没有被 τ_{ISC} 和 σ_{T1} 影响,因为这两个参数的所有合适的组合都能对实验数据拟合得相当好。这个结果也表明三重态对谷深和它随后的 T_N 恢复几乎没有影响。因为从激发态 S1 到基态 S0 的衰减是一个快过程,所以它不是形成持续了几纳秒的长恢复的透过率拖尾的原因。然而,S1 态所建立的粒子数可以通过系际跃迁转移到 T_1,这可以发生在纳秒时间范围。这样认为 τ_{ISC} 和 σ_{T1}(τ_{T1} 通常在微秒时间量级,在这项工作中可以被忽略)值对 T_N 中长的透过率拖尾以及 ΔT 中的长衰减有着重要影响。为了考虑 T_N 中长的透过率拖尾以及 ΔT 中的长衰减,需要分析与速率方程中给出的三重态相关的 N_{T1} 和 N_{Tn} 项。数值计算求解这些速率方程,当获得 N_{T1} 和 N_{Tn} 的值后,将其代入到式(5-18)至式(5-20)去拟合 T_N 和 ΔT 数据。因为 τ_{Sn} 和 τ_{Tn} 的值小于 $1\,\mathrm{ps}$,这比脉冲宽度小得多,在分析中忽略了和它们相关的项。

为了获得 τ_{ISC} 和 σ_{T1} 的准确值,使用纳秒脉冲激光在 $532\,\mathrm{nm}$ 波长下进行了 Z 扫描实验,获得了 $4\,\mathrm{ns}$ 脉冲下的开孔 Z 扫描曲线,并且在数值计算了和 $I_{pL}(r,t)$ 相关的量以后拟合实验数据。图 5-12 中显示的是对实验数据的最好拟合。对泵浦探测和 Z 扫描实验数据的同时拟合明确地给出了 τ_{ISC} 和 σ_{T1} 的值分别为 $1.1\,\mathrm{ns}$ 和 $4.4 \times 10^{-17} \, \mathrm{cm}^2$。下面将确定剩余的参数 $\Delta\eta_{T1}$。通过替代已经在式(5-18)至式(5-20)中确定了的参数去计算光强和相位,然后通过改变 $\Delta\eta_{T1}$ 再用它们去计算 T_N 和 ΔT 来获得最好的实验拟合。获得的 $\Delta\eta_{T1}$ 值为 $8.9 \times 10^{-23} \, \mathrm{cm}^3$。结合已经获得的 $\Delta\eta_{T1}$,清楚地看到除了 γ,激发单重态 S1 和最低的三重态 T1 都和探测光中被诱导的非线性相移有密度关系。

为了对在皮秒和纳秒激光脉冲下 ZnPcBr$_4$/DMSO 光学响应有更深刻的理解,我们计算了在脉冲激光激发过程中 ZnPcBr$_4$ 分子里各个能级中粒子数的变化[10]。结果显示在图 5-13 中。在皮秒时间范围内,基态 S0 的粒子数变化的

形状和观察到的 T_N 曲线相似。随着泵浦脉冲的经过,使粒子数从 S0 跃迁到激发态 S1 的光子吸收是能量透过率中陡峭下降的形成原因。泵浦脉冲经过以后,粒子数弛豫到 S0,也有一部分通过系际跃迁来到最低的三重态 T1。然而,在皮秒时间范围内 T1 态上粒子数的建立是可以被忽略的。在透过率谷底附近的恢复主要取决于 τ_{S1},并且零延迟附近谷底的深度和单重激发态的吸收截面 σ_{S1} 密切相关。

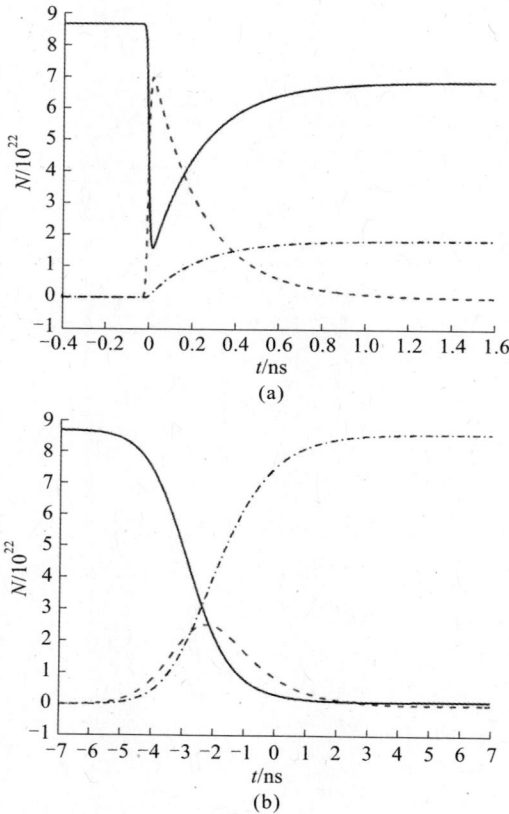

图 5-13　通过使用速率方程拟合 ZnPcBr$_4$/DMSO 溶液的皮秒泵浦探测和纳秒 Z 扫描实验数据而计算得到的各个态上的粒子数布居(实线对应于 S0,虚线对应于 S1,点画线对应于 T1)。

(a) 皮秒泵浦探测数值模拟;(b) 纳秒 Z 扫描数值模拟。

纳秒时的图形特征截然不同。在电子从 S0 跃迁到单重态 S1 以后,纳秒时间范围内,最终绝大多数粒子数被转移到三重态 T1,这是由于相当短的系际跃迁时间(大约 1ns)和相当长的三重态弛豫时间 τ_{T1}(在微秒或亚毫秒时间尺度)。由于相当大的吸收截面,在电子处于 T1 态后将发生极大的激发吸收。

5.4 克尔分子液体的双光束耦合非线性动力学

由于在研究克尔分子液体的非线性动力学过程中会大量涉及双光束耦合和受激瑞利翼散射过程,因此这里简要介绍一下双光束耦合行为和受激瑞利翼散射过程[11]。

考虑图 5-14 所示情况,其中两束光(一般来说具有不同频率)在非线性材料中相互作用。在某些情况下,两束光相互作用,使得能量从一束光转移到另一束光,这种现象被称为双光束耦合。双光束耦合是一种自动相位匹配的过程。因此过程的效率并不严格地依赖于两束光之间的夹角 θ。这个过程是自动相位匹配,其原因将会在下面的分析中阐明。现在需要知道的是,双光束耦合的起源是一束光所经历的折射率被另一束光的强度所调制。

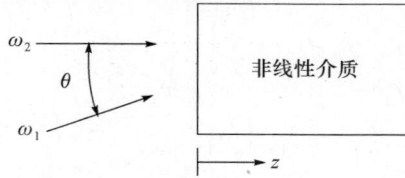

图 5-14 双光束耦合

在非线性光学中,双光束耦合在几种不同的情况下都会发生。2 阶原子对泵浦和探测光场的非线性响应能够导致探测光波的放大。对于各种散射过程,如受激布里渊散射和受激喇曼散射,增益也都会发生。另外,双光束耦合也会在很多光折射材料中发生。在这里,从一般的角度来检验双光束耦合,阐明这种能量转移发生所需具备的条件。

描述在非线性介质中的总光场为

$$\widetilde{E}(r,t) = A_1[e^{i(k_1 \cdot r - \omega_1 t)} + e^{-i(k_1 \cdot r - \omega_1 t)}] + A_2[e^{i(k_2 \cdot r - \omega_2 t)} + e^{-i(k_2 \cdot r - \omega_2 t)}] \quad (5-25)$$

式中:$k_i = n_0 \omega_i / c (i = 1, 2)$,$n_0$ 代表每束光波所经历的折射率的线性部分。现在考虑和两束光波间干涉相关的强度分布。光强 可以写为

$$I = n_0 \varepsilon_0 c < \quad \quad (5-26)$$

式中:尖括号代表对很多光波周期时间间隔取 因此式(5-25)中 $\widetilde{E}$ 的光强分布可以写为

$$I = 2n_0 \varepsilon_0 c \{A_1 A_1^* + A_2 A_2^* + A_1 A_2^* e^{i[(k_1 - k_2) \cdot r - (\omega_1 - \omega_2)t]} + A_1^* A_2 e^{-i[(k_1 - k_2) \cdot r - (\omega_1 - \omega_2)t]}\}$$

$$= 2n_0 \varepsilon_0 c [A_1 A_1^* + A_2 A_2^* + A_1 A_2^* e^{i(q \cdot r - \delta t)} + A_1^* A_2 e^{-i(q \cdot r - \delta t)}] \quad (5-27)$$

这里引进了波矢差(或光栅波矢)

$$q = k_1 - k_2 \qquad (5-28\text{a})$$

和频率差

$$\delta = \omega_1 - \omega_2 \qquad (5-28\text{b})$$

对于图 5-14 所示的情况,干涉图如图 5-15 所示,这里假设 $|\delta| \ll \omega_1$。注意干涉图对于 $\delta > 0$ 向上移动,对于 $\delta < 0$ 向下移动,对于 $\delta = 0$ 静止不动。

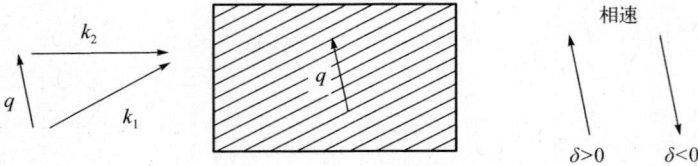

图 5-15　两束相互作用光波所形成的干涉图

一个简单的例子是 $\theta = 180°$ 的特殊情况。再一次假设 $|\delta| \ll \omega_1$,发现波矢差近似为

$$q \approx -2k_2 \qquad (5-29)$$

这样光强分布为

$$I = 2n_0\varepsilon_0 c [A_1 A_1^* + A_2 A_2^* + A_1 A_2^* e^{-i(2kz+\delta t)} + A_1^* A_2 e^{i(2kz+\delta t)}] \qquad (5-30)$$

干涉图如图 5-16 所示。假如 δ 为正,干涉图向左移,假如 δ 为负,干涉图向右移,两种情况下相位速度均为 $|\delta|/(2k)$。

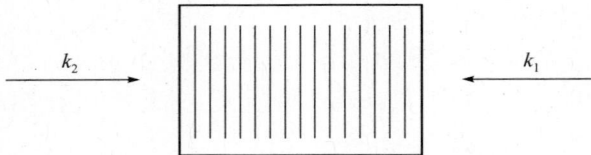

图 5-16　两束反向传播光所形成的干涉图

因为材料系统是非线性的,所以折射率随这种强度变化而变化。两束光波都被这种折射率改变或光栅所散射。下面将展示对于非线性材料能够瞬时响应外加光强的情况下,能量转移不会伴随这种相互作用而发生。为了允许能量转移发生,假设折射率的非线性部分(n_{NL})服从德拜弛豫方程,即

$$\tau \frac{\mathrm{d}n_{\text{NL}}}{\mathrm{d}t} + n_{\text{NL}} = n_2 I \qquad (5-31)$$

注意这个方程预示着在稳态情况下对折射率的非线性贡献为 $n_{\text{NL}} = n_2 I$,符合 3 阶非线性折射率的定义。然而在瞬态情况下它预示着非线性折射率在 τ 量级的时间尺度下演进。

通过解方程(5-31)(如参量变换法或格林函数法)可以得到

124

$$n_{NL} = \frac{n_2}{\tau} \int_{-\infty}^{t} I(t') e^{(t'-t)/\tau} dt' \qquad (5-32)$$

然后,把光强 $I(t)$ 的表达式(5-27)代入这个公式发现, $I(t)$ 中随 $e^{-i\delta t}$ 变化的部分会产生以下的积分形式,即

$$\int_{-\infty}^{t} e^{-i\delta t'} e^{(t'-t)/\tau} dt' = e^{-t/\tau} \int_{-\infty}^{t} e^{(-i\delta+1/\tau)t'} dt' = \frac{e^{-i\delta t}}{-i\delta + 1/\tau} \qquad (5-33)$$

因此式(5-32)所示的折射率的非线性贡献可以写为

$$n_{NL} = 2n_0 n_2 \varepsilon_0 c \left[(A_1 A_1^* + A_2 A_2^*) + \frac{A_1 A_2^* e^{i(q \cdot r - \delta t)}}{1 - i\delta\tau} + \frac{A_1^* A_2 e^{-i(q \cdot r - \delta t)}}{1 + i\delta\tau} \right]$$

$$(5-34)$$

因为分母的复数本质,折射率一般不随光强分布协调变化。

为了确定两光场之间的耦合度,要求式(5-25)描述的场满足波动方程

$$\nabla^2 \tilde{E} - \frac{n^2}{c^2} \frac{\partial^2 \tilde{E}}{\partial t^2} = 0 \qquad (5-35)$$

其中,折射率为

$$n = n_0 + n_{NL} \qquad (5-36)$$

一般情况下,可以假设 $|n_{NL}| \ll n_0$,在这种情况下, n^2 可近似为

$$n^2 = n_0^2 + 2n_0 n_{NL} \qquad (5-37)$$

考虑式(5-35)中显示时空依赖 $\exp[i(k_2 \cdot r - \omega_2 t)]$ 的部分。使用式(5-25)、式(5-34)和式(5-37),发现这部分为

$$\frac{d^2 A_2}{dz^2} + 2ik_2 \frac{dA_2}{dz} - k_2^2 A_2 + \frac{n_0^2 \omega_2^2}{c^2} A_2$$

$$= -\frac{4n_0^2 n_2 \omega_2^2 \varepsilon_0}{c} (|A_1|^2 + |A_2|^2) A_2 - \frac{4n_0^2 n_2 \omega_1^2 \varepsilon_0}{c} \frac{|A_1|^2 A_2}{1 + i\delta\tau} \qquad (5-38)$$

注意右边最后一项的起源是场 $A_1 \exp[i(k_1 \cdot r - \omega_1 t)]$,源于时间变化的折射率分布(也就是移动光栅)的散射 $(2n_0 \varepsilon_0 n_2/c) A_1^* A_2 \frac{e^{-i(q \cdot r - \delta t)}}{1 + i\delta\tau}$,然而右边第一项的起源是场 $A_2 \exp[i(k_2 \cdot r - \omega_2 t)]$ 源于静态折射率的散射 $(2n_0 \varepsilon_0 n_2/c)(A_1 A_1^* + A_2 A_2^*)$。

由于慢变振幅近似我们忽略左边第一项,另外,注意到第三项和第四项可以消掉。这样方程可以简化为

$$\frac{dA_2}{dz} = 2in_0 n_2(\omega/c) \left[(|A_1|^2 + |A_2|^2) A_2 + \frac{|A_1|^2 A_2}{1 + i\delta\tau} \right] \qquad (5-39)$$

式中,为了更好地近似,用 ω 替代 ω_1 和 ω_2。现在计算 ω_2 场光强改变的速率。

引入光强

$$\begin{cases} I_1 = 2n_0\varepsilon_0 cA_1A_1^* \\ I_2 = 2n_0\varepsilon_0 cA_2A_2^* \end{cases} \tag{5-40}$$

并且注意到 I_2 的空间变化为

$$\frac{dI_2}{dz} = 2n_0\varepsilon_0 c\left(A_2^* \frac{dA_2}{dz} + A_2 \frac{dA_2^*}{dz}\right) \tag{5-41}$$

这样通过式(5-39)和式(5-41)可以看到

$$\frac{dI_2}{dz} = \frac{2n_2\omega}{c} \frac{\delta\tau}{1+\delta^2\tau^2} I_1 I_2 \tag{5-42}$$

注意仅有式(5-39)右边的最后一项对能量转移产生贡献。

对于 n_2 为正值的情况(例如,对于分子定向克尔效应,对于电致伸缩,对于一个光频在共振频率之上的 2 阶原子),式(5-42)预示着增益对应正 δ,也就是 $\omega_2 < \omega_1$。式(5-42)的频率依赖显示于图 5-17 中。

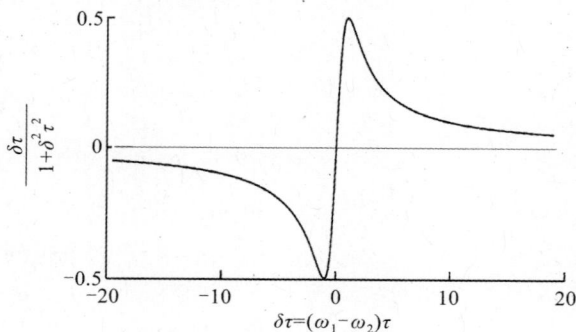

图 5-17　双光束耦合增益的频率依赖

注意对于 $\delta\tau = 1$, ω_2 光波经历了最大增益,这种情况下式(5-42)变成

$$\frac{dI_2}{dz} = n_2 \frac{\omega}{c} I_1 I_2 \tag{5-43}$$

从式(5-42)也可以注意到在无限快非线性的情况下,也就是 $\tau \to 0$,两束波间的强度耦合将要消失。这种行为的原因是仅仅折射率的虚部能导致 ω_2 光波的强度变化。从式(5-34)可以看到 n_{NL} 能变成复数的唯一方法就是 τ 不为零。当 τ 非零时,响应会滞后于驱动项,导致一个复数值贡献于非线性折射率。

上面展示的理论预示着如果 $\delta\tau$ 的乘积消失,或者因为非线性有一个快速响应或者输入光波具有相同的频率,将不会产生能量耦合。然而在某些光折变晶体中,相同频率光束之间仍然会发生双光束耦合。在这种情况下,能量转移的发生是非线性折射率光栅和光强分布两者间空间相移的结果。能流方向依赖于光束波矢和光折变晶体一些对称轴的相对方向。

下面分析受激瑞利翼散射过程。受激瑞利翼散射是一种散射过程,它源于各向异性分子沿光波电场矢量方向排列。分析在外加电场 $\widetilde{E}(t)$ 包含单一频率成分的情况下的分子定向效应,我们发现平均分子极化率被外加电场所调制。分子极化率能够表示为

$$< \alpha > = \alpha_0 + \alpha_{NL} \tag{5-44}$$

通常的弱场极化率为

$$\alpha_0 = \alpha_{\parallel}/3 + 2\alpha_{\perp}/3 \tag{5-45}$$

式中:$\alpha_{\parallel}$ 和 $\alpha_{\perp}$ 分别代表平行和垂直于分子对称轴的极化率(图5-18)。

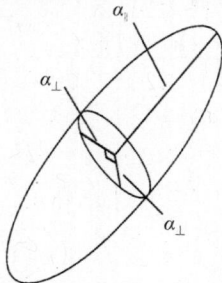

图5-18 对于 $\alpha_{\parallel} > \alpha_{\perp}$ 情况下各向异性分子极化率的图示

另外,最低阶的非线性极化率贡献为

$$\alpha_{NL} = \bar{\alpha}_2 < \widetilde{E}^2 > \tag{5-46}$$

式中

$$\bar{\alpha}_2 = \frac{2}{45n_0} \frac{(\alpha_{\parallel} - \alpha_{\perp})^2}{kT} \tag{5-47}$$

为了描述受激瑞利翼散射,需要确定分子系统对包含激光和斯托克斯成分的光场的响应。这种光场可以被描述为

$$\widetilde{E}(\boldsymbol{r},t) = A_L e^{i(k_L z - \omega_L t)} + A_S e^{i(-k_S z - \omega_S t)} + c.c. \tag{5-48}$$

现在,假设激光和斯托克斯光为相同方向线偏振并且反向传播。对于光波具有任意偏振和/或者相向传播的情况在某种程度上来说更加复杂,将在后面简要地讨论。

因为正比于 $< \widetilde{E}^2 >$ 的光强现在包含拍频 $\omega_L - \omega_S$ 的成分,对平均极化率的非线性贡献将不能由单色场情况推导,需要重新考虑。一般来说,α_{NL} 可以被描述为

$$\tau \frac{d\alpha_{NL}}{dt} + \alpha_{NL} = \bar{\alpha}_2 \overline{\widetilde{E}^2} \tag{5-49}$$

式中，τ 为分子定向弛豫时间，也是受激瑞利翼散射的特征响应时间。典型的 τ 值见表 5 – 1。

表 5 – 1　几种材料的受激瑞利翼散射属性

物质	$G/(\text{m/TW})$	τ/ps	$\Delta \nu = 1/(2\pi\tau)/\text{GHz}$
二硫化碳	30	2	80
硝基苯	40	48	3.3
溴苯	14	15	10
氯苯	10	8	20
甲苯	10	2	80
苯	6	3	53

式(5 – 49)具有德拜弛豫方程的形式，已经在双光束耦合的一般讨论中研究了这种类型的方程。

假如在稳态情况下解方程(5 – 49)并且 $\widetilde{E}(t)$ 由式(5 – 48)表示，则位于位置 z 处分子的极化率非线性贡献为

$$\alpha_{\text{NL}}(z,t) = 2\,\bar{\alpha}_2\Big[A_{\text{L}}A_{\text{L}}^* + A_{\text{S}}A_{\text{S}}^* + \frac{A_{\text{L}}A_{\text{S}}^*\,\text{e}^{\text{i}(qz-\Omega t)}}{1 - \text{i}\Omega\tau} + \frac{A_{\text{L}}^*A_{\text{S}}\,\text{e}^{-\text{i}(qz-\Omega t)}}{1 + \text{i}\Omega\tau}\Big]$$

$$(5 - 50)$$

这里引入和材料激发有关的波矢振幅 q 和频率 Ω，形式为

$$\begin{cases} q = k_{\text{L}} - k_{\text{S}} \\ \Omega = \omega_{\text{L}} - \omega_{\text{S}} \end{cases} \qquad (5 - 51)$$

注意因为 $\alpha_{\text{NL}}(z,t)$ 表达式第二项的分母是一个复数量；所以一般来说非线性响应将要随着激光场和受激瑞利翼散射场之间的干涉光强分布而同相变化。下面将要看到这种相移是受激瑞利翼散射过程增益的起源。

下面将要推导描述斯托克斯场传播的方程。这个推导和对双光束耦合的一般讨论在形式上相同。为了应用这种方法到当前的情况，需要确定和当前问题相关的折射率 n_0 和 n_2 的值。从通常的洛伦兹法则可以得到 n_0 为

$$\frac{n_0^2 - 1}{n_0^2 + 2} = \frac{1}{3}N\alpha_0 \qquad (5 - 52\text{a})$$

非线性折射率为

$$n_2 = \Big(\frac{n_0^2 + 2}{3}\Big)^4 \frac{1}{2n_0^2\varepsilon_0 c}N\bar{\alpha}_2 \qquad (5 - 52\text{b})$$

这样，和双光束耦合中的情况类似，斯托克斯光的空间演进为

$$\frac{\text{d}A_{\text{S}}}{\text{d}z} = \frac{2\text{i}n_0 n_2 \omega_{\text{S}}}{c}(A_{\text{L}}A_{\text{L}}^* + A_{\text{S}}A_{\text{S}}^*)A_{\text{S}} + \frac{2\text{i}n_0 n_2 \omega_{\text{S}}}{c}\frac{A_{\text{L}}A_{\text{L}}^*A_{\text{S}}}{1 + \text{i}\Omega\tau} \qquad (5 - 53)$$

式中,右边第一项导致斯托克斯光相位的空间变化,而第二项将导致斯托克斯光的相位和振幅的共同变化。受激瑞利翼散射相关的增益可以从两束光波强度相关的公式看得更加明显,其中强度定义为

$$I_j = 2n_0\varepsilon_0 c |A_j|^2 \quad (j = L, S) \tag{5-54}$$

因此斯托克斯光波强度的空间变化可以描述为

$$\frac{\mathrm{d}I_S}{\mathrm{d}z} = 2n_0\varepsilon_0 c \left(A_S \frac{\mathrm{d}A_S^*}{\mathrm{d}z} + A_S^* \frac{\mathrm{d}A_S}{\mathrm{d}z} \right) \tag{5-55}$$

通过使用式(5-53),能够写出结果

$$\frac{\mathrm{d}I_S}{\mathrm{d}z} = g_{RW} I_L I_S \tag{5-56}$$

式中,引入增益系数 g_{RW} 来评估受激瑞利翼散射为

$$g_{RW} = g_{RW}^{\max}\left(\frac{2\Omega\tau}{1 + \Omega^2\tau^2} \right) \tag{5-57a}$$

式中:$g_{RW}^{\max}$ 为增益参数的最大值

$$g_{RW}^{\max} = \frac{n_2\omega_S}{c} = \left(\frac{n_0^2 + 2}{3} \right)^4 \frac{2\omega_S N (\alpha_\parallel - \alpha_\perp)^2}{45kTn_0^2\varepsilon_0 c^2} \tag{5-57b}$$

利用了式(5-47)和式(5-52b)来获得 $g_{RW}^{\max}$ 表达式的第二个形式。

式(5-57a)所预示的受激瑞利翼散射增益参数的频率依赖如图5-19所示。

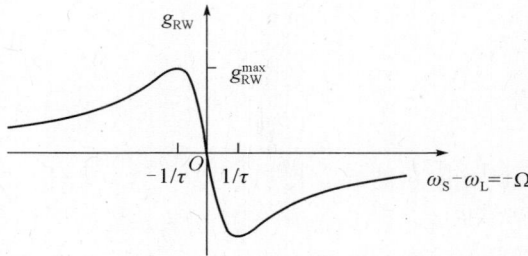

图5-19　受激瑞利翼散射增益参数的频率依赖

可以看到,ω_S 光波在 $\omega_S < \omega_L$ 时增强,在 $\omega_S > \omega_L$ 时衰减。最大增益发生在 $\Omega = \omega_L - \omega_S$ 等于 $1/\tau$ 时。

受激瑞利翼散射过程的本质示意图见图5-20。频率为 ω_L 波矢大小为 k_L 的前向波和频率为 ω_S 波矢大小为 k_S 的后向波的相干产生了一个缓慢通过介质以相速度 $v = \Omega/q$ 相前移动的干涉图。分子按照总的光波电场矢量排列的趋势使得最大分子排列平面和最小分子排列平面交替。如上面所提到的,这些平面对应于光强分布的最大值和最小值。激光场从这种排列分子的周期性矩阵中的

散射导致了斯托克斯光波的产生。散射光移向低频因为材料微扰导致散射向前移动。散射过程显示增益因为斯托克斯辐射的产生趋向于加强干涉图样的调制部分,这将增强分子的排列,进而增强斯托克斯散射。

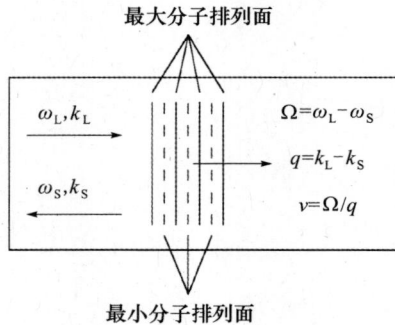

图 5-20 受激瑞利翼散射本质

这里将要简要地介绍一些受激瑞利翼散射的偏振属性的主要结果。为了处理受激瑞利翼散射的偏振属性,人们必须考虑材料响应的张量属性。假设对磁化率的非线性贡献遵守运动方程,即

$$\tau \frac{\mathrm{d}}{\mathrm{d}t}\Delta\chi_{ik} + \Delta\chi_{ik} = C\left(<\widetilde{E}_i\widetilde{E}_k> - \frac{1}{3}\delta_{ik}<\widetilde{\boldsymbol{E}}\cdot\widetilde{\boldsymbol{E}}>\right) \qquad (5-58)$$

这里,先忽略局域场校正,比例系数 C 为

$$C = \frac{N\varepsilon_0^2(\alpha_{\parallel} - \alpha)^2}{15kT} \qquad (5-59)$$

注意式(5-58)右边的迹消失,符合实际情况,受激瑞利翼散射被无迹对称电容率所描述。

通过考虑斯托克斯光服从波动方程和由式(5-58)给出的磁化率,并且考虑脉冲激光的偏振旋转,Chiao 和 Godine 计算了激光场和斯托克斯场在任意偏振情况下受激瑞利翼散射的增益参数。他们的一些对于特殊偏振情况的结果汇总于表 5-2 中。

表 5-2 后向受激瑞利翼散射增益参数对激光和斯托克斯光在线偏振和圆偏振情况下的偏振依赖

激光偏振	↕	↕	↻	↻
斯托克斯偏振	↕	↔	↻	↻

增益因子	1	3/4	3/2	1/6

注：圆上的箭头代表在空间固定位置电场矢量随时间的旋转。增益参数相对应于式(5-57)线偏振平行情况而给出

对于泵浦光的任意偏振态，斯托克斯光的一些特殊偏振将要经历最大增益。为了得到观察受激瑞利翼散射所需的大增益（$g_{RW}I_LL \approx 25$），受激瑞利翼散射产生的光需要有和增益最大几乎相等的偏振。对于增益最大的情况，激光偏振和斯托克斯偏振间的关系见表 5-3。注意产生的光波将会近似但并不完全等同入射激光的偏振共轭。特别是，产生的光偏振椭圆和激光的相比会更圆且倾斜。

表 5-3　在后向受激瑞利翼散射中经历最大增益情况下激光偏振和斯托克斯偏振间的关系

激光偏振	↕	⬭↘	◯↗
斯托克斯偏振	↕	⬭↙	◯↗

Zel'dovich 和 Yakovleva 从理论上研究了泵浦辐射为部分偏振情况下受激瑞利翼散射的偏振属性。他们预测对于泵浦辐射完全非偏振，也就是说在激光截面内偏振态随意变化的情况下，通过受激瑞利翼散射能获得基本完美的矢量相位共轭。Kudriavtseva 等对受激瑞利翼散射的波前重建属性进行了实验研究，并且 Miller 等对矢量相位共轭属性进行了实验研究。

前向和近前向受激瑞利翼散射的分析要比后向受激瑞利翼散射的情况复杂得多，因为斯托克斯和反斯托克斯耦合的可能性在分析中必须被考虑进去。这种情况已被 Chiao 和 Godine 所描述。

有了前面双光束耦合和受激瑞利翼散射的铺垫，下面开始克尔分子液体中和受激瑞利翼散射相关的双光束耦合动力学研究。两束相交脉冲光束激发透明介质时，如果二者频率稍有不同，它们之间的干涉在介质内会产生随时间变化的光栅。一般来说，仅仅折射率的实部产生时间依赖的动态光栅，被称为动态的折射光栅。折射率虚部所产生的振幅或吸收光栅可以忽略。对于克尔介质，当存在非瞬时的非线性响应，折射率的变化与光强成正比，动态光栅能够引起瞬态的能量转移，两束光发生了能量转移，也就是双光束耦合。下面讨论在双光束耦合条件下时间分辨泵浦探测 4f 相位成像技术，进而研究克尔分子液体的非线性折射动力学[12]。

锁模 Nd：YAG 激光光源产生的脉冲激光频率并不是绝对的单一频率，而是在某一频率周围的一个分布，激光脉冲一般都具有弱啁啾效应存在，也就是说泵浦探测光虽然出自同一激光器，但是二者之间仍然可能具有一定的频率差。可以假设激光脉冲输出时，伴随有一个线性啁啾 $\Delta\omega(t)$，由于该线性啁啾的存在，会产生随时间改变的附加相位，为了考虑该附加相位对双光束耦合的影响，激光光场可以表示为[13]

$$E(\boldsymbol{r},r,t) = \mathrm{Re}\big[A(r,t)\exp(\mathrm{i}\{\boldsymbol{k}\cdot\boldsymbol{r} - [\omega + \Delta\omega(t)]t\})\big] \quad (5-60)$$

式中：Re 表示取实部；$A(r,t)$ 为考虑时间和空间分布的复振幅。注意横截面中的空间分布 r 不要和轴向的传播矢量 $\boldsymbol{r}$ 混淆。在泵浦探测光学装置中，两束来自相同源的光（一束泵浦光和一束很弱的探测光）在非线性介质中相互作用。尽管泵浦光的偏振方向被调整成和探测光垂直，现在假设它们有相同的线偏振方向。在泵浦探测中总光场为

$$\begin{aligned}E(\boldsymbol{r},r,t,\tau) = {} & A_{\mathrm{e}}(r,t)\exp(\mathrm{i}\{\boldsymbol{k}_{\mathrm{e}}\cdot\boldsymbol{r} - [\omega + \Delta\omega(t)]t\})\\ & + A_{\mathrm{p}}(r,t)\exp(\mathrm{i}\{\boldsymbol{k}_{\mathrm{p}}\cdot\boldsymbol{r} - [\omega + \Delta\omega(t-t_{\mathrm{d}})](t-t_{\mathrm{d}})\})\end{aligned} \quad (5-61)$$

这里，探测光（下标为 p）相对泵浦光（下标为 e）时间延迟为 t_{d}。它们有相同的频率 ω 和啁啾 $\Delta\omega(t)$，另外还有稍微不同的波矢 $\boldsymbol{k}$。

这里仍然首先假设它们有相同的线偏振方向。

在频移 $\Delta\omega$ 与频率 ω 相比很小的情况下，发现总光场强度为

$$I = A_{\mathrm{e}}A_{\mathrm{e}}^{*} + A_{\mathrm{p}}A_{\mathrm{p}}^{*} + A_{\mathrm{e}}A_{\mathrm{p}}^{*}\mathrm{e}^{\mathrm{i}(\boldsymbol{Q}\cdot\boldsymbol{r}-\Omega t-\omega t_{\mathrm{d}})} + A_{\mathrm{e}}^{*}A_{\mathrm{p}}\mathrm{e}^{-\mathrm{i}(\boldsymbol{Q}\cdot\boldsymbol{r}-\Omega t-\omega t_{\mathrm{d}})} \quad (5-62)$$

注意由于光束的空间形状和时间分布，A_{e}、A_{p} 和 I 是空间 r 和时间 t 的函数。当然 r 和 t_{d} 也被包含在 I 中，但是为了简洁，这种依赖关系没有被写出来。这里 $\boldsymbol{Q} = \boldsymbol{k}_{\mathrm{e}} - \boldsymbol{k}_{\mathrm{p}}$，$\Omega(t,t_{\mathrm{d}}) = \Delta\omega(t-t_{\mathrm{d}}) - \Delta\omega(t)$。一般来说，$\Omega$ 是时间的复杂函数，但是对于高斯分布的线性啁啾来说，有 $\Omega = Ct_{\mathrm{d}}/\tau^2$，在这种情况下 Ω 变成常数。这里 C 是线性啁啾系数[14]。

当时间延迟存在时泵浦光和探测光在频率上有稍许的不同，它们之间的干涉在介质中发展成为一种瞬态的光栅。由于折射率的变化，泵浦探测光被动态光栅所散射，这导致了从泵浦光到探测光的能量转移；反之亦然。然而对于那些对外加电场有瞬态响应的非线性介质来说将不会发生能量转移。为了允许能量转移的可能性，介质必须展示一个有限的弛豫时间。在折射非线性响应服从德拜弛豫方程的克尔液体中，有

$$\tau_{\mathrm{rot}}\frac{\mathrm{d}n_{\mathrm{NL}}}{\mathrm{d}t} + n_{\mathrm{NL}} = \gamma I \quad (5-63)$$

式中：τ_{rot} 为分子的定向弛豫时间旋转寿命。下面将看到 $\tau_{\mathrm{rot}} = 1/\Omega$ 时将发生最大的双光束耦合。注意，这个方程预测了在稳态情况下，对非线性折射率的贡献

132

可以简单地写为 $n_{\mathrm{NL}} = \gamma I$，这和克尔折射率的描述是一致的。通过解这个方程可以得到

$$n_{\mathrm{NL}} = \frac{\gamma}{\tau_{\mathrm{rot}}} \int_{-\infty}^{t} I(t') \exp[(t' - t)/\tau_{\mathrm{rot}}] \mathrm{d}t' \qquad (5-64)$$

根据式（5-62）和式（5-64），非线性折射率可以写为

$$n_{\mathrm{NL}} = \gamma \Big[|A_{\mathrm{e}}|^2 + |A_{\mathrm{p}}|^2 + \frac{A_{\mathrm{e}} A_{\mathrm{p}}^* \mathrm{e}^{\mathrm{i}(\boldsymbol{Q} \cdot \boldsymbol{r} - \Omega t - \omega t_{\mathrm{d}})}}{1 - \mathrm{i}\Omega\tau_{\mathrm{rot}}} + \frac{A_{\mathrm{e}}^* A_{\mathrm{p}} \mathrm{e}^{-\mathrm{i}(\boldsymbol{Q} \cdot \boldsymbol{r} - \Omega t - \omega t_{\mathrm{d}})}}{1 + \mathrm{i}\Omega\tau_{\mathrm{rot}}} \Big]$$
$$(5-65)$$

总电场满足波动方程

$$\nabla^2 E - \frac{1}{c^2} \frac{\partial^2 (n^2 E)}{\partial^2 t} = 0 \qquad (5-66)$$

其中

$$n^2 = (n_0 + n_{\mathrm{NL}})^2 \approx n_0^2 + 2n_0 n_{\mathrm{NL}} \qquad (5-67)$$

式中：n_0 为线性折射率。泵浦光和探测光之间的夹角很小并且样品厚度远远小于瑞利范围，因此两束光可以看作是相同方向传播，有 $\nabla^2 \approx \dfrac{\mathrm{d}^2}{\mathrm{d}z^2}$。把总电场的表达式（5-61）代入波动方程，随 $\exp[\mathrm{i}(k_{\mathrm{p}}z - \omega_{\mathrm{p}}t)]$ 振荡的项（探测光）为

$$\frac{\mathrm{d}^2}{\mathrm{d}z^2} \{A_{\mathrm{p}} \exp[\mathrm{i}(k_{\mathrm{p}}z - \omega_{\mathrm{p}}t)]\} = \frac{n_0^2}{c^2} \frac{\partial^2}{\partial t^2} \{A_{\mathrm{p}} \exp[\mathrm{i}(k_{\mathrm{p}}z - \omega_{\mathrm{p}}t)]\}$$
$$+ \frac{2n_0^2 \gamma}{c^2} \frac{\partial^2}{\partial t^2} \Big\{ \Big(|A_{\mathrm{e}}|^2 + |A_{\mathrm{p}}|^2 + \frac{|A_{\mathrm{e}}|^2}{1 + \mathrm{i}\Omega\tau_{\mathrm{rot}}} \Big) A_{\mathrm{p}} \exp[\mathrm{i}(k_{\mathrm{p}}z - \omega_{\mathrm{p}}t)] \Big\}$$
$$(5-68)$$

通过慢变振幅和相位近似，式（5-68）可以简化为

$$\frac{\mathrm{d}A_{\mathrm{p}}}{\mathrm{d}z} = \mathrm{i}\alpha\gamma k \Big(I_{\mathrm{e}} + I_{\mathrm{p}} + \frac{I_{\mathrm{e}}}{1 + \mathrm{i}\Omega\tau_{\mathrm{rot}}} \Big) A_{\mathrm{p}} \qquad (5-69)$$

式中：$k = 2\pi/\lambda$ 是波矢的大小。在式（5-69）中为了简洁，A_{e} 和 A_{p} 对 z（探测光方向的空间坐标）和 t_{d} 的依赖关系没有被写出。权重系数 α 被引入用于不同的偏振态。当两束光有平行的线偏振时它等于 1。各向同性介质中的受激瑞利翼散射对于平行的和垂直的线偏振、相反的和相同的圆偏振权重系数 α 服从比例 4:3:6:1[15]。为了确定泵浦探测实验中的能量转移和受激瑞利翼散射相关，Dogariu 等用频率啁啾的皮秒激光脉冲在各种偏振态下进行实验，并获得了和理论预期相符的 α 值。在泵浦探测光的偏振方向是线性垂直的情况下 $\alpha = 0.75$。

由于式(5-69)的复数本性,当传播通过非线性介质时,探测光脉冲改变了它的振幅并且发展了一个相移,因此分别考虑振幅$|A_p|$和相移φ_p的变化是方便的。这样有$A_p = |A_p|\exp(\mathrm{i}\varphi_p)$。从式(5-69)中可以轻易地获得$I_p$和$\varphi_p$的方程分别为

$$\frac{\mathrm{d}I_p}{\mathrm{d}z} = \alpha\gamma k \frac{2\Omega\tau_{\mathrm{rot}}}{1 + (\Omega\tau_{\mathrm{rot}})^2} I_e I_p \tag{5-70}$$

$$\frac{\mathrm{d}\varphi_p}{\mathrm{d}z} = \alpha\gamma k \Big[I_e + I_p + \frac{I_e}{1 + (\Omega\tau_{\mathrm{rot}})^2} \Big] \tag{5-71}$$

记住式中I_p和φ_p都依赖于t_d(通过Ω),尽管这种依赖没有被清楚地写出。从上面可以看到仅仅是式(5-69)右边的最后一项贡献到光强的动力学,相比起来,当探测光传播通过克尔液体时,动态相位被所有项所影响。对于一束强泵浦光和弱得多的探测光,即$I_p \ll I_e$,式(5-71)右边第二项因为探测光的贡献很小而可以被忽略。定义探测光光强和相位的增益分别为

$$g_i = \frac{\Omega\tau_{\mathrm{rot}}}{1 + (\Omega\tau_{\mathrm{rot}})^2} \tag{5-72}$$

$$g_\varphi = 1 + \frac{1}{1 + (\Omega\tau_{\mathrm{rot}})^2} \tag{5-73}$$

则式(5-70)和式(5-71)可以分别写为

$$\frac{\mathrm{d}I_p}{\mathrm{d}z} = 2\alpha\gamma k g_i I_e I_p \tag{5-74}$$

$$\frac{\mathrm{d}\varphi_p}{\mathrm{d}z} = \alpha\gamma k g_\varphi I_e \tag{5-75}$$

假设泵浦光光强丝毫没有衰减(没有线性和非线性吸收),可以轻易地积分式(5-74)和式(5-75),给出

$$I_{pL} = I_{p0}\exp(2\alpha\Delta\varphi g_i) \tag{5-76}$$

$$\varphi_{pL} = \alpha\Delta\varphi g_\varphi \tag{5-77}$$

式中:$\Delta\varphi = \gamma k I_e L$为由强泵浦光引起的非线性相移,其符号完全由克尔折射率γ决定。

如图5-21所示,探测光相位增益g_φ(偶函数)范围为1~2,总为正值,而探测光光强增益g_i(奇函数)依赖于频率差Ω可以是正的也可以是负的。对于正t_d(探测光在泵浦光后),探测光以增益常数g_i在能量上获得增加,它依赖于线性啁啾系数C、非线性折射率γ、分子定向弛豫时间τ_{rot}等。另外,对于负的τ(探测光在泵浦光前),它以g_i为衰减常数损失能量。在$\Omega\tau_{\mathrm{rot}} = \pm 1$时为极值$\pm 1/2$,暗示着在那里将发生最大的瞬态能量转移。在$\Omega\tau_{\mathrm{rot}} = 0$时双光束耦合将不再发生,在这种情况下,探测脉冲无能量改变地通过克尔液体。然而此时的相

位增益 $g_\varphi = 2$,给出了最大的相位移动。从上面可以看到,频率差和有限的分子重新定向弛豫时间对双光束耦合的发生都是必须的。另外,式(5 – 76)和式(5 – 77)也说明不仅增益系数(g_i, g_φ)而且非线性相移($\Delta\varphi$)也会影响动态的光强和相位。

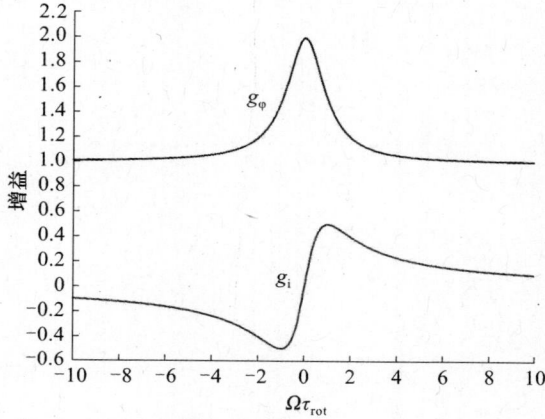

图 5 – 21 探测光强和相位的增益 g_i 和 g_φ 对频率差 Ω 与
分子重新定向弛豫时间 τ_{rot} 乘积的函数关系

图 5 – 22 和图 5 – 23 分别为 CS_2 和 DMSO 的实验结果。和那些没有相位物体的结果比较,可以发现在相位物体存在的情况下,每幅图像的对比度被极大地提高了。实验中所用的泵浦光峰值光强为 3.2 GW/cm²,每个数据点是 5 幅图的平均。

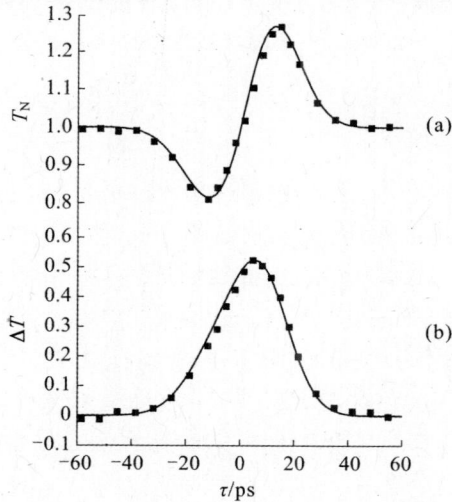

图 5 – 22 CS_2 基于相位物体 $4f$ 成像技术的时间分辨泵浦探测结果
(曲线(a)为归一化透过率 T_N,曲线(b)为相位物体内部和外部归一化能流之差
ΔT 与延迟时间 t_d 的函数关系。实方块是实验数据,曲线是理论拟合)

135

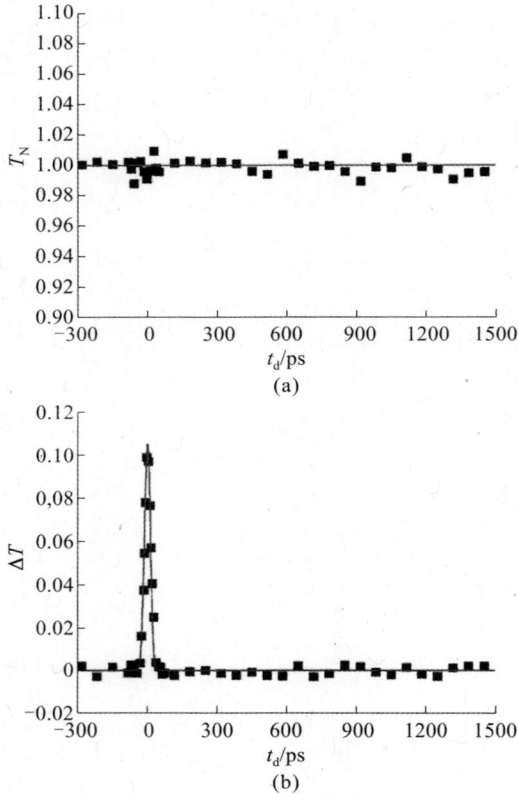

图 5 – 23　DMSO 数据归一化透过率 T_N 和能流对比度 ΔT 作为延迟时间 t_d 的函数
（方块是实验数据,曲线是理论拟合）

实验结果表明,CS_2 液体发生了泵浦探测光束间的瞬态能量转移,而 DMSO 却没有。

为了获得 n_2 和其他参数,一种通常的处理过程是:在上面描述的理论模型里需要的参数,如激光脉冲,带有相位物体的小孔等已知的情况下,通过改变 γ 和 τ_{rot} 来拟合实验数据。对于 CS_2 液体,非线性折射率 γ 和重新定向弛豫时间 τ_{rot} 是已知的($\gamma = 3.2 \times 10^{-14}$ cm^2/W, $\tau_{rot} = 2.2ps$)。根据上面的理论表述,仅仅线性啁啾系数 C 未知。这样,把它当作拟合参数来计算 T_N 作为 t_d 的函数。改变 C 并且计算 T_N 直到获得最好的拟合。获得的最佳 C 值等于 0.99。图 5 – 22(a) 中的实线由这个 C 值计算。尽管我们没有独立地去确定这个值,这个 C 值对于皮秒 Nd:YAG 激光器是适合的。更为重要的是,在没有引入额外参数的情况下使用相同的 C 值和其他参数去计算 ΔT。然而,ΔT 的解析表达式没有办法获得,因此,在 $r \leq L_p$ 时 $\varphi = 0.4\pi$,其他情况时 $\varphi = 0$ 的边界条件下,数值计算 ΔT。计算的 ΔT 作为 t_d 的函数在图 5 – 22(b) 中以实线显示。将它和在不同延迟时间下测

量的 ΔT 实验数据相比较,可以看到计算的理论曲线和实验数据符合得相当好,这样强烈地支持了 CS_2 液体中的双光束耦合机制。

对于 DMSO 液体,T_N 和 ΔT 相对于延迟时间 t_d 的结果如图 5 - 23 所示。与具有衰减时间(大约 2.2ps)和泵浦激光脉宽一个量级的克尔液体 CS_2 不同,由于或者小的克尔折射率 r 或者快速的非线性响应时间 τ_{rot} 和受激瑞利翼散射相关的双光束耦合机制在这里是可以忽略的。图 5 - 23(a)清楚地显示 T_N 不随延迟时间 t_d 变化,也就是说,没有纯折射瞬态能量转移发生。另外,ΔT 数据展示了一个清楚的 t_d 依赖,这可以由仅仅因为强泵浦光脉冲所引入的相移的理论来拟合。结果和没有双光束耦合的克尔液体的预测是一致的,也就是说,$\Omega\tau_{rot}\ll1$。这里 Ω 是源于啁啾激光源的泵浦光和探测光之间的频率差。理论拟合表明 DMSO 的非线性折射率 $\gamma = 6.1 \times 10^{-17} cm^2/GW$。DMSO 没有发生双光束耦合效应,是由于分子具有对称结构,在其光激发时没有发生分子取向和恢复过程,而 CS_2 分子则是典型的极性分子。

在本章中描述的是皮秒时域的实验现象,观察到了令人感兴趣的实验结果。这个基于 $4f$ 相位成像系统的泵浦探测技术同样也适用于飞秒时域。在飞秒激光脉冲激发下,会观察到哪些实验现象更值得期待。

参考文献

[1] Li Y,Pan G,Yang K,et al. Time – resolved pump – probe system based on a nonlinear im aging technique with phase object[J]. Opt. Express,2008,16(9):6251 – 6259.

[2] Wang J,Sheik – bahae M,Said A A,et al. Time – resolved Z – scan measurements of optical nonlinearities [J]. J. Opt. Soc. Am. B,1994,11:1009 – 1017.

[3] Nalwa H S,Miyata S. Nonlinear optics of organic molecules and polymers[M]. CRC,1997.

[4] Tutt L W,McCahon S W. Reverse saturable absorption in metal cluster compounds[J]. Opt. Lett,1990,15:700 – 702.

[5] NagaSrinivas N K M,Venugopal Rao S,Narayana Rao D. Saturable and reverse saturable absorption of Rhodamine B in methanol and water[J]. J. Opt. Soc. Am. B,2003,20:2470 – 2479.

[6] Sheik – bahae M,Wang J,DeSalvo R,et al. Measurement of nondegenerate nonlinearities using a two – color Z scan[J]. Opt. Lett,1992,17:258 – 260.

[7] Wang J,Sheik – bahae M,Said A A,et al. Time – resolved Z – scan measurements of optical nonlinearities [J]. J. Opt. Soc. Am. B,1994,11:1009 – 1017.

[8] Sheik – bahae M,Said A A,Van Stryland E W. High – sensitivity,single – beam n_2 measurements[J]. Opt. Lett, 1989,14:955 – 957.

[9] Sheik – bahae M,Said A A. Wei T,et al. Sensitive measurement of optical nonlinearities using a single beam. IEEE J. Quntum Electron,1990,26:760 – 769.

[10] Shi G,He C,Li Y,et al. Excited – state nonlinearity measurements of ZnPcBr$_4$/DMSO[J]. J. Opt. Soc.

Am. B,2009,26(4): 754 – 761.

[11] Boyd R W. Nonlinear Optics,2nd ed[M]. Academic,2003.

[12] Shi G,Li Y,Yang J,et al. Investigation of dynamics of Kerr liquids by time – resolved pump – probe system based on 4*f* nonlinear imaging technique with phase object[J]. J. Opt. Soc. Am. B,2009,26(3): 420 – 425.

[13] Dogariu A,Xia T,Hagan D J,et al. Purely refractive transient energy transfer by stimulated Rayleigh – wing scattering[J]. J. Opt. Soc. Am. B,1997,14: 796 – 803.

[14] Agrawal G P. Nonlinear fiber optics,3rd ed[M]. Academic,2001.

[15] Chiao R Y,Godine J. Polarization dependence of stimulated Rayleigh – wing scattering and the optical frequency Kerr effect[J]. Phys. Rev,1969,185: 430 – 445.

第 6 章
双 4*f* 相位成像技术

介质对光的吸收和折射是其重要的光学性质,一般而言,介质的非线性吸收和非线性折射性质是波长相关的。*Z* 扫描技术是测量介质 3 阶光学非线性最广泛的方法,可以同时测量介质的非线性吸收和非线性折射特性。但是 *Z* 扫描方法要求激光光束具有良好的能量稳定性、激光脉冲时间分布和空间分布,这就限制了 *Z* 扫描技术在宽波段范围内的应用。

随着光信息技术的深入发展和广泛应用,特别是全光通信技术的迅猛发展,介质的近红外等波段光学非线性研究日益引人关注。但是由于一般的脉冲激光器出射激光的波长都是某几个特定波长及其倍频波长,如 1064nm、532nm、800nm、400nm 等,这样在可见和近红外等宽波段范围的研究工作的开展就必须借助于产生可调谐波长激光的设备,如光学参量产生器(OPG)、光学参量放大器(OPA)等。虽然通过参量技术可以获得可调谐的宽波段范围的激光输出,但是激光脉冲的光束质量、能量稳定性以及激光脉冲时间分布远逊于 532nm 等特定波长的激光脉冲,实际上难以满足 *Z* 扫描测量技术所要求的光束条件,无法有效开展宽波段光学非线性研究工作。

4*f* 相位成像技术可以实现单脉冲测量,在理论上不同激光脉冲之间的能量差别对测量结果没有影响,为实现宽波段光学非线性参数测量创造了条件。

对于常用的输出激光波长 532nm、1064nm 等的脉冲激光器,现在的技术已可以保证良好的输出激光脉冲的时空稳定性。对于通过 OPG 等参量技术产生的可调谐激光脉冲的空间分布稳定性还有待提高。我们尝试应用 4*f* 相位成像技术测量 CS_2 在 600nm 红光波段的光学非线性系数。波长为 600nm 的激光脉冲由 3 倍频 355nm 激光泵浦的 OPG 输出,该 OPG 输出激光波长的调谐范围是 420 ~ 680nm 及 740 ~ 2390nm。对 CS_2 光学非线性的多次测量结果表明 CS_2 的非线性折射符号都为正,但是每次测量的非线性折射大小却不相同。这是否是脉冲能量的空间分布的影响呢?每次测量实验光路没有改变,唯一变化的就是采用不同的激光脉冲。由于测量系统采用了参考光路以监测能量变化,所以不同激光脉冲的能量变化对测量结果不会产生影响。仔细分析实验结果发现,每次测量的线性光斑差别较大,图6-1给出了线性光斑图像,发现稳定性差不仅表现在脉冲能量浮动上,而且不同脉冲的空间分布变化也是很明显的。换句话说,之前在很多情况下都认为同一激光器在某一时段发射的激光脉冲的时空分布的变化是可以不考虑的,而对于通过参量技术获得的波段调谐的激光光束的空间分布变化是明显的。同时4f相位成像技术测量光学非线性参数过程中需要分别采集线性光斑和非线性光斑,也就是说,应用波段调谐激光脉冲激发时,4f相位成像技术实验数据处理用到的线性光斑和非线性光斑是由两个不同的激光脉冲获得的,记录的线性光斑并不是真正产生非线性光斑的激光光斑。如果脉冲间的时间、空间分布不稳定,即两个脉冲的原始空间分布和时间分布有差异,那么必然造成实验测量结果和真正结果的不一致,就会产生测量误差。两个脉冲的差异越大,误差也越大。解决这一问题是实现4f相位成像技术在宽波段光学非线性测量应用的关键。

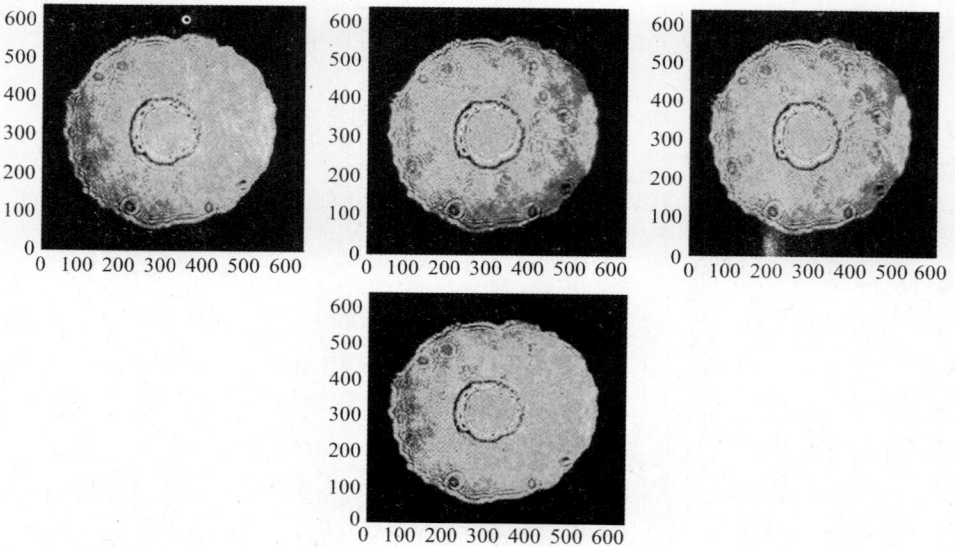

图6-1   不同时刻从OPG出射的脉冲的空间分布图

　　本章将传统的4f相位成像测量系统改进成双4f系统,首先介绍了一个串联双4f系统。第一个4f系统记录参考光斑,第二个4f系统记录非线性光斑。这样CCD记录的两个光斑都是由同一个激光脉冲发出的。避免了脉冲时间与空间分布不稳定对测量带来的影响。此外,串联双4f系统还可以实现光阑和PO的分离,因此具有相位光阑与PO半径比任意可调和空间滤波等功能。但是串联双4f系统需要两个光学响应完全一致的CCD。为解决这个问题,发展了并联双4f系统。

6.1　串联双4f相位成像技术

既然采集不同激光脉冲的线性光斑和非线性光斑对测量造成误差,那么采集同一激光脉冲的线性光斑和非线性光斑就可以解决这一问题。依据这个思路,对4f相位成像系统[1]光路进行改进,将标准4f相位成像光路中的参考光路去掉,在主光路中4f系统之前又增加了一个4f系统和CCD2。其光路如图6-2所示。4个透镜的焦距均为f,即$f_1 = f_2 = f_3 = f_4 = f$。透镜L1、L2组成第一个4f系统,L3、L4组成第二个4f系统。相位光阑放置在透镜L1的前焦面上,主光路是一个串联的双4f系统或8f系统,在两个4f系统之间引入一个分束镜将入射光反射到CCD2上,这样CCD2就可以记录入射激光脉冲能量的空间分布。入射激光脉冲从透镜L2经分束镜反射传播到CCD2的传播距离要等于L2的焦距f_2。A平面是透镜L2和L3的共焦面。第一个4f系统测量参考光斑,第二个4f系统相当于标准4f成像系统的主光路,同样待测光学非线性介质放置在透镜L3和L4的共焦面上,记录非线性光斑的CCD1放置在L4的后焦面上。

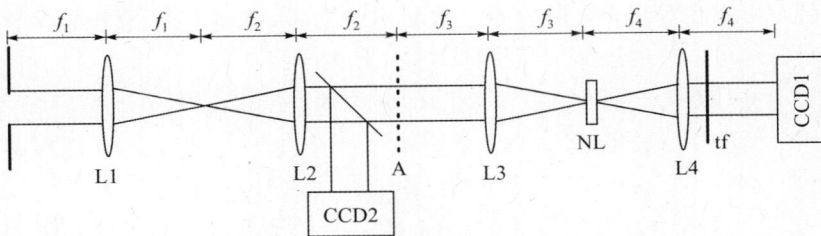

图6-2　串联双4f系统光路图

这种串联双4f相位成像技术的理论模型与经典的4f相位成像技术理论模型是一致的。改变的是测量过程。串联双4f相位成像系统只需要两步实验就可以测量介质的3阶非线性系数:①无样品光斑,和经典的4f相位成像技术一样,这一步是用来校准傅里叶平面上的光强;②有样品光斑,和经典的4f相位成像技术不同,这一步要同时测量所需要的线性光斑和非线性光斑。CCD1记录的光斑是非线性光斑;CCD2记录的光斑对应于4f相位成像系统中的线性光斑,由于这个光斑并没有经过非线性样品,从实质上来说它并不是线性光斑。由于CCD2处于由L1和L2组成的4f系统的出射面上,它所记录的图像是入射面上图像的翻转,所以可以用来监视入射光及其空间分布,在数值模拟中可以替代原来系统中的线性光斑用来表示入射光斑光强的空间分布。这样,在数值模拟中需要的参考光斑和非线性光斑是由同一个激光脉冲得到的,它们

141

的空间分布是完全一样的,时间分布也是一致的。这样无论不同激光脉冲的光斑时间分布和空间分布如何变化,非线性光斑都能得到很好的拟合,从而保证测量结果的准确性,避免脉冲之间的空间分布不稳定给测量结果带来的误差。

串联双 $4f$ 相位成像系统真正实现了实时单脉冲测量,避免了脉冲能量的空间分布变化所产生的较大的实验误差,可实际应用于宽波段的光学非线性研究。此外,同经典的 $4f$ 相位成像系统相比,串联双 $4f$ 相位成像系统还具有下列的优点:

（1）经典的 $4f$ 相位成像系统需要分 3 步记录 3 个光斑才能完成一次测量,而改进的串联双 $4f$ 相位成像系统只需要两步就可以记录 3 个光斑,简化了实验过程。

（2）串联双 $4f$ 相位成像系统可以将光阑和相位物体分离为一个可调光阑和一个固定尺寸的相位物体,将可调光阑放置在 L1 的前焦面上,而将相位物体放置在 L2 和 L3 的共焦面上,即 A 平面。由于放置在 L1 的前焦面上的光阑通过由 L1 和 L2 组成的 $4f$ 系统以后在 A 平面上形成了与原来光阑相同的像,此处光阑的像与 PO 的叠加与它们放置在同一个平面上是等价的。此时,通过调节可调光阑的半径就可以得到不同半径比的相位光阑。由于光阑和相位物体的分离,甚至可以在垂直光轴的方向上移动相位物体到光阑的任意位置。这样根据研究需要,可以方便地调整相位物体和光阑的半径比值。

（3）当入射光的光束质量比较差,即光束的空间分布不理想时,可以在 L1 和 L2 组成的 $4f$ 系统的傅里叶面上放置一个针孔进行空间滤波,从而改善光束质量。

虽然串联双 $4f$ 相位成像技术理论上可以有效消除激光脉冲时空分布不稳定给实验测量带来的影响,但是需要两个 CCD 来分别记录线性和非线性光斑。如果两个 CCD 对激光脉冲的响应不一致就会产生测量误差,为了解决这一问题,把串联结构改为并联结构,实现了单 CCD 同时记录同一个激光脉冲的线性光斑和非线性光斑。

6.2　并联双 $4f$ 相位成像技术

同串联双 $4f$ 相位成像技术类似,并联双 $4f$ 相位成像技术也采用双 $4f$ 系统。图 6-3 所示为并联双 $4f$ 相位成像技术原理光路图。

如图 6-3 所示,把串联双 $4f$ 相位成像系统中的原来两个串联的 $4f$ 光路改为并联结构。同样主测量光路保持不变,还是由共焦透镜 L1 和 L2 组成的 $4f$ 系统。参考光路被改成了一个由共焦透镜组 L3 和 L4 组成的 $4f$ 系统。并联的两个 4f 系统出射面保持重合。此时 CCD 拍到的参考光斑就是激光脉冲在入射面上空间分布的转置,这样原先只能监视能量浮动的参考光路就同时具有了监视入射脉冲空间分布的功能。

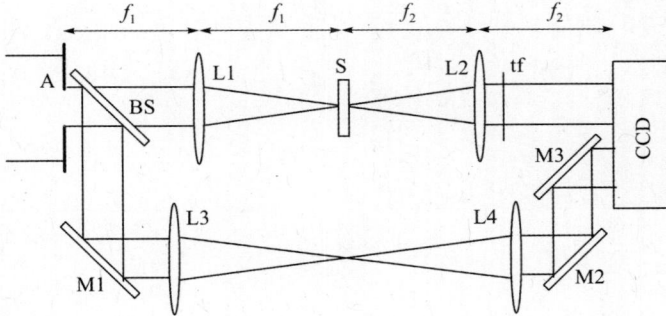

图 6-3 并联双 4f 系统光路图

并联双 4f 相位成像技术的理论模型与经典的 4f 相位成像技术理论模型是一致的。同样用参考光斑替代线性光斑作为数值拟合的输入,由于参考光斑和非线性光斑是由同一个激光脉冲分离出来的,它们的空间分布是完全一样的,时间分布也是一致的。这样无论不同激光脉冲的光斑时间分布、空间分布如何变化,非线性光斑都能得到很好的拟合,从而保证测量结果的准确性。

OPG 出射的激光脉冲在很大范围内(通常从可见到近红外)可以调谐,虽然出射的脉冲在空间分布上具有很大的不稳定性,但是采用并联双 4f 相位成像技术依然可以开展相关波段的光学非线性研究。

利用从 OPG 出射的皮秒激光脉冲进行实验来验证改进后实验光路的可靠性。实验中所用的 OPG 是用 355nm 激光泵浦的,出射激光波长的可调谐范围是420nm ~ 680nm 及 740nm ~ 2390nm。实验中激光波长选用 532nm,其脉宽为21ps(FWHM)。从 OPG 出射的激光脉冲的稳定性无论是从总能量还是从空间分布上都是很不稳定的。图 6-1 是随意选取的不同时刻的 OPG 激光脉冲的空间分布情况。其他的实验条件如下:透镜 L1 和 L2 的焦距 $f_1 = f_2 = 30cm$,$G = 1$,$N_A = 0.1$,透镜 L3 和 L4 的焦距 $f_3 = f_4 = 40cm$。选用装在 2mm 厚的石英比色皿中的甲苯(C_7H_8)作为被测样品,来验证改进方法的实用性。

实验得到的非线性图像见图 6-4(a),从中可以看出非线性图像的空间分布已经相当的不对称。图 6-4(b)是图 6-4(a)中沿 $y = 0$ 轴的剖面图的实验和理论模拟曲线的对比,其中虚线为实验曲线,实线为数值拟合曲线。可以看到,利用参考光斑可以极大程度弥补光斑空间分布不稳定对数值拟合带来的影响,使得测量结果更加可信。

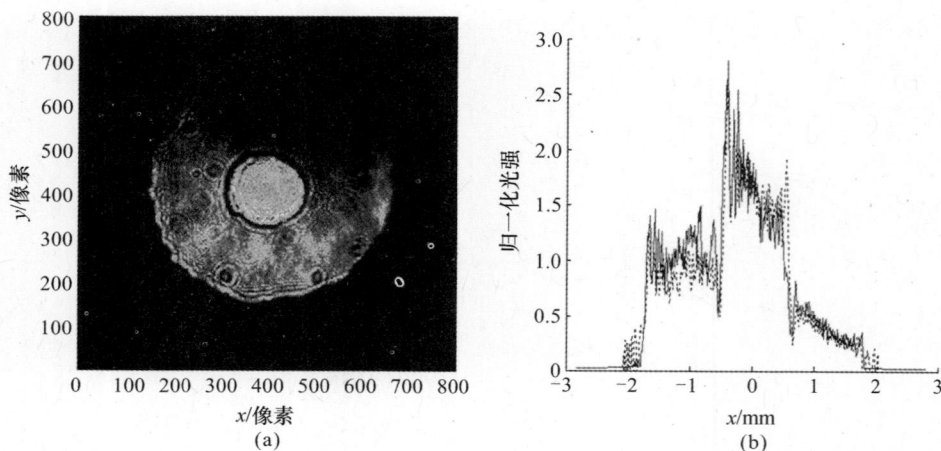

图 6 - 4 应用 OPG 激光脉冲测量结果
(a) 利用并联双 4f 系统测量甲苯的非线性图像；
(b) 非线性图像的剖面图(虚线)和数值拟合结果(实线)的对比。

6.3 ZnSe 的非线性折射转化研究

双 4f 相位成像系统如图 6 - 3 所示。激光脉冲经过扩束整形后均匀地照射到相位物体上，相位物体位于透镜 L1 的前焦面，待测样品放置在透镜 L1 的后焦面上，CCD 相机位于透镜 L2 的后焦面上，L1 和 L2 组成的 4f 系统作为测量样品非线性的主光路。透镜 L3 和 L4 组成另一个 4f 系统，作为监测光路，可以监视能量浮动。由于拍摄到的光斑与主光路光斑同步，可以用来模拟入射光斑，避免因为光斑分布浮动造成拟合误差。相位光阑放置在透镜 L1 和 L2 组成的 4f 系统的入射面上。相位光阑只改变透过光束中心的相位，而不改变振幅，相位光阑的透过率 t_A 可以表示为

$$t_A(x,y) = \mathrm{circ}\left[(x^2 + y^2)^{1/2}/R_a\right]\exp\left\{\mathrm{i}\varphi_L\mathrm{circ}\left[(x^2 + y^2)^{1/2}/L_p\right]\right\}$$

$$(6 - 1)$$

式中：R_a 和 L_p 分别为光阑和相位物体的半径；φ_L 为相位物体的固有相位延迟；$\mathrm{circ}(\rho)$ 为圆函数，当 $\rho \leqslant 1$ 时，函数值为 1，否则为 0。

假设入射电场可以表示为 $E(t)$，$E(t)$ 为包含时间包络单色平面波，那么经过相位光阑 A 之后，透射电场可以表示为

$$O(x,y,t) = E(t)t_A(x,y) \qquad (6 - 2)$$

由于待测样品放置在透镜 L1 的后焦面上，样品表面的电场分布可以表示为入射电场的傅里叶变换，即

144

$$S(u,v,t) = \frac{1}{\lambda f_1} \mathrm{FT}[\,O(x,y,t)\,]$$

$$= \frac{1}{\lambda f_1} \iint O(x,y,t) \exp[\,-2\pi\mathrm{i}(ux+vy)\,]\mathrm{d}x\mathrm{d}y \qquad (6-3)$$

式中:FT 为傅里叶变换;$u = x/(\lambda f_1)$ 和 $v = y/(\lambda f_1)$ 为傅里叶面上的空间频率;f_1 为透镜 L1 的焦距;λ 为入射光的波长。根据由傅里叶变换得到的电场强度,可以很容易得到样品表面的光场强度 $I = |S(u,v,t)|^2$。

假如样品为纯粹的非线性克尔介质,介质对入射光没有非线性吸收,则样品后表面的出射光可以表示为

$$S_L(u,v,t) = S(u,v,t)\exp(-\alpha_0 L/2)\exp[\,\mathrm{i}\varphi_{NL}(u,v,t)\,] \qquad (6-4)$$

式中:$\varphi_{NL}(u,v,t) = kn_2 I(u,v,t) L_{eff}$ 为光场通过非线性介质时产生的非线性相移,$L_{eff} = [1 - \exp(-\alpha_0 L)]/\alpha_0$ 为样品的有效厚度,k 为光场在介质中的波矢,n_2 为介质的 3 阶非线性折射率;L 为样品厚度。

如果样品存在非线性吸收,假设非线性吸收为双光子吸收,介质的双光子吸收系数用 β 表示。当样品厚度远远小于入射光束的衍射长度,即 $L \ll \pi\omega_0^2/\lambda$ 时,可以忽略光场在样品中的衍射,即采用"薄样品"近似。薄样品近似情况下,样品后表面的出射光场可以表示为

$$S_L(u,v,t) = S(u,v,t)\exp(-\alpha_0 L/2)\,[\,1 + q(u,v,t)\,]^{\mathrm{i}kn_2/\beta-1/2} \qquad (6-5)$$

式中:α_0 为线性吸收系数;$q(u,v,t) = \beta I(u,v,t) L_{eff}$ 为非线性吸收因子。得到了样品后表面的出射光场,再经过一次傅里叶逆变换,就可以得到位于 4f 系统出射面处 CCD 相机处光强分布,有

$$I_{im}(x,y,t) = |\lambda f_2\,\mathrm{FT}^{-1}[\,S_L(u,v,t) H(u,v)\,]|^2 \qquad (6-6)$$

式中:FT^{-1} 为傅里叶逆变换;$H(u,v) = \mathrm{circ}[\,(u^2+v^2)^{1/2}\lambda G/N_A\,]$ 为系统的相干光学传递函数,G 为 4f 系统的放大率,N_A 为透镜 L1 的数值孔径。

由式(6 - 1)至式(6 - 6),可以得到出射光场的强度分布,进而数值模拟实验结果,测量光学材料的非线性参数。

为了后面的表述方便,定义一个表示相位物体内外光强差的变量,即

$$\Delta T = \bar{I}_{in} - \bar{I}_{out} \qquad (6-7)$$

式中:$\bar{I}_{in}$ 为圆孔光阑中心的相位物体内的平均光强;$\bar{I}_{out}$ 为相位物体之外和圆孔光阑之内的平均光强。ΔT 的符号表示了非线性折射率的正负:当 $\Delta T > 0$,非线性折射率为正;反之,当 $\Delta T < 0$ 时,非线性折射率为负。由此可以判断材料非线性折射率的符号。图 6 - 5(a)是非线性折射为正,忽略非线性吸收的情况下得到的非线性图像。图中黑色代表了背景,即没有激光照射的位置,光强分布为零;灰色和白色代表了所处位置的激光强度,颜色越亮,光强越强。图 6 - 5(b)中实线为图 6 - 5(a)中非线性图像沿 $y = 0$ 的剖面图,虚线为非线

性折射率为零的情况下,沿 $y=0$ 的非线性图像剖面图。$\Delta T>0$,表示非线性折射率为正。

　　图 6-6(a)所示为非线性折射率为负的情况下的非线性图像。图 6-6(b)中实线为图 6-6(a)中沿 $y=0$ 的剖面图,虚线为非线性折射率为零的情况下,沿 $y=0$ 的非线性图像剖面图。$\Delta T<0$,表示非线性折射率为负。

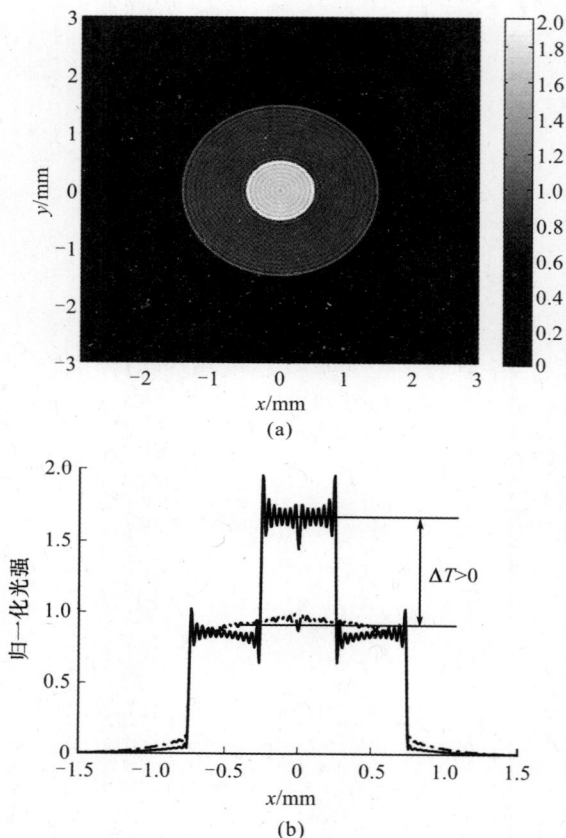

(a)

(b)

图 6-5　非线性折射为正时双 $4f$ 系统理论拟合图线
(a) 非线性图像;(b) 非线性图像沿 $y=0$ 的剖面图。

6.3.1　实验步骤与过程

　　实验步骤与过程涉及原始数据的提取,关系到测量结果的真实可靠,特别是双 $4f$ 相位成像技术,由于实验中采用了高灵敏度的 CCD 相机,必须合理安排实验步骤。具体的实验过程如下:

　　(1) 剔除背景光。在暗室中,打开 CCD 相机,拍摄背景光,取出平均值作为

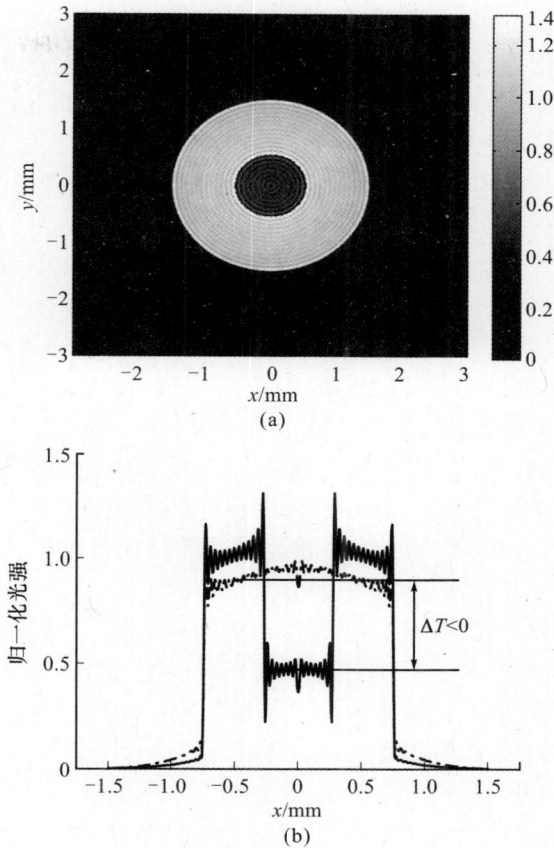

图 6-6　非线性折射为负时双 $4f$ 系统理论拟合图线

（a）非线性图像；（b）非线性图像沿 $y = 0$ 的剖面图。

背景光强,实验中将 CCD 上低于背景光强的像素光强设置为 0。由于 CCD 的高灵敏度,很容易将空间背景光记录下来,虽然暗室中背景光很弱,但是由于在能量校准以及后续的图像处理、数据处理中需要累加 CCD 各像素上的光强,经过多次叠加之后,很容易影响实验精度,增加测量误差。剔除背景光,可以提高实验数据的可信度,为非线性测量做好准备。

（2）能量校准。将能量计的探头放置在主光路的频谱面附近,同时用 CCD 准备记录参考光路的光斑。放置好探头和 CCD 相机之后,触发单激光脉冲,能量计记录主光路中的脉冲能量,CCD 记录参考光路中光强分布。重复以上操作 5 次,取平均值,消除偶然误差。由于主光路与参考光路分光比确定,激光脉冲的脉宽和束腰恒定,激光脉冲能量与 CCD 拍摄到的光强呈线性关系,因此,只要 CCD 记录了脉冲的光强分布,就可以据此获得脉冲的能量。

(3) 提取线性光斑。选取待测样品放置在 $4f$ 系统的傅里叶面上,取中性均匀衰减片放置待测样品前,保证待测样品处于线性激发状态,不足以产生非线性,然后用 CCD 记录光斑。这种情况下的光斑称为线性光斑。线性光斑可以帮助我们确定相位物体的透过率、相位物体和相位光阑的物理边缘,有助于精确定位相位物体。

(4) 提取非线性光斑。这一步骤的主要目的就是完成非线性测量工作。光路布局不做任何变动,仅仅将提取线性光斑时放置在待测样品之前的中性衰减片移到样品之后,使入射到样品表面的能量足够大,激发样品产生非线性效应,这时,CCD 记录的光斑为非线性光斑。

(5) 提取无样品光斑。这一步骤目的有两个:第一是根据 CCD 记录的脉冲光斑,获取入射能量;第二是获得材料的线性透过率和非线性透过率。获得无样品光斑之后,结合第(3)步,可以得到待测样品的线性透过率,同理,依照第(4)步,可以确定样品的非线性透过率。确定样品的线性吸收系数和非线性吸收系数之后,就可以获得样品的非线性折射率。

(6) 进行图像处理、数据处理,模拟实验结果,提取非线性参数。首先,进行图像处理,提取各种情况下 CCD 拍摄到的光斑强度,获取入射能量和光强分布。其次,根据得到的入射能量和非线性参考光斑光强分布,进行非线性光斑模拟。值得注意的是,由于采用了双 $4f$ 相位成像技术,通过非线性参考光斑可以得到同步的主光路中的光斑分布,这一点,明显优于 $4f$ 相位成像技术中采用的线性主光斑拟合,因为线性光斑和非线性光斑不同步,激光器微小的浮动,都会造成很大的误差。最后,根据前面 5 步获得的线性透过率和非线性透过率拟合非线性系数,代入公式计算非线性折射率。由于激光脉冲很窄,在皮秒时域,脉冲间隔较长,在测量过程中,样品中的热效应几乎不会对测量造成影响,可以忽略。另外,由于非线性折射率不影响非线性吸收,因此,非线性吸收的确定不依赖于非线性折射率。在非线性吸收系数确定之后,非线性折射率成为唯一的未知数,通过调整非线性折射率的数值,模拟非线性光斑即可获得。至此,非线性测量工作完成。

通过上面的分析不难看出,双 $4f$ 相位成像技术与传统的 Z 扫描技术一样,具有测量灵敏度高、光路简单的特点,最重要的是可以测量非线性吸收、非线性折射的大小和符号。然而和 Z 扫描技术相比,双 $4f$ 相位成像技术又有着自己的独到之处:

(1) 单脉冲测量。由于测量过程简单,采用单脉冲激发,避免了长时间高功率重复激发对样品造成的损伤,尤其是对于损伤阈值较低的薄膜材料,可以实现无损伤测量。

（2）样品位置固定，无需移动。由于激光脉冲并非平面波，在空间中传输不易控制，而且在不同位置具有不同的光斑半径，将样品固定在同一位置，可以避免由于样品在移动过程中样品的振动造成激光光斑半径出现偏差等情况。同时，由于位置固定，可以准确测量具有表面缺陷，甚至不均匀的样品，给样品的制备带来方便。

（3）采用了空间分布为 top－hat 的脉冲激光。top－hat 脉冲的采用，大大提高了双 4f 相位成像技术的实用性。由于高质量 top－hat 脉冲经过扩束后即可获得，可以利用 OPG 系统实现宽波带非线性测量，便于各种非线性功能材料的寻找和实现。

（4）参考光路采用 4f 系统。由于参考光路采用了与主光路完全一样的 4f 系统，光强的监测更为实时、准确，大大提高了测量精度，降低了实验误差。

6.3.2　近红外波段双光子诱导 ZnSe 非线性折射率符号改变

这里采用了并联双 4f 相位成像技术。激光输出系统为光学参量产生器（OPG），波段调谐范围为 420nm～680nm，740nm～2300nm。泵浦源为调 Q 锁模固体 Nd：YAG 激光器（EKSPLA PL2143B），泵浦光波长为 355nm，脉宽为 10ps（FWHM）。首先，将 OPG 输出的激光脉冲扩束 8 倍，同时在两个扩束透镜的重合焦点处放置针孔，进行空间滤波，可以有效改善激光脉冲的空间分布，然后，选取中间均匀部分透过圆孔光阑作为 top－hat 脉冲光源。圆孔光阑半径为 $R_a = 1.7mm$，相位物体半径为 $L_p = 0.5mm$，产生的线性相位延迟 φ_L 随入射波长改变而改变，在 800nm 波段，相位物体的相位延迟为 $\varphi_L = 0.27\pi$。透镜焦距 $f_1 = f_2 = f$，随入射光的频率改变而改变，由此得出系统的放大率 $G = 1$，而且不随波长的改变而改变。4f 系统出射平面处的 CCD（Lavision Imager）相机具有 1040×1376 个像素点，单个像素点具有 4096 阶灰度，表示拍摄到的激光强度，数值越大，光强越强，像素大小为 6.4μm×6.4μm。ZnSe 晶片厚度为 2mm。由于衍射长度 $z_0 = \pi\omega_0^2/\lambda$，而对于 top－hat 激光脉冲，在焦点处的束腰半径为爱里半径 $\omega_0 = 0.61\lambda f/R_a$，因此，激光衍射长度随波长变化关系为 $0.37\pi\lambda f^2/R_a^2$，R_a 为圆孔光阑半径。只要保证所测波段的波长最大时，满足薄样品近似，就可以保证实验过程中的薄样品近似。下面选择在 800nm 波长处，讨论半导体 ZnSe 的双光子非线性。

6.3.3　实验结果

图 6－7 所示为采用双 4f 相位成像技术在 800nm 波长测量的 ZnSe 半导体非线性吸收系数随峰值光强的变化。图 6－7 中离散的空心圆表示实验测量结

果,实线为线性拟合。从图6-7可知,ZnSe的非线性吸收系数不随光强变化,几乎是个常数。这是由于实验中所用的光强低于产生自由载流子吸收的阈值,不足以引发更高阶的非线性吸收。因此,实验中测得的ZnSe非线性吸收就是双光子吸收,仅仅存在3阶非线性吸收效应,不存在高阶非线性吸收效应。对实验测得的双光子吸收系数取平均值,作为其在800nm波长的双光子吸收系数,并将它用于下面计算有效非线性折射率。由图6-7所示的实验数据取平均值可得,半导体ZnSe在800nm的双光子吸收系数为6.23cm/GW。

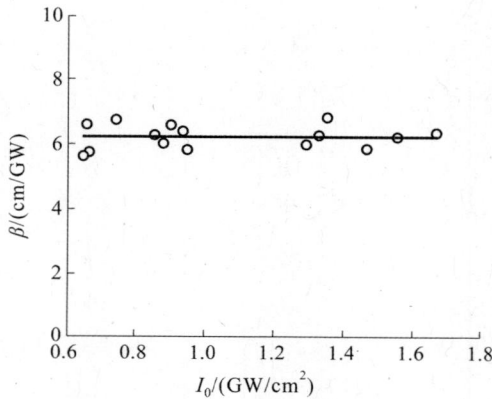

图6-7 半导体ZnSe在800nm波长处非线性吸收系数随峰值光强的变化

图6-8所示为800nm波段,由CCD获得的非线性图像、非线性图像沿x轴的截面图,及其理论模拟结果。图6-8(a)所示为低光强下拍摄到的非线性光斑;图6-8(c)所示为低光强下沿x轴的截面图;图6-8(b)所示为高光强下由CCD拍摄到的非线性图像;图6-8(d)所示为高光强下沿$y=0$的剖面图。其中,在图6-8(c)、(d)中,实线为理论模拟结果,虚线为实验数据。对比前面的理论模型可知:低光强下,如图6-8(c)所示,非线性折射率为正;高光强下,如图6-8(d)所示,非线性折射率为负。

由图6-8可知,ZnSe在低光强下,非线性折射率为负,当光强增强之后,非线性折射率由正转负。在高光强下非线性折射率符号发生了改变,显然,导致非线性折射率符号改变的是高阶非线性。在半导体中,最常见的高阶非线性折射,即自由载流子非线性折射,是一种有效的五阶非线性光学效应。为了便于研究,我们测量了非线性折射率随光强的变化规律,如图6-9所示。图中空心圆为实验数据,实线为理论模拟曲线。图6-9中,非线性折射率随着光强的增大逐渐减小,最后由正转负。

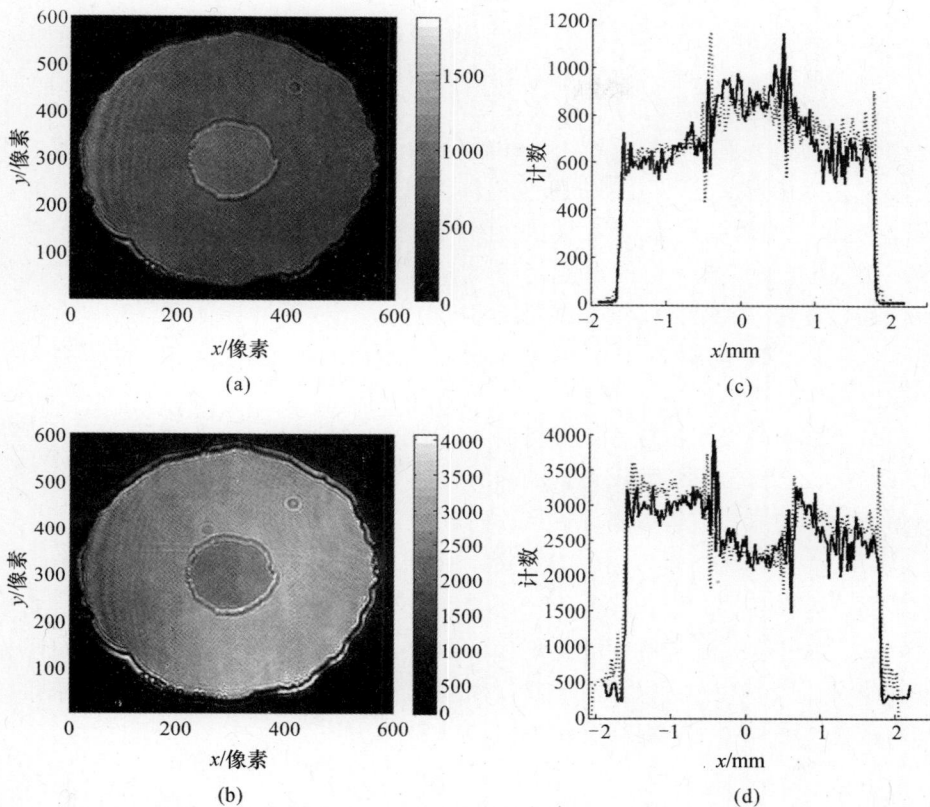

图 6 - 8　800nm 波长处 ZnSe 的非线性折射图像

（a）低光强下非线性图像；（b）高光强下的非线性图像；（c）低光强下非线性图像沿 $y=0$ 的剖面图；
（d）高光强下非线性图像沿 $y=0$ 的剖面图

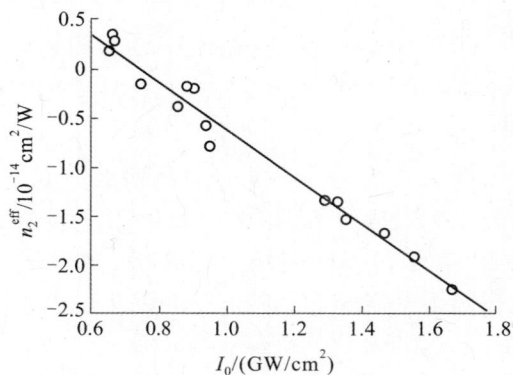

图 6 - 9　800nm 波长处 ZnSe 的有效非线性折射率随峰值光强的变化

6.3.4　理论分析

为了解释这个问题,可以假设 3 阶非线性折射率为正,而 5 阶非线性折射率为负。在低光强下,产生的 3 阶非线性折射效应为正,而 5 阶非线性效应由于激发光强不够大,产生的非线性相移太小而无法显现出来,随着光强的增强,5 阶非线性效应逐渐增强,非线性相移逐渐增大,产生的总非线性相移逐渐减小,当光强突破一定的阈值之后,5 阶非线性效应占据主导,3 阶非线性效应被完全湮没,导致有效的非线性折射率为负。对于半导体 ZnSe,假设价带电子效应(克尔效应)为正,而双光子吸收诱导的自由载流子非线性折射效应为负。

基于以上假设来推导非线性折射率符号改变的原因。由于非线性折射率随光强变化,不再是常数,假设得到的非线性折射率为有效的 3 阶非线性折射率。根据半导体中非线性折射来源,可以将折射率变化表示为[2]

$$\Delta n = n_2^{\text{eff}} I = n_2 I + \sigma_r N \tag{6-8}$$

式中:n_2^{eff} 为样品的有效非线性折射率;I 为入射光的光强;n_2 为 3 阶非线性折射化率;σ_r 为单位载流子密度的折射率的变化;N 为单位体积内的自由载流子密度。假设在 ZnSe 内,自由载流子仅仅由双光子吸收一种机制产生,那么单位体积内载流子的数密度随时间变化可以表示为

$$\frac{\mathrm{d}N}{\mathrm{d}t} = \frac{\beta I^2}{2 \hbar \omega} \tag{6-9}$$

这里忽略了自由载流子复合,这是由于半导体中自由载流子寿命较长,一般长达几纳秒、十几纳秒,和使用的激光器脉宽 10ps 相比,远远大于激光脉宽,因此自由载流子的复合可以忽略不计。

将式(6-9)积分,代入式(6-8),在激光脉宽范围内取平均值,可以得到脉冲宽度内 ZnSe 的折射率变化,除以峰值光强 I_0,就可以得到有效非线性折射率随峰值光强的变化关系,即

$$n_2^{\text{eff}} = \frac{\langle \Delta n \rangle}{I_0} \approx n_2 + C \frac{\beta \tau_p}{\hbar \omega} \sigma_r I_0 \tag{6-10}$$

式中:τ_p 为激光脉宽(FW1/eM)。由式(6-10)可知,有效非线性折射率与峰值光强成线性比例关系,直线在 y 轴的截距可以表示 3 阶非线性折射率,而直线的斜率与单位体积内的自由载流子折射率改变相关。由图 6-8 可知,y 轴的截距为正,对应正的 3 阶非线性折射率,斜率为负,对应自由载流子负的非线性折射率,与上面的假设完全一致。采用式(6-10)拟合实验数据,可以得到在 800nm 波长处 ZnSe 的 3 阶非线性折射率为 $1.8 \times 10^{-14} \text{cm}^2/\text{GW}$,单位体积内自由载流子的折射率改变为 $-0.7 \times 10^{-21} \text{m}^{-3}$。拟合结果如图 6-9 实线所示。

由上面的分析可知：在 800nm 波长处，半导体 ZnSe 的非线性吸收主要为双光子吸收，由于自由载流子吸收很弱，可以忽略；非线性折射主要是三阶克尔效应和由双光子吸收激发的自由载流子折射效应；三阶克尔系数为正，而双光子吸收激发的有效五阶自由载流子非线性折射效应为负。正是由于二者的竞争，才导致了半导体 ZnSe 的有效非线性折射率随激发光强变化。

参考文献

［1］ Boudebs G, Cherukulappurath S. Nonlinear optical measurements using a 4f coherent imaging system with phase objects. Phys［J］. Rev. A,2004, 69: 053813.

［2］ Wang J, Sheik – bahae M, Said A A, et al. Time – resolved Z – scan measurements of optical nonlinearities ［J］. J. Opt. Soc. Am. B. ,1994, 11(6): 1009 – 1017.

第7章
样品表面不均匀情况下的测量

非线性光学薄膜材料具有重要的应用价值,一直是非线性光学材料研究的重点,也是非线性光子学器件研究的关键之一。非线性光学薄膜主要包括无机薄膜、有机薄膜以及有机无机杂化薄膜。无机薄膜的制备方法主要可分为物理方法和化学方法两种。物理方法主要有电子束蒸发、溅射、多源淀积、分子束外延(MBE)、原子层外延(ALE)等;化学方法主要有化学气相沉积(CVD)、金属有机物化学气相沉积(MOCVD)等。无机薄膜按其功能组成主要可分为铁电薄膜、半导体薄膜和纳米粒子薄膜几种。有机薄膜的制备主要有 Langmuir – Blodgett(LB)膜、自组装膜、真空蒸镀膜、双层类脂膜和旋涂膜等。

无机非线性光学晶体是应用最早,也是应用较广泛的一类非线性光学材料。同无机非线性光学晶体相比,有机及高聚物非线性光学材料的突出优点在于大的非线性光学系数(通常比无机晶体高1至2个数量级)、快的响应时间(皮秒至飞秒)、优异的可加工性等,而且品种类别众多,结构丰富多变,可以通过研究结构 – 性能的关系来实现分子"剪裁"和材料的"形态工程",这些优点是无机晶体材料难以比拟的。也正因为如此,有机光学非线性晶体和薄膜的研究一直是研究人员关注的重点领域之一。但是各种新型的有机非线性光学薄膜往往很难获得较大尺度的良好的光学表面,由于制备工艺、磨损、样品不稳定,以及与空气及水蒸气发生化学反应等多种原因,厚度和成分均匀且具有优良光学表面的薄膜材料很难制备,给有机薄膜的光学非线性研究带来了极大困难。在光学薄膜表面不均匀的情况下,入射光被不均匀的薄膜表面扭曲,不同的样品位置对入射光的扭曲还不相同,对光学非线性测量产生难以克服的困难,特别是对依赖于理想输入光斑的非线性光学测量(如 Z 扫描技术等)将带来很大实验误差。而在 $4f$ 相位成像技术中,由于线性光斑和非线性光斑受到同一个样品位置的影响,所以二者的空间分布具有相似性,利用线性光斑作为数值模拟的输入可以很好地对非线性光斑进行拟合。这将对薄膜光学非线性研究与应用具有极其重要的意义。

7.1 测量原理

随着光学技术发展与应用的需要,各种有机薄膜材料(既有单层膜也有多层有序膜)的非线性吸收和非线性折射被广泛地研究,人们希望能找到大的非线性系数的光学材料。因此急需一种技术能解决不均匀样品对测量带来的影响。自从 Z 扫描[1,2]被提出以后,由于它具有光路简单、灵敏度高、能够区分非线性折射和非线性吸收信号,并且能够同时测量它们的大小和符号等特点,很快就成为一种广泛使用的非线性测量手段。但是由于在 Z 扫描实验过程中照射在样品上光斑的大小是不断变化的,所以当样品表面不均匀的时候,由于不同 z 位置受到的随机浮动的影响也是不同的,造成了整体 Z 扫描曲线的不规则。又由于在样品表面的不同位置,随机不均匀情况也是不同的,这样当变化样品位置进行实验会得到不同的实验曲线。

后来人们对 Z 扫描实验进行了多种变形,发展出了 I 扫描、d 扫描、r_a 扫描和 ρ 扫描等形式[3-8]。在这些方法中,样品都不需要沿 z 方向移动,所以照射在样品上的光斑的大小是不会变化的。这样就避免了实验过程中照射样品的光斑变化对实验的影响。但是这些方法依然无法解决样品不同位置上随机不均匀给实验结果造成的影响。

与 I 扫描、d 扫描、r_a 扫描和 ρ 扫描类似,4f 相位成像系统将样品固定在傅里叶面上,这样就避免了实验过程中光斑照射面积变化对测量结果造成的影响。而且,在样品不同位置进行实验时,表面不均匀性对信号造成的影响被线性光斑记录下来,利用线性光斑的浮动来修整非线性光斑,可以使得理论模拟的非线性光斑与实验的非线性光斑吻合非常好。并且由于变化样品点时,相应的线性光斑也会改变,这样就不用担心不同样品点非线性光斑之间的差异。

无论是 Z 扫描还是 4f 相位成像系统,在测量光学非线性过程中,都需要在已知输入的光强 I_{in} 和相位 φ_{in} 的情况下,通过解强度和相位关于光场在样品内的传播深度的微分方程 dI/dz' 和 $d\varphi/dz'$(z' 是样品的穿透深度)来得到样品出射表面的光强 I_L 和相位 φ_L(也就相当于得到电场 E_L)。二者不同的是对远场光场的处理:Z 扫描对 E_L 使用惠更斯—菲涅耳公式得到小孔处的光强 I_a,而在 4f 相位成像系统中对 E_L 使用惠更斯—菲涅耳衍射,棱镜透射函数和再一次惠更斯—菲涅耳衍射(合在一起就是一次傅里叶变换)来得到 CCD 平面上的光强 I_c。在实验上,Z 扫描通过小孔透射光强 I_a 来测量光学非线性折射率,样品表面不均匀的时候,I_L 和 φ_L 以及实验测得的 I_a 或 I_c 都会产生相应的随机波动,Z 扫描的曲线可能发生畸变,导致较大的测量误差,甚至无法处理实验曲线。

4f 相位成像技术也属于基于光束畸变测量光学非线性的技术,通过测量透射光场来得到光学非线性系数[9],与 Z 扫描不同的是,CCD 记录透射光场的振幅空间分布,而不是某个区域的透射光强,通过处理整个光束在像平面上不同位置的透过率的变化来测量非线性系数,某一区域输入光场的变化将直接导致透射光场的变化,这就为测量提供了可能。实验方法为:首先发射一个具有相位 φ_{in} 和强度 I_{in}^l 的脉冲,保证脉冲强度弱到不能在样品中引起非线性,然后用 CCD 记录透过的光强 I_c^l。此时线性光斑中的波动就包含了样品表面不均匀的信息。需要提醒的是,CCD 平面上电场的相位 φ_c^l 不能被记录。再发射一个相位为 φ_{in}、强度为 I_{in}^n 足以产生非线性的强脉冲,同样用 CCD 记录实验光斑 I_c^n。由于非线性吸收和折射的原因,I_c^n 与 I_c^l 会产生明显的区别。对于一个具有随机不均匀性的样品来说,即使给定 I_{in}^n 和 φ_{in},CCD 平面上的光强分布 I_c^n 也不能通过理论计算得到。为了理论上模拟 I_c^n,在保持能量不变的情况下用 I_c^l 分布来修正 I_{in}^n,但不对相位 φ_{in} 进行修改来拟合 I_c^n。数值模拟的结果与实验图像除了小的浮动外,基本上可以重复。假如 φ_c^l 能够以某种方式记录下来,有理由相信用它代替 φ_{in} 将使得理论模拟结果和实验结果差异进一步减小。

7.2 超薄膜 CuPc(COONa)₄/PDDA 的光学非线性测量

1991 年,Decher 等提出了一种新的纳米复合薄膜制备技术,利用带相反电荷的组分之间的静电吸引力吸附分子形成薄膜,称为静电自组装技术(Electrostatic Self – Assembly, ESA)。静电自组装的基本过程可用图 7 – 1 来描述。首先把一个表面带有电荷(如正电荷)的基片放在一个聚负离子的溶液里浸泡一段时间,基片表面就会吸附一层聚负离子,吸附的聚负离子除了一部分电荷与基片中和外,还剩余许多多余的电荷,导致基片由带正电变为带负电荷;接着把基片放入一个聚正离子的溶液里浸泡一段时间,同样,基片表面就会吸附一层聚正离子,使基片表面重新变为带正电荷;重复这一交替吸附的过程,就可以组装任意个双层的薄膜。紫外—可见光谱用于监测多层膜的静电自组装过程。

四羧基金属酞菁铜的合成过程请参见其他文献[10]。CuPc(COOH)₄ 与 NaOH 反应生成 CuPc(COONa)₄,其分子结构如图 7 – 2 所示。四羧基金属酞菁铜层静电自组装多层膜的制备采用聚阳离子电解质 PDDA 与带负电的电解质金属酞菁铜四羧酸钠层层交替沉积的方式来制备。带正电荷的聚二烯丙基二甲基氯化铵(Polydially Dimethylammonium Chloride;PDDA;MW ca. 100,000 – 200,000;Aldrich),直接使用无需纯化处理。PDDA 的分子结构如图 7 – 2 所示。

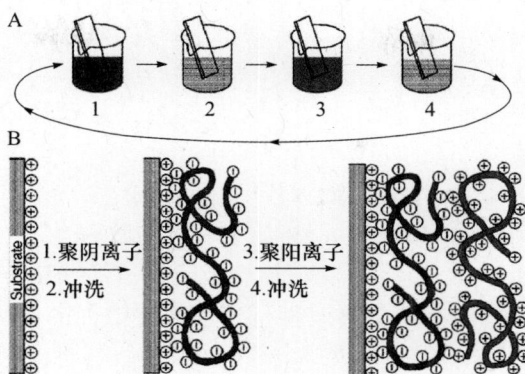

图 7 – 1 正负离子吸引形成的自组装多层膜

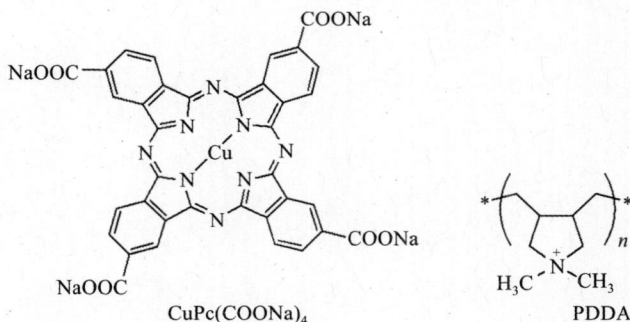

图 7 – 2 CuPc(COONa)₄ 和 PDDA 的分子结构

7.2.1 石英基片预处理

静电自组装薄膜一般要生长在基片上,主要是依靠正负电荷吸引力生长。薄膜生长前,首先要对基片进行预处理,以使石英基片表面带负电荷。具体流程是将石英基片依次在异丙醇、二次去离子水中超声各 30min,取出后用二次去离子水充分冲洗,用氮气吹干。再将基片放在浓度为 5mol/L 的 KOH 溶液中浸泡 1min,再用二次去离子水充分浸泡、冲洗,清除残余的 KOH,用氮气吹干。这样就得到了表面带有负电荷的石英基片。用于小角 X 射线衍射分析和原子力显微镜分析的硅片处理方法同上面的石英基片。

7.2.2 自组装薄膜的制备

CuPc(COONa)₄ 的浓度为 0.1mol/L,用 0.1 mol/L 的 NaOH 调节 pH 值为 8～9。PDDA 的浓度稀释至 5% 后待用。经过 KOH 亲水处理的石英片带负电荷,首先将它放入带正电荷的 PDDA 溶液中浸泡 5min，取出用二次去离子水彻底冲洗后，再重复上面的操作两次，使基片表面带有较高的正电荷密度。如此反复 3 遍后，将其放入 CuPc(COONa)$_4$ 的溶液中浸泡 5min，取出用二次去离子水彻底冲洗，氮气吹干，这样基片上就沉积了一双层。重复这一过程就可以得到任意层数的自组装多层膜。

1~10 双层的 CuPc(COONa)$_4$/PDDA 薄膜的紫外—可见光谱变化如图 7-3 所示。在 200~800nm 范围内出现了两个酞菁的特征吸收谱带，一个为 Q 带，在 600~800nm 波段范围内，最大吸收峰波长为 704nm，一个为 S 带，在 200~400nm 范围内，这两个吸收谱带为金属酞菁分子骨架中的 $\pi-\pi^*$ 电子从最高占有轨道 a_{1u}、a_{2u} 跃迁至最低空轨道 e_g 所产生的吸收谱带。值得注意的是，在四羧基酞菁铜的水溶液中这一特征吸收出现在 606nm 附近，与溶液相比，自组装薄膜的吸收峰发生了明显的红移，约红移 16nm，这可能是由于薄膜中各分子层间的紧密堆积形成聚集体，从而形成了更大的共轭体系；而且薄膜的吸收带有很明显的加宽现象，这可能是由于薄膜中酞菁分子之间共轭环的面对面的紧密堆积的结果。CuPc(COONa)$_4$/PDDA 薄膜从 1~10 对层表现出了很均匀的增长过程，将 722nm 处的最大吸光值与层数作图，得到了内图所示的线性关系。根据 Lambert-Beer 定律可知，吸光度与膜中所沉积的酞菁配合物的量成正比。因此，在自组装体系中，每组装一双层即将等量的物质沉积在基片表面，组装过程层与层之间良好的一致性与重复性。但是随着层数的增加，这种层与层之间具有良好的一致性与重复性很难保持，薄膜的表面粗糙度可能增大。小角 X 射线衍射(XRD)的结果也证明了这一点。

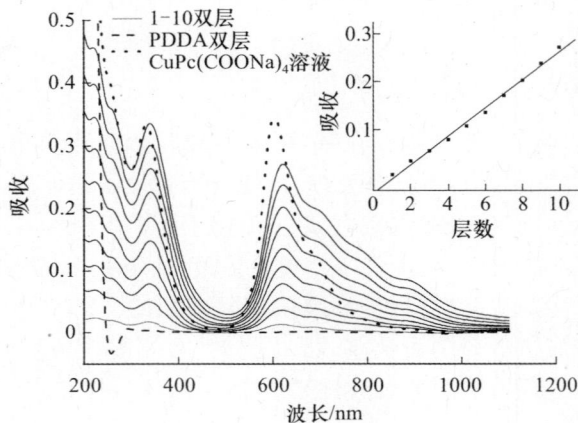

图 7-3　1~10 双层 CuPc(COONa)$_4$/PDDA 自组装膜、
CuPc(COONa)$_8$ 及 PDDA 水溶液的紫外吸收光谱

7.2.3　小角 X 射线衍射（XRD）

采用小角 X 射线衍射的方法表征膜的平整度和周期性结构。小角 X 射线衍射中的 Kiessig 指纹峰是从薄膜与基片上反射的光与膜的反射光的干涉所产生的,如果薄膜与基片以及薄膜与空气之间的界面都很平整,XRD 图谱上将出现 Kiessig 指纹峰。在硅片基片中沉积了 6 双层和 8 双层的 $CuPc(COONa)_4$/PDDA 自组装膜,测试得到它的小角 X 射线衍射图（图 7-4）。两组自组装膜在 θ 为 0°~2°范围内出现了 Kiessig 指纹峰,表明自组装膜的表面是相当平整的,具有较好的周期性结构。紫外吸收光谱以及小角 X 射线衍射图都表明 $CuPc(COONa)_4$/PDDA 具有非常均一平整的表面结构,形成了紧密堆积的纳米粒子,纳米粒子中金属酞菁的大环面对面堆积,大环平面和基片平面平行,平躺在基片上。但是在层数较多的超薄膜中很难出现 Kiessig 指纹峰,薄膜与空气之间的界面都已不平整,也就是说,自组装薄膜超过一定层数以后,层与层之间的界面很难保证平整。

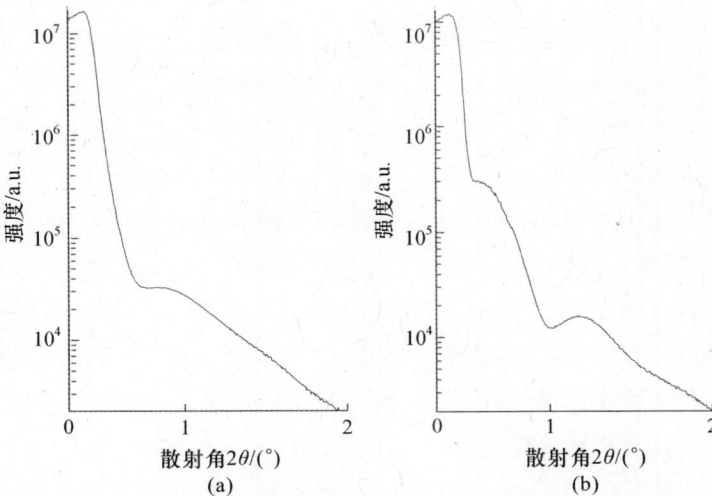

图 7-4　6 双层及 8 双层的 $CuPc(COONa)_4$/PDDA 薄膜

小角 X 射线衍射图像铜靶波长 1.5406Å

（a）6 双层;（b）8 双层。

原子力显微镜（Atomic Force Microscope,AFM）图像也给出了类似结果。$CuPc(COONa)_4$/PDDA 自组装膜总的厚度为 1.0μm。测量仪器为 NT-MDT Solver P47-PRO 扫描探针显微镜（SPM）。图 7-5 给出了 50μm×50μm（略大于焦点上光斑照射到样品上的尺寸）范围的三维 AFM 图像,图中显示最大和最小厚度之差约 35nm,由于样品是双面膜,总的厚度差别约为 70nm,范围越大,这个厚度差可能越大。

图 7 - 5　薄膜 CuPc(COONa)$_4$/PDDA 50μm × 50μm 范围内的三维 AFM 图

7.2.4　Z 扫描实验

实验测量的 CuPc(COONa)$_4$/PDDA 自组装膜总的厚度约为 1.0 μm。在样品上选择 4 个不同的位置进行测量。Z 扫描实验所用的激光光源为倍频、调 Q 锁模 Nd:YAG 激光器(EKSPLA,PL2143B),发射脉宽 $\tau = 21$ps(半高全宽),重复频率为 1Hz 的 532nm 激光。光束通过焦距为 150mm 的凸透镜后照射到样品上,焦点上光束束腰约为 $\omega_0 = 30$μm(1/e^2 半宽),脉冲能量为 $E_n = 0.5$μJ,相应的轴上峰值光强 $I_{00} = 1.45$ GW/cm^2。远场圆孔线性透过率为 0.15。在每一个 z 位置,总的透过率(总透射能量除以入射能量)和轴上通过小孔的透过率都被记录下来。总透过率随 z 位置的关系曲线被称为开孔 Z 扫描曲线,它只与非线性吸收有关;轴上通过小孔透过率随 z 位置的关系曲线被称为闭孔扫描曲线,它与非线性吸收和非线性折射都有关系。为消除非线性吸收的影响,通常用闭孔扫描曲线除以开孔扫描曲线并进行归一化。

图 7 - 6 给出了在样品上 4 个不同位置的归一化闭孔 Z 扫描实验结果。4 条闭孔归一化 Z 扫描曲线均为先谷后峰结构,表明样品具有正的非线性折射性质,但是曲线形状不规则,畸变严重,而且幅度各不相同,很难用理论曲线很好地进行拟合。采用相同的实验装置对 CS$_2$ 进行了重复测量,CS$_2$ 装在 1mm 石英比色皿中,比色皿的表面均匀度非常好,在不同位置测量 CS$_2$ 的结果也全部重复,证明实验系统是可靠的。薄膜 CuPc(COOH)$_4$/PDDA 不同位置的实验结果不同,很可能是薄膜厚度不均匀造成的。样品厚度差(ΔL)会对穿过样品的电场产生约 5% 的强度浮动($\{\exp[-\alpha(L - \Delta L)] - \exp(-\alpha L)\}/\exp(-\alpha L) \approx 0.05$,其中 $L = 1.0$μm 是样品厚度,$\alpha = 7.38 \times 10^5$m^{-1} 是样品的

160

线性吸收系数)和 0.4rad($2\pi \times 70\text{nm} \times (1.5 - 1.0)/532\text{nm} = 0.4$,其中 1.5 和 1.0 分别对应样品和空气的线性折射率)的相位不稳定性。Z 扫描技术测量的是某一均匀区域的光学非线性,无法表征这一区域内某点或某一更小区域的非线性光学特性。也就是说,样品表面不均匀的薄膜是不适于采用 Z 扫描技术进行定量测量。

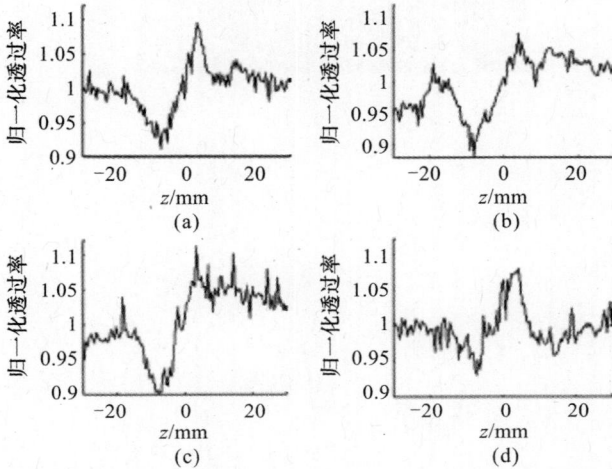

图 7 - 6　在 CuPc(COONa)$_4$/PDDA 薄膜 4 处不同位置测量的闭孔归一化 Z 扫描曲线

7.2.5　$4f$ 相位成像实验

下面用 $4f$ 相位成像系统测量 CuPc(COONa)$_4$/ PDDA 自组装薄膜的光学非线性[11]。实验条件为 $f_1 = f_2 = 400\text{mm}$,$G = 1$,$R_a = 1.7\text{mm}$,$L_p = 0.5\text{mm}$,$\varphi_L = 0.40\pi$,$N_A = 0.1$,$\omega_0 = 1.22\lambda f_1/(2R_a) = 76\mu\text{m}$,$z_0 = \pi\omega_0^2/\lambda \approx 3.4\text{cm}$。图 7 - 7(a) 是实验中得到的非线性光斑的图像,脉冲能量为 2.85μJ(峰值光强为 2.3 GW/cm^2)。图 7 - 7(b) 是图 7 - 7(a) 沿 $y = 0$ 的剖面图,从中可以看到理论曲线(实线)和实验曲线(虚线)符合得非常好。当在样品的不同位置进行实验的时候,得到的非线性图像差别是很大的,但是各自的理论模拟图像都能够和实验图像吻合的非常好。图 7 - 7(c) 就是在样品上另一个不同位置得到的实验结果和理论模拟结果的比较。通过在不同位置的多次重复实验,得到比较稳定的非线性折射率($n_2 = 5.5 \times 10^{-15}\text{m}^2/\text{W}$)和非线性吸收系数($\beta = 1.7 \times 10^{-7}\text{m/W}$)[11]。

由于实验中所得的线性光斑和非线性光斑受到相同样品区域的影响,所以利用线性光斑反推得到的傅里叶平面上的空间分布来代替非线性测量中的样品前表面光强分布可以很大程度上改善拟合结果。

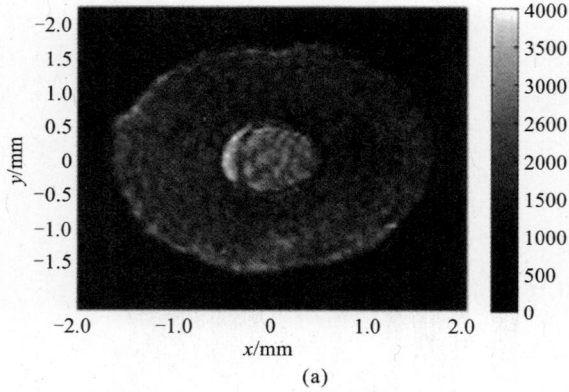

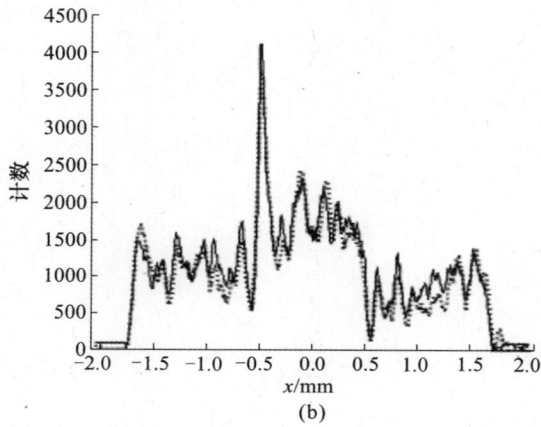

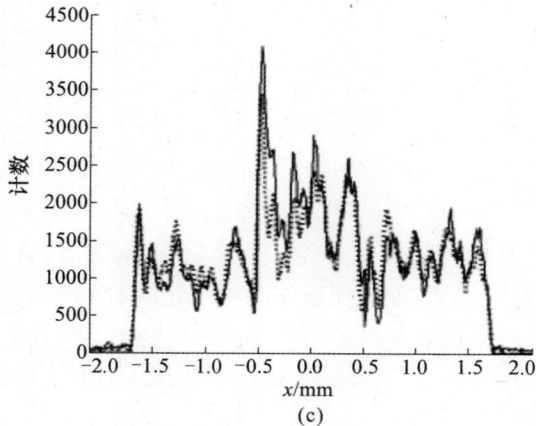

图 7 - 7 4f 相位成像系统测量 CuPc(COONa)$_4$/PDDA 薄膜的光学非线性结果

（a）在薄膜 CuPc(COOH)$_4$/PDDA 某一点上的实验结果；

（b）非线性图像沿 y = 0 的剖面图（虚线）及理论拟合曲线（实线）；

（c）在样品另一个点上的非线性图像沿 y = 0 的剖面图（虚线）及理论拟合曲线（实线）。

参考文献

［1］ Sheik – bahae M, Said A A, Van Stryland E W. High – sensitivity, single – beam n_2 measurements［J］. Opt. Lett,1989, 14(17): 955 –957.

［2］ Sheik – bahae M, Said A A, Wei T, et al. Sensitive measurement of optical nonlinearities using a single beam［J］. IEEE J. Qauntum Electron,1990, 16(4): 760 –769.

［3］ La Sala J E, Dietrick K, Benecke G, et al. Measuring optical nonlinearities with a two – beam X – scan technique［J］. J. Opt. Soc. Am. B,1997, 14(5): 1138 – 1148.

［4］ Banerjee P P, Danileiko A Y, Hudson T, et al. P – scan analysis of inhomogeneously induced optical nonlinearities［J］. J. Opt. Soc. Am. B,1998, 15(9): 2446 – 2454.

［5］ De Boni L, Toro C, Hernandez F E. Synchronized double L – scan technique for the simultaneous measurement of polarization – dependent two – photon absorption in chiral molecules［J］. Opt. Lett,2008, 33(24): 2958 – 2960.

［6］ Yatsenko Y, Mavritsky A. D – scan measurement of nonlinear refractive index in fibers heavily doped with GeO_2［J］. Opt. Lett,2007, 32(22): 3257 – 3259.

［7］ Yang Q, Seo J, Creekmore S, et al. Distortion in Z – scan spectroscopy［J］. Appl. Phys. Lett,2003, 82 (1): 19 – 21.

［8］ Taheri B, Liu H, Jassemnejad B, Appling D, et al. Intensity scan and two photon absorption and nonlinear refraction of C_{60} in toluene［J］. Apple phys Lett,1996, 68(10): 1317 – 1319.

［9］ Boudebs G, Cherukulappurath S. Nonlinear optical measurements using a $4f$ coherent imaging system with phase objects［J］. Phys. Rev. A, 2004, 69: 053813.

［10］ Jiang L, Lu F S, Li H M, et al. Third – order nonlinear optical properties of an ultrathin containing a porphyrin derivative［J］. J. Phys. Chem. B, 2005, 109(13): 6311 –6315.

［11］ Li Y, Song Y, Wei T, et al. Measurements of the third – order nonlinearity of inhomogeneous samples using the nonlinear – imaging technique with phase object［J］. Appl. Phys. B, 2008, 91: 119 – 122.

163

第8章
厚介质3阶光学非线性测量

　　前述各章中有关4f相位成像的理论处理都采用了薄样品近似($L \ll z_0$)。对于薄样品,介质的非线性相移为$\varphi_{NL} = kn_2 L_{eff} I$,从此的关系式不难得出,获得大非线性相移的途径要么增大光强,要么增加非线性介质的厚度。当非线性介质的长度大于瑞利衍射长度时($L > z_0$),薄样品近似不再成立,上面的关系也不再成立。在过去的几十年里,利用Z扫描技术对厚样品(样品的厚度接近或者大于激光的衍射长度)的光学非线性性质进行了很多研究。1991年,Sheik - Bahae等利用ABCD传播矩阵分析了光束通过厚非线性介质,最后得到厚样品的非线性折射率,并讨论了其光限幅效应[1]。1997年,Hermann使用Z扫描技术研究了厚样品的非线性吸收,得到了近似的解析解[2]。随后,Zang小组以椭圆高斯光为光源通过变分法对厚样品进行了分析,得到了远场透过率的解析解,同时比较了椭圆高斯光与圆对称高斯光的Z扫描技术[3];最近,本研究组利用TPO(透射相位物体)技术研究了厚样品的非线性折射,利用光束传播法得到了归一化透过率的数值解。与Z扫描技术相比,利用这种单点测量技术更加方便地测量厚样品的光学非线性折射[4]。然而,使用4f相位成像技术能够对厚样品进行测量却从未有人研究过,在本章中,将讨论如何应用4f相位成像技术测量厚样品的3阶光学非线性。

　　对于厚样品($L > z_0$),当激光束传播经过非线性介质时,由于介质的厚度大于衍射长度,光束产生大的畸变,所以横向场分布不能像处理薄样品一样被忽略,光波的电场分布比较复杂,傅里叶变换已不适合描述光波的传播。在本章中,采用极坐标系,用菲涅耳衍射代替直角坐标系中的傅里叶变换描述光波在厚介质中的传播。

　　对于典型的4f相位成像系统,带相位物体的光阑由脉冲激光器发射的线偏振单色平面波(定义为$E = E_0(t) \left[e^{-i(\omega t - kz)} + e^{i(\omega t - kz)} \right]$)照射。本章在极坐标中利用光束传播法(BPM)去描述场振幅在非线性介质中的传播。为了描述的方便和系统的灵敏度,考虑用 top – hat 光入射[5]。4f 系统入射面处的相位光阑的透过率为 $t(r) = \mathrm{circ}(r/R_\mathrm{a}) + [\exp(\mathrm{i}\varphi_\mathrm{L}) - 1]\mathrm{circ}(r/L_\mathrm{p})$。所以在相位光阑的后表面的场为 $E_1(r,t) = E(r,t)t(r)$。已知相位光阑位于透镜 L1 的前焦面处,焦距为 f_1,利用菲涅耳衍射积分能得到 L1 前表面的场振幅分布[6],即

$$E_2(r_1,t) = \frac{2\pi}{\mathrm{i}\lambda f_1}\exp\left(\frac{\mathrm{i}\pi r_1^2}{\lambda f_1}\right)\int_0^{+\infty} rE_1(r,t)\exp\left(\frac{\mathrm{i}\pi r^2}{\lambda f_1}\right)\mathrm{J}_0\left(\frac{2\pi rr_1}{\lambda f_1}\right)\mathrm{d}r \quad (8-1)$$

式中:r_1 为平面的极坐标;J_0 为零阶第一类贝塞尔函数。

定义:t_{L1} 为傍轴近似下透镜 L1 产生一个二次相位曲面因子,$t_{\mathrm{L1}} = \exp\left(\frac{-\mathrm{i}kr_1^2}{2f_1}\right)$;$E_2'$ 为透镜 L1 后表面的场振幅,$E_2' = E_2 t_{\mathrm{L1}}$;$d_1$ 为透镜 L1 后表面到厚样品前表面的距离,$d_1 = f_1 - L/2$;L 为样品的厚度。则介质前表面的场振幅表示为

$$E_3(r_2,t) = \frac{2\pi}{\mathrm{i}\lambda d_1}\exp\left(\frac{\mathrm{i}\pi r_2^2}{\lambda d_1}\right)\int_0^{+\infty} r_1 E_2'(r_1,t)\exp\left(\frac{\mathrm{i}\pi r_1^2}{\lambda d_1}\right)\mathrm{J}_0\left(\frac{2\pi r_2 r_1}{\lambda d_1}\right)\mathrm{d}r_1$$

$$(8-2)$$

式中:r_2 为 L1 所在的平面的坐标。光束在厚介质中传播可以通过解矢量方程来描述,即

$$\nabla \times \nabla \times \boldsymbol{\psi}_4(r_2,t) + \frac{1}{c^2}\frac{\partial^2 \boldsymbol{\psi}_4(r_2,t)}{\partial t^2} = -\mu_0\frac{\partial^2 \boldsymbol{P}(r_2,t)}{\partial t^2} \quad (8-3)$$

式中:$\boldsymbol{\psi}_4(r_2,t)$ 与 $\boldsymbol{P}(r_2,t)$ 为矢量的光场与极化率。利用时间慢变近似,式(8-3)表示为

$$-\nabla^2\boldsymbol{\psi}_4(r_2,t) + \frac{(1+\chi_\mathrm{L})}{c^2}\left[2\mathrm{i}\omega\frac{\partial \boldsymbol{\psi}_4(r_2,t)}{\partial t} - \omega^2\boldsymbol{\psi}_4(r_2,t)\right] = \mu_0\omega^2\,\boldsymbol{P}_{\mathrm{NL}}(r_2,t)$$

$$(8-4)$$

$\boldsymbol{P}(r_2,t) = \varepsilon_0\chi_\mathrm{L}\boldsymbol{\psi}_4(r_2,t) + \boldsymbol{P}_{\mathrm{NL}}(r_2,t)$

式中:$\boldsymbol{\psi}_4(r_2,t) = E_4(r_2,z,t)\exp(-\mathrm{i}kz)$;$\boldsymbol{P}_{\mathrm{NL}}(r_2,t) = \varepsilon_0\chi_{\mathrm{NL}}(r_2,z,t,E)E_4(r_2,z,t)$。

当满足 $\left|\dfrac{\partial^2 E_4(r_2,z,t)}{\partial z^2}\right| \ll 2k\left|\dfrac{\partial E_4(r_2,z,t)}{\partial z}\right|$ 时傍轴近似是合理的。根据非线性时间的慢变包络近似,有

$$\left|\frac{\partial^2 \boldsymbol{\psi}_4(r_2,t)}{\partial t^2}\right| \ll 2\omega\left|\frac{\partial \boldsymbol{\psi}_4(r_2,t)}{\partial t}\right|$$

不考虑色散,使用傍轴近似,式(8-4)可以写成下列形式,即

$$2ikn_0 \frac{\partial E_4(r_2,z,t)}{\partial z} = \nabla_\perp E_4(r_2,z,t) + (k_0^2 \chi_{NL} - ik\alpha_L) E_4(r_2,z,t)$$

$$(8-5)$$

极化率的实部与虚部的表达式[7],有

$$\begin{cases} \mathrm{Re}\{\chi_{NL}(r,z)\} = 2n\Delta n(r,z) \\ \mathrm{Im}\{\chi_{NL}(r,z)\} = -\dfrac{n_0}{k_0}\alpha_{NL}(r,z) \end{cases}$$

$$(8-6)$$

则式(8-5)可以整理为

$$2ikn_0 \frac{\partial E_4(r_2,z,t)}{\partial z} = \nabla_\perp E_4(r_2,z,t) - ik_0 n_0 \alpha E_4(r_2,z,t)$$
$$+ k_0^2 [n^2(r_2,z,t) - n_0^2] E_4(r_2,z,t) \qquad (8-7)$$

式中:$E_4(r_2,z,t)$为样品内的场振幅包络;$\nabla_\perp$为横向的拉普拉斯算符;z为光在样品内的传播深度;k_0为真空中的波矢,$k_0 = \omega/c$;α为总的吸收系数,$\alpha = \alpha_L + \alpha_{NL}$;$\alpha_L$为介质的线性吸收系数;$\alpha_{NL}$为介质的非线性吸收系数;$n_0$为线性折射率;$n$为介质内总的折射率的分布,$n = n_0 + \Delta n$;$\Delta n$为非线性折射部分。

根据方程(8-3)和初始条件,非线性介质后表面的场振幅分布$E_4(r_2,L,t)$能得到。样品后表面到凸透镜 L2 的距离为$d_2 = f_2 - L/2$,f_2为透镜 L2 的焦距,所以 L2 的前表面的场分布$E_5(r_3,t)$可以使用菲涅耳衍射解得

$$E_5(r_3,t) = \frac{2\pi}{i\lambda d_2} \exp\left(\frac{i\pi r_3^2}{\lambda d_2}\right) \int_0^\infty r_2 E_4(r_2,L,t) \exp\left(\frac{i\pi r_2^2}{\lambda d_2}\right) J_0\left(\frac{2\pi r_2 r_3}{\lambda d_2}\right) dr_2$$

$$(8-8)$$

式中:r_3为极坐标。

定义:t_{12}为傍轴近似下 L2 对传播的光场产生的相位调制,$t_{12} = \exp\left(\dfrac{-ikr_3^2}{2f_2}\right)$;$E_5'$为 L2 后表面的场振幅,$E_5' = E_5 t_{12}$。

最后一次传播的距离为f_2,所以像平面场为

$$E_0(r_0,t) = \frac{2\pi}{i\lambda f_2} \exp\left(\frac{i\pi r_0^2}{\lambda f_2}\right) \int_0^{+\infty} r_3 E_5(r_3,t) \exp\left(\frac{i\pi r_3^2}{\lambda f_2}\right) J_0\left(\frac{2\pi r_0 r_3}{\lambda f_2}\right) dr_3$$

$$(8-9)$$

对像平面电场进行时间积分,有

$$F = \int_{-\infty}^{+\infty} I_{im}(r_0,t) dt = \int_{-\infty}^{+\infty} |E_0(r_0,t)|^2 dt \qquad (8-10)$$

这就是 CCD 记录的在像平面处的激光脉冲的能流分布。联立方程式(8−1)至式(8−10),就可以计算 4f 系统像平面处的光场分布。

为证明利用极坐标处理光束在厚样品中传播的合理性,下面比较薄样品中在相同参数下,笛卡儿坐标系中利用傅里叶变换与极坐标系中利用菲涅耳衍射计算的像平面归一化的光强分布。其中选择薄样品的厚度分别为 1mm、2mm、5mm,数值模拟的参数为:$E_i = 0.084\mu J, \lambda = 532nm, \beta = 0, n_2 = 3.2 \times 10^{-18} m^2/W, R_a = 1.7mm, \varphi_L = 0.45\pi, L_p = 0.5mm, f_1 = f_2 = 25cm$。图 8−1 至图 8−4 中描绘了在笛卡儿坐标系中采用傅里叶变换计算像平面上线性光斑与非线性光斑的光强剖面图。图 8−1 中在样品厚度为 1mm 的条件下,两种方法计算的像平面上线性光斑的光强剖面图,二者基本一致。图 8−2 至图 8−4 所示为样品厚度分别为 1mm、2mm、5mm 条件下,利用两种方法计算的像平面上非线性光斑的光强剖面图,计算结果表明考虑光斑变化比考虑薄样品近似时的相衬信号 ΔT 要略大些,而且随着样品厚度的增加,两种方法得到的 ΔT 的差别也会随之增加,这主要是利用薄样品近似时认为光束通过非线性介质时光斑是不变的,而考虑光束的横向分布时,光束通过介质时认为光斑是变化的,光斑先变小而后变大,所以两种方法处理对于薄样品几乎没有区别,但是在处理厚样品时,光束传播经过非线性介质时必须考虑光斑的变化,所以在研究厚样品的光学非线性时不能利用薄样品近似。图 8−2 至图 8−4 也说明在极坐标中利用光束传播法处理厚样品光学非线性的合理性。并且可以看出,随着样品厚度的增加,像平面归一化的非线性光强也线性地增大,这表示样品在这个范围内薄样品近似是适用的,此时非线性相移与样品厚度的关系 $\varphi_{NL} = kn_2 LI$ 仍然是有效的。

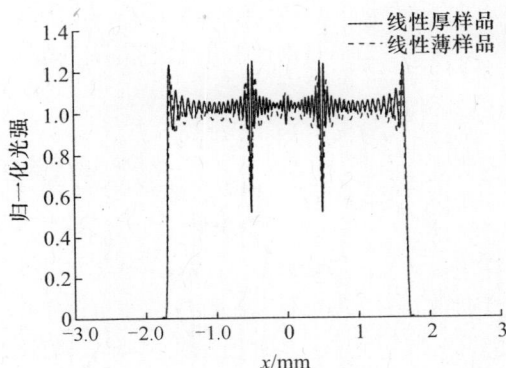

图 8−1　线性光斑的光强剖面分布

根据式(8−1)至式(8−10),计算激光照射厚度为 1cm、3cm 和 5cm 的样品在像平面上线性光斑与非线性光斑的光强剖面分布,模拟参数与上面相同,计算结果见图 8−5。

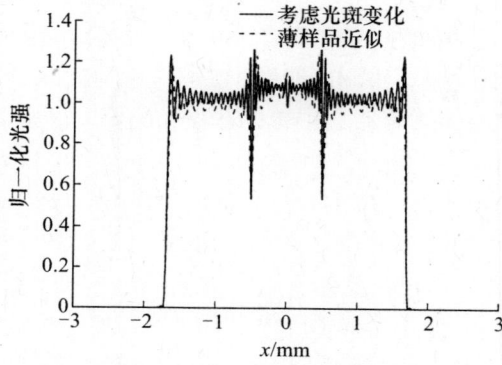

图 8 - 2 1mm 非线性光斑的光强剖面分布

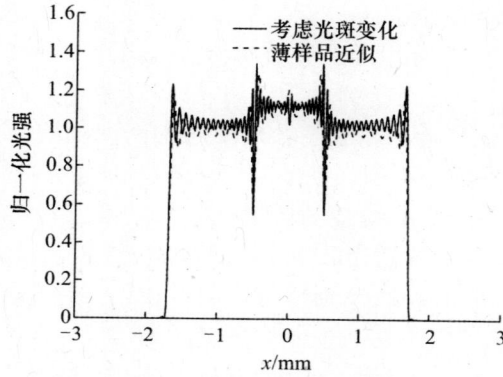

图 8 - 3 2mm 非线性光斑的光强剖面分布

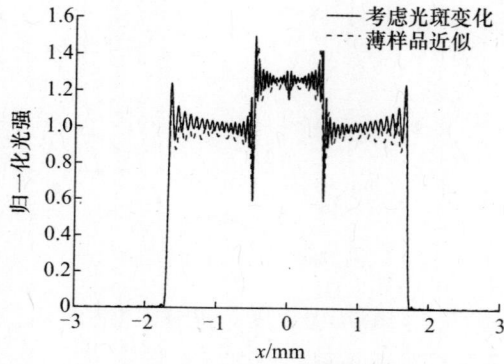

图 8 - 4 5mm 非线性光斑的光强剖面分布

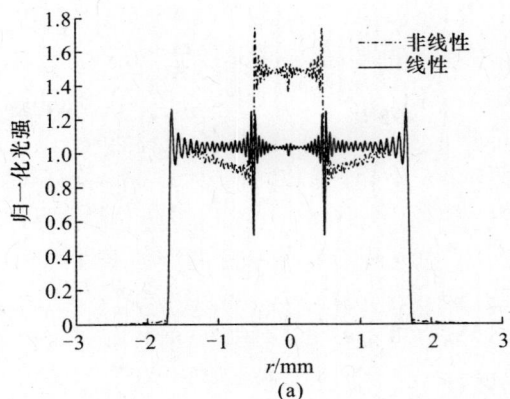

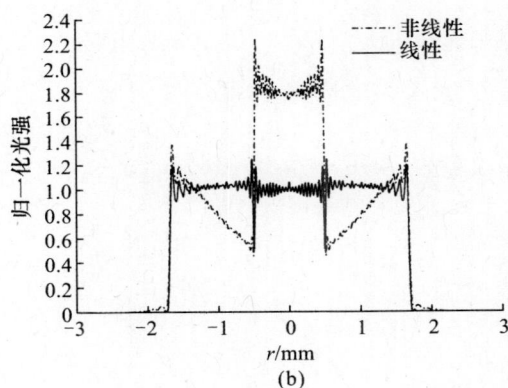

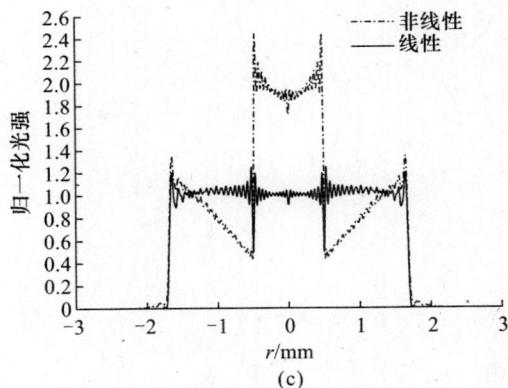

图 8 – 5 1cm、3cm 和 5cm 线性
光斑与非线性光斑的光强剖面分布

从图 8 – 5 中可以看出,样品的厚度接近聚焦深度($z_0 = 1.3$cm),薄样品近似不再成立,其非线性强度的增加不再是线性的。同薄样品结果比较,PO 外区域的光强分布向下倾斜,随着样品厚度的增加,其陡峭的幅度会越来越大,最后几

乎变成一个常数。这是厚样品线性吸收积累和边缘衍射相互作用的结果。此外,对于厚度为 3cm 和 5cm 的样品,二者非线性光斑 PO 外区域的光强分布变化非常小,这是由于在实验条件下相衬信号的变化在这个范围内已经开始饱和,样品厚度的增加对非线性信号的贡献越来越小,可以忽略不计。

由式(8-1)至式(8-6),计算相衬信号 ΔT 相对于样品厚度的变化关系。在相同能量的激光脉冲激发下,图 8-6 给出了 ΔT 随样品厚度变化关系曲线。从图 8-6 可以看出,ΔT 首先随着样品厚度的增加线性地增加,然后变化放缓,最后饱和。这个过程可以这样解释:当样品很薄时($L \ll z_0$),关系式 $\varphi_{NL} = kn_2LI$ 是成立的,而当样品的厚度越来越接近瑞利衍射长度时,PO 内外的光强差会变化得比较缓慢;但是,当样品厚度达到 90% 时(书中大概为两个瑞利衍射长度),非线性效应会达到一个很弱的极限,随着非线性振幅的增加,90% 的饱和样品厚度会快速地消失,因为非线性介质的有效相互作用厚度会基本不变,对于样品厚度比激光束的聚焦深度大很多的情况,样品厚度的增加对非线性效应的贡献已可以忽略,也就是说,在离开激光束聚焦焦点一定距离以后,虽然介质具有非线性性质,但是激光光强太弱,产生的非线性效应也非常微弱,因此 ΔT 也不会有很大的改变。

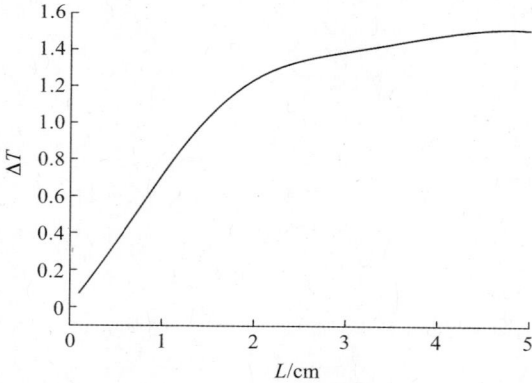

图 8-6　ΔT 随样品厚度变化关系曲线

根据有效相互作用长度 L_{eff} 的定义 $L_{eff} = \dfrac{\Delta T_{thick}}{\Delta T_{thin}} L_{thin}$,计算不同非线性折射率条件下有效相互作用长度与样品厚度的关系,示于图 8-7 中。当 $n_2 = 3.2 \times 10^{-18} \mathrm{m}^2/\mathrm{W}$ 时,L_{eff} 大约为 2cm,然而有效相互作用长度随着非线性折射的减少而减少,当 $n_2 = 1.6 \times 10^{-18} \mathrm{m}^2/\mathrm{W}$ 时,L_{eff} 约为 1.6cm,$n_2 = -3.2 \times 10^{-18} \mathrm{m}^2/\mathrm{W}$,$L_{eff}$ 约为 1.7cm。总之,样品厚度相等时,不同的非线性样品具有不同的有效相互作用长度。利用有效相互作用长度可以去拟合厚样品的实验数据,这是由于在有效相互作用长度这个范围内,ΔT 与非线性相移几乎还是线性的,从而对厚样品非线性的计算可以转化为薄样品近似。

170

在图 8-7 中,数值模拟所用的非线性折射率为 $n_2 = 3.2 \times 10^{-18} \mathrm{m}^2/\mathrm{W}$,对于 5cm 的厚介质,同时也可以得到限幅的最优样品厚度为 4cm。但是,在图 8-7 中,对于具有相同非线性折射数值,但非线性折射符号相反,厚度相同时其有效相互作用长度 L_{eff} 不同。

图 8-8 给出了对正、负非线性折射介质对应采用正、负相位光阑条件下的计算结果。相位光阑相位差分别为 $\pm \pi/2$。比较图 8-7 和图 8-8,对于负非线性折射介质,分别采用正、负相位光阑,非线性介质的有效作用长度与样品厚度变化关系也是明显不一致。作为对比,把非线性折射数值分别设为 $n_2 = \pm 4.8 \times 10^{-18} \mathrm{m}^2/\mathrm{W}$ 与 $n_2 = \pm 1.6 \times 10^{-18} \mathrm{m}^2/\mathrm{W}$ 进行计算,结果表明,非线性折射数值越大,采用正相移的正非线性介质的有效长度就越大。计算结果见图 8-9、图 8-10。从图 8-9 和图 8-10 中也可以发现,在非线性介质厚度比较小时,二者(正、负非线性折射介质对应采用正、负相位光阑两种条件)的有效相互长度是一致的。

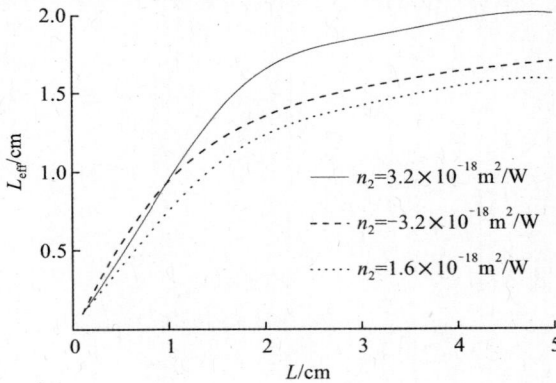

图 8-7　有效相互作用长度 L_{eff} 作为样品厚度的函数变化关系

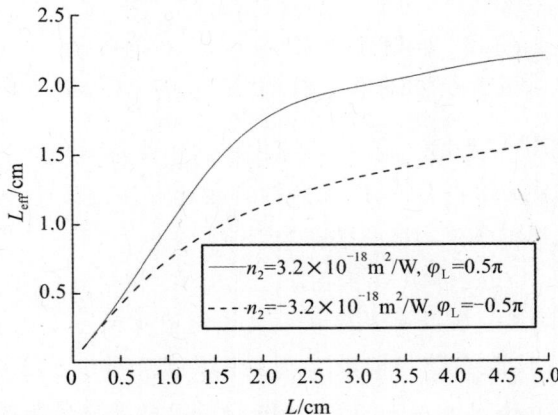

图 8-8　对正、负非线性折射介质对应采用正、负相位光阑条件下
有效相互作用长度 L_{eff} 作为样品厚度的函数变化关系

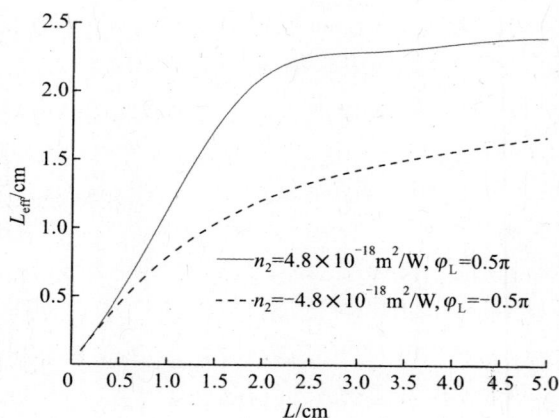

图 8 – 9　非线性折射率为 $n_2 = \pm 4.8 \times 10^{-18} \mathrm{m}^2/\mathrm{W}$ 时
有效相互作用长度 L_{eff} 作为样品厚度的函数变化关系

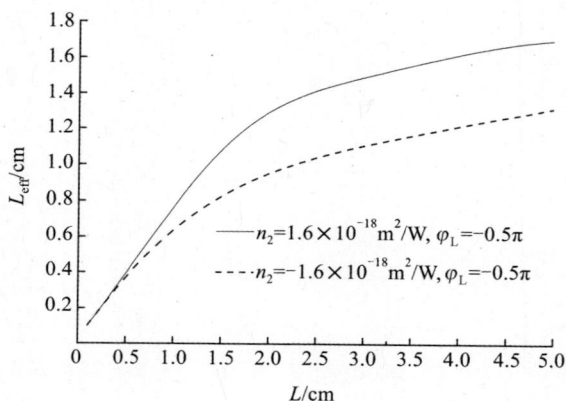

图 8 – 10　非线性折射率为 $n_2 = \pm 1.6 \times 10^{-18} \mathrm{m}^2/\mathrm{W}$ 时
有效相互作用长度 L_{eff} 作为样品厚度的函数变化关系

　　此外,类似于薄样品情况,在应用正相移的相位光阑测量正非线性折射比测量负非线性折射要灵敏得多,所以前者的有效相互作用长度比后者要大。下面简单讨论相位光阑对系统测量灵敏度的影响。

　　对于厚样品,相位物体半径与光阑之比 $L_{\mathrm{p}}/R_{\mathrm{a}}$ 和相位物体的线性相移 φ_{L} 都会影响系统的灵敏度。图 8 – 11 显示了最优化相移为 $\varphi_{\mathrm{L}} = 0.55\pi$,在此过程中样品厚度为 3cm,其他参数与前节中提到的一致,图 8 – 12 中样品的长度为 5cm,得到最优化相移为 $\varphi_{\mathrm{L}} = 0.54\pi$。而系统的灵敏度总是随着 $L_{\mathrm{p}}/R_{\mathrm{a}}$ 的递减而增加。

172

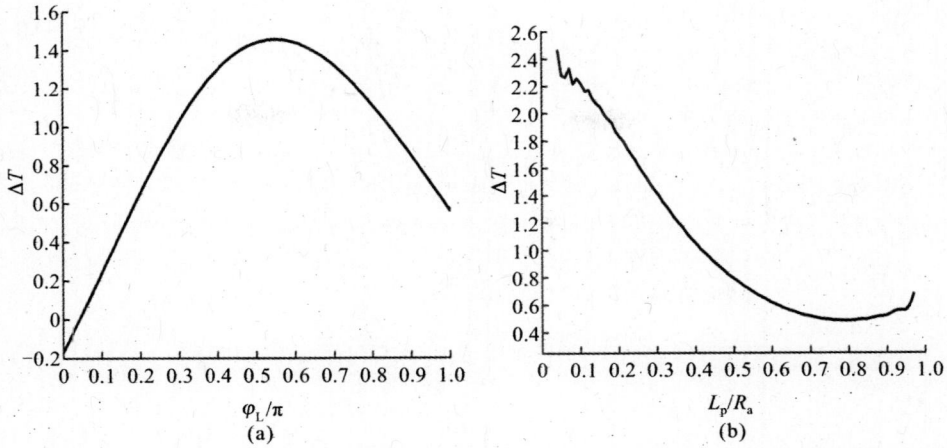

图 8 - 11　ΔT 随 PO 的线性相移 φ_{L} 和 PO 半径与光阑半径之比 $L_{\mathrm{p}}/R_{\mathrm{a}}$ 的变化关系
（非线性介质的厚度为 3cm）

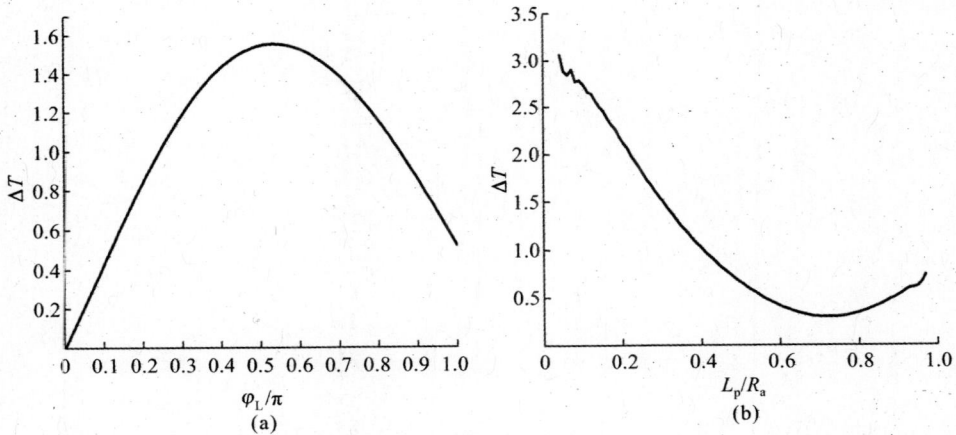

图 8 - 12　ΔT 随 PO 的线性相移 φ_{L} 和 PO 半径与光阑半径之比 $L_{\mathrm{p}}/R_{\mathrm{a}}$ 的变化关系
（非线性介质的厚度为 5cm）

参考文献

[1] Sheik – Bahae M, Said A A, Hagan D J, et al. Nonlinear refraction and optical limiting in thick media[J]. Opt. Eng., 1991, 30(8)：1228 – 1235.

[2] Hermann J A. Nonlinear Optical Absorption in Thick Media[J]. J. Opt. Soc. Am. B, 1997, 14(4)：814 – 823.

[3] Zang W P, Tian J G, Liu Z B, et al. Variational Analysis of Z – scan of thick medium with an elliptic gaussian beam[J]. Appl. Opt., 2003, 42(12)：2219 – 2225.

[4] Yang J Y, Song Y L, Shi G, et al. Investigation of nonlinear refraction on a thick sample using a simple technique with a phase object[J]. J. Phys. B, 2010, 43: 105401.

[5] Boudebs G, Cherukulappurath S. Nonlinear optical measurements using a 4f coherent imaging system with phase object[J]. Phys. Rev. A, 2004, 69(5): 053813.

[6] Shi G, Wang Y, Liu D, et al. Determination of large third − order optical nonlinearities in tetra − tert − butylphthalocyaninatogallium iodide film[J]. J. Appl. Phys, 2008, 104: 113102.

[7] Kovsh D I, Yang S, Hagan D J, et al. Nonlinear optical beam propagation for optical limiting[J]. Appl. Opt, 1999, 38(24):5168 − 5180.

第9章
反射 $4f$ 相位成像技术

实际应用中,越来越多的薄膜需要生长在不透明基片上,无法应用常见的透射式光学非线性测量技术进行研究,这给非线性光学性质的研究增加了难度。1994年,Petrov 等提出了可测量介质表面光学非线性的反射 Z 扫描法[1],这种方法和传统的透射 Z 扫描法类似,通过检测介质表面反射光束的相位和振幅的变化,获得非线性介质的表面光学非线性。反射 Z 扫描的实验光路如图 9-1 所示。为了提高测量灵敏度,反射 Z 扫描的入射光束一般采用 top-hat 光束。入射光束经分束器 BS 分为两束,反射的一束被探测器 D1 记录,用来监控入射光;透射的一束入射在倾斜的样品上,样品可在沿光传播的 z 方向上移动,经样品反射的光通过平行于样品的反射镜后,被放置在远场的探测器 D2 记录,D2 既可以记录整个光斑的能量,也可以通过小孔 S2 记录局部光斑的能量。

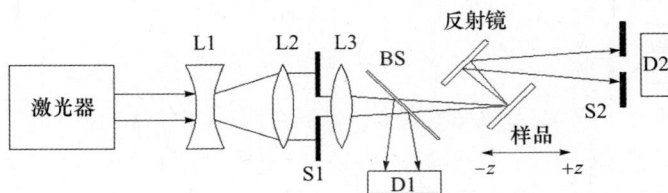

图 9-1   反射 Z 扫描光路图

与经典的透射 Z 扫描曲线不同,在反射 Z 扫描的实验中开孔 Z 扫描曲线对应的是非线性折射而与非线性吸收没有关系,这说明在反射实验中非线性折射改变的是光的振幅,而闭孔 Z 扫描曲线则受到非线性折射和吸收的双重影响,但峰谷曲线主要体现了非线性吸收的特性,说明非线性吸收改变了光的相位。值得指出的是,这些图形特性与传统的 Z 扫描曲线完全相反。图 9-2 和图 9-3 分别显示的是反射 Z 扫描的开孔和闭孔特征曲线。

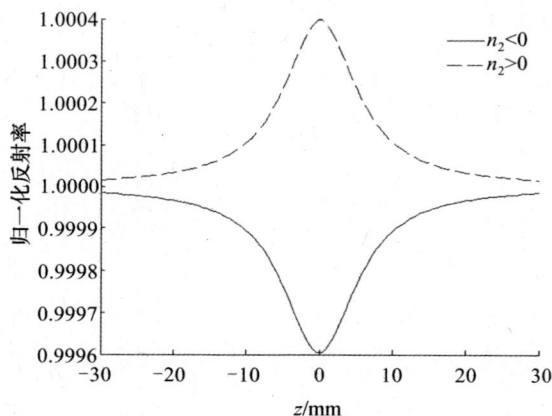

图 9 - 2　反射 Z 扫描开孔特征曲线
（只与非线性折射有关）

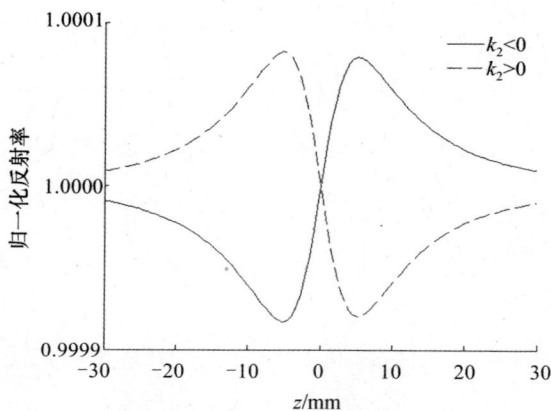

图 9 - 3　反射 Z 扫描闭孔特征曲线

　　类似经典 Z 扫描技术，反射 Z 扫描测量过程中，非线性介质也同样需要沿 z 轴方向移动，由于反射面在测量过程中要移动，在 z 轴的不同位置处，光束的横截面上不同位置处的反射稍有不同，增大了测量的难度，并影响测量结果的准确性。这也是反射 Z 扫描及其应用研究报道比较少的原因。

　　2008 年，Ganeev 针对样品移动的缺点，对反射 Z 扫描技术进行了改进，提出了一种单脉冲测量材料表面非线性折射率和吸收系数的方法[2]。此方法的基本原理就是应用柱透镜在焦平面上产生某一方向上的光强强度分布，这样在焦平面上，一个光斑的不同位置上光强变化类似经典 Z 扫描通过沿 z 轴方向移动产生的光强变化。实验光路如图 9 - 4 所示：激发光束经会聚柱透镜后入射到倾斜样品表面，样品的中心位于透镜的焦平面上。反射光斑由 CCD 接收。假设样品的位置为 z = 0，当一个高斯光脉冲入射到样品表面时，由于光脉冲上光强的分布,造成样品上被照射的各点所受光强不一样,各点体现的光学非线性也不一样。这好比反射 Z 扫描中样品在不同的 z 位置上接受扫描一样。在弱光条件下,CCD 记录的反射光斑的光强分布与激光透射柱透镜的光斑空间分布基本一致。但是在强光激发下,由于介质的非线性效应的影响,介质表面不同空间位置上的反射率将发生变化,CCD 记录的光斑空间分布将发生变化,显示出非线性的特征,这个光斑称为非线性光斑。图 9-5 给出了有非线性特征与无非线性特征的光斑比较。可以发现,非线性光斑中心有明显的光强增强效果。通过理论拟合非线性光斑,可以给出介质的表面光学非线性系数。

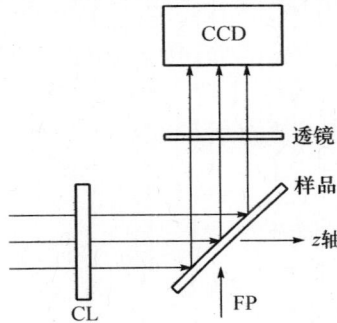

图 9-4　改良后的反射 Z 扫描简图

事实上,这种处理方式也类似于 4f 相位成像技术的处理方法,都是通过处理 CCD 记录的非线性光斑来得到介质的光学非线性系数,不同的是调制入射激光光斑空间分布的方式不同。

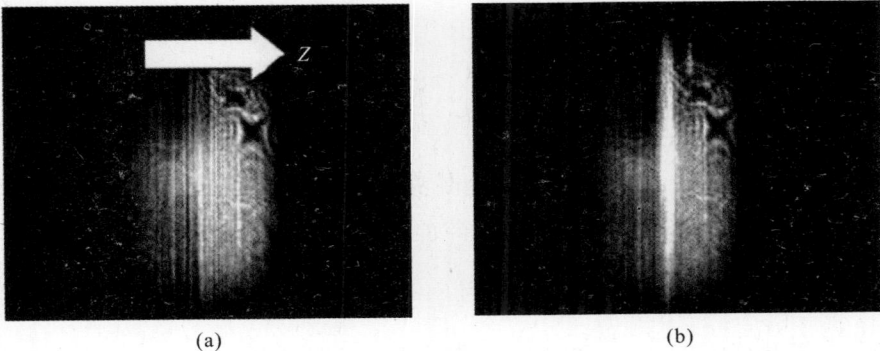

图 9-5　改良后的反射 Z 扫描实验获得的光斑
（a）没有非线性特征的光斑；（b）有非线性特征的光斑。

Ganeev 用实验验证了他的想法,但可惜没有建立起有效的理论基础,数据拟合也是将 Z 扫描技术的方法生搬硬套过来,这使得他的实验仅成为一个很好的想法。不过他的想法很好地启发了我们,寻求单脉冲测量手段解决反射 Z 扫描的难题。借鉴 Ganeev 的方法,可以发展反射 4f 相位成像技术,测量表面光学非线性。4f相位成像技术可以实现单脉冲测量,如果改为反射式,就可以避免反射 Z 扫描的缺点,为实现反射光学非线性测量提供了可能。

9.1 光在电介质表面的反射和折射

为了更好地理解反射 4f 相位成像技术,这里有必要认真介绍光在电介质表面的反射和折射相关知识。作为一种波动,光在两种介质界面上的行为除传播方向可能改变外,还有能流的分配、相位的跃变和偏振态的变化等问题,这些问题可根据光的电磁理论,由电磁场的边界条件求得全面的解决。在麦克斯韦建立光的电磁理论之前,菲涅耳已用光的弹性以太论回答了这些问题。两者在形式上稍有不同,但结论是一致的。本节先给出菲涅耳反射折射公式,然后讨论一系列由菲涅耳公式得到的有关光在电介质表面反射和折射的主要性质,如反射率和透过率、布儒斯特角、半波损失、临界角与衰逝波等。

9.1.1 菲涅耳反射折射公式

两种电介质的折射率分别是 n_1 和 n_2,它们由平面界面分开。平行光从介质 1 一侧入射,在界面上发生反射和折射。菲涅耳公式给出的是这种情形下反射、折射与入射光束中电矢量各分量的比例关系。

首先就坐标的选取做些说明。取界面的法线为 z 轴,方向与入射光协调,从介质 1 到介质 2。此外取 x 轴在入射面内,从而 y 轴与入射面垂直,x、y、z 构成右手正交系。设入射角、反射角和折射角分别为 i_1、i'_1 和 i_2,并承认反射定律和折射定律成立,即

$$\begin{cases} i'_1 = i_1 \\ n_1 \sin i_1 = n_2 \sin i_2 \end{cases}$$

为了描述各光束中电矢量的分量,还需为每个光束取一局部笛卡儿坐标系。第一组基矢选 $\hat{k}_1$、$\hat{k}'_1$、$\hat{k}_2$,即入射光、反射光和折射光波矢方向的单位矢量。第二组基矢 $\hat{s}_1$、$\hat{s}'_1$、$\hat{s}_2$ 取在与入射面垂直的方向(叫 s 方向)。第三组基矢 $\hat{p}_1$、$\hat{p}'_1$、$\hat{p}_2$ 取在与入射面平行的方向(叫 p 方向)。约定:s 方向沿 $+y$ 方向(垂直纸面向外),p 的正方向由下式规定,即

$$\begin{cases} \hat{p}_1 \times \hat{s}_1 = \hat{k}_1 \\ \hat{p}'_1 \times \hat{s}'_1 = \hat{k}'_1 \\ \hat{p}_2 \times \hat{s}_2 = \hat{k}_2 \end{cases}$$

即对于每束光来说,要求按 p、s、k 的顺序组成右手正交系。有了这 3 个局部笛卡儿坐标系,就可把 3 光束的电矢量 E_1、E'_1、E_2 分解成 p 分量和 s 分量,它

们的正负都是相对于各自的基矢方向而言的。

麦克斯韦电磁理论指出,无限大的均匀各向同性介质中单色的平面电磁波有以下性质,即

$$E \perp H \tag{9-1}$$

$$E \times H \parallel k \tag{9-2}$$

$$\sqrt{\varepsilon\varepsilon_0}E = \sqrt{\mu\mu_0}H \tag{9-3}$$

$$k = \frac{n}{c}\omega \tag{9-4}$$

$$n = \sqrt{\varepsilon\mu} \approx \sqrt{\varepsilon} \tag{9-5}$$

式中:E 和 H 分别为电场强度和磁场强度;k 为波矢;ω 为圆频率;$c = 1/\sqrt{\varepsilon_0\mu_0}$ 为真空中光速;ε 和 μ 分别为相对介电常数和磁导率;n 为折射率。对于光频,可认为 $\mu = 1$,$n = \sqrt{\varepsilon}$。

电磁理论还指出,在两种介质的分界面上场分量有以下边值关系,即

$$D_{2n} = D_{1n} \tag{9-6a}$$

$$\varepsilon_2\varepsilon_0 E_{2n} = \varepsilon_1\varepsilon_0 E_{1n} \tag{9-6b}$$

$$E_{2t} = E_{1t} \tag{9-7}$$

$$B_{2n} = B_{1n} \tag{9-8a}$$

$$\mu_2\mu_0 H_{2n} = \mu_1\mu_0 H_{1n} \tag{9-8b}$$

$$H_{2t} = H_{1t} \tag{9-9}$$

式(9-6)~式(9-9)中:D、B 分别为电位移和磁感强度,下标 n,t 分别代表法向分量和切向分量。

设入射、反射、折射 3 列平面电磁波分别为

$$\begin{cases} \widetilde{E}_1 = E_1 \exp[\mathrm{i}(k_1 \cdot r - \omega_1 t)] \\ \widetilde{H}_1 = H_1 \exp[\mathrm{i}(k_1 \cdot r - \omega_1 t)] \end{cases} \tag{9-10}$$

$$\begin{cases} \widetilde{E}'_1 = E'_1 \exp[\mathrm{i}(k'_1 \cdot r - \omega'_1 t)] \\ \widetilde{H}'_1 = H'_1 \exp[\mathrm{i}(k'_1 \cdot r - \omega'_1 t)] \end{cases} \tag{9-11}$$

$$\begin{cases} \widetilde{E}_2 = E_2 \exp[\mathrm{i}(k_2 \cdot r - \omega_2 t)] \\ \widetilde{H}_2 = H_2 \exp[\mathrm{i}(k_2 \cdot r - \omega_2 t)] \end{cases} \tag{9-12}$$

在以上各式中把可能出现的初相位差 φ_0 吸收到振幅内了。将这些波的表达式代入上列任何一个边值关系中,等式中都有 3 项,即左端一项(折射波)、右端两项(入射波和反射波),3 项的指数因子分别是

$$\exp[\mathrm{i}(k_{1x}x + k_{1y}y - \omega_1 t)]$$

$$\exp[\mathrm{i}(k'_{1x}x + k'_{1y}y - \omega'_1 t)]$$

$$\exp[\mathrm{i}(k_{2x}x + k_{2y}y - \omega_2 t)]$$

这里,介质分界面为 $z=0$ 平面。要想边值关系对任何 x、y、t 都满足,只有

$$\begin{cases} k_{1x} = k'_{1x} = k_{2x} \\ k_{1y} = k'_{1y} = k_{2y} \\ \omega_1 = \omega'_1 = \omega_2 \end{cases}$$

上面第三式表明,反射波、折射波的频率与入射波相同。因取 x 轴在入射面内,从而 $k_{1y}=0$。上面第二式表明,$k'_{1y}=k_{2y}=0$,即反射线、折射线与入射线在同一平面(入射面)内。设 i_1、i'_1、i_2 分别为入射角、反射角和折射角,则

$$\sin i_1 = \frac{k_{1x}}{k_1}$$

$$\sin i'_1 = \frac{k'_{1x}}{k'_1} = \frac{k_{1x}}{k'_1}$$

$$\sin i_2 = \frac{k_{2x}}{k_2} = \frac{k_{1x}}{k_2}$$

按式(9-4),$k_1 = \dfrac{n_1 \omega}{c}$,$k'_1 = \dfrac{n_1 \omega}{c}$,$k_2 = \dfrac{n_2 \omega}{c}$,故有

$$\begin{cases} \sin i_1 = \sin i'_1 \\ n_1 \sin i_1 = n_2 \sin i_2 \end{cases}$$

这样就推出了光的反射定律和折射定律。最后看折射波矢的 z 分量。

$$k_{2z} = \sqrt{k_2^2 - k_{2x}^2} = \sqrt{\left(\frac{n_2}{n_1}\right)^2 k_1^2 - k_{1x}^2}$$

$$= \sqrt{\left(\frac{n_2}{n_1}\right)^2 k_1^2 - k_1^2 \sin^2 i_1} = k\sqrt{\left(\frac{n_2}{n_1}\right)^2 - \sin^2 i_1}$$

当 $n_1 < n_2$ 时,$(n_2/n_1)^2 > 1$,k_{2z} 永远为实数;但在 $n_1 > n_2$ 时,$(n_2/n_1)^2 < 1$,k_{2z} 就有可能取虚数值了。令 $\sin i_c = n_2/n_1$(i_C 为全反射临界角),得

$$k_{2z} = k_1 \sqrt{\sin^2 i_c - \sin^2 i_1} = \frac{n_1 \omega}{c}\sqrt{\sin^2 i_c - \sin^2 i_1} = \frac{2\pi}{\lambda_1}\sqrt{\sin^2 i_c - \sin^2 i_1}$$

$$(9-13)$$

式中:λ_1 为光在介质 1 中的波长。式(9-13)表明,当 $i_1 > i_C$ 时,k_{2z} 是纯虚数,这时发生全反射。有关全反射时介质 2 中虚波矢 $\boldsymbol{k}_{2z}$ 的物理意义将在后面讨论。下面推导菲涅耳公式。

由于在界面($z=0$)上波函数中的指数因子都一样,可略去不写,边值关系式(9-6)至式(9-9)可写成以下分量形式,即

$$- \varepsilon_2 \varepsilon_0 E_{2p} \sin i_2 = - \varepsilon_1 \varepsilon_0 E_{1p} \sin i_1 - \varepsilon_1 \varepsilon_0 E'_{1p} \sin i'_1 \qquad (9-14)$$

$$E_{2p} \cos i_2 = E_{1p} \cos i_1 - E'_{1p} \cos i'_1 \qquad (9-15)$$

$$- \mu_2 \mu_0 H_{2p} \sin i_2 = - \mu_1 \mu_0 H_{1p} \sin i_1 - \mu_1 \mu_0 H'_{1p} \sin i'_1 \qquad (9-16)$$

$$H_{2p} \cos i_2 = H_{1p} \cos i_1 - H'_{1p} \cos i'_1 \qquad (9-17)$$

还有两个有关 s 分量的关系式,因为不用,就不写了。认为 E_{1p} 为已知,由式$(9-14)$ 和式$(9-15)$ 可解出 E'_{1p} 和 E_{2p},即

$$\begin{cases} E'_{1p} = \dfrac{\varepsilon_2 \sin i_2 \cos i_1 - \varepsilon_1 \sin i_1 \cos i_2}{\varepsilon_1 \sin i'_1 \cos i_2 + \varepsilon_2 \sin i_2 \cos i'_1} E_{1p} \\[4mm] E_{2p} = \dfrac{\varepsilon_1 (\sin i_1 \cos i'_1 + \sin i'_1 \cos i_1)}{\varepsilon_1 \sin i'_1 \cos i_2 + \varepsilon_2 \sin i_2 \cos i'_1} E_{1p} \end{cases} \qquad (9-18)$$

同理,认为 H_{1p} 为已知,由式$(9-16)$ 和式$(9-17)$ 解出 H'_{1p} 和 H_{2p},即

$$\begin{cases} H'_{1p} = \dfrac{\mu_2 \sin i_2 \cos i_1 - \mu_1 \sin i_1 \cos i_2}{\mu_1 \sin i'_1 \cos i_2 + \mu_2 \sin i_2 \cos i'_1} H_{1p} \\[4mm] H_{2p} = \dfrac{\mu_1 (\sin i_1 \cos i'_1 + \sin i'_1 \cos i_1)}{\mu_1 \sin i'_1 \cos i_2 + \mu_2 \sin i_2 \cos i'_1} H_{1p} \end{cases} \qquad (9-19)$$

应注意到,由式$(9-1)$ 至式$(9-3)$ 可得

$$\begin{cases} H_{1p} = -\sqrt{\dfrac{\varepsilon_1 \varepsilon_0}{\mu_1 \mu_0}} E_{1s} \\[4mm] H'_{1p} = -\sqrt{\dfrac{\varepsilon_1 \varepsilon_0}{\mu_1 \mu_0}} E'_{1s} \\[4mm] H_{2p} = -\sqrt{\dfrac{\varepsilon_2 \varepsilon_0}{\mu_2 \mu_0}} E_{2s} \end{cases}$$

将上式代入式$(9-19)$,再在式$(9-18)$ 和式$(9-19)$ 中令 $\mu_1 = \mu_2 = 1$,$\varepsilon_1 = n_1^2$,$\varepsilon_2 = n_2^2$,利用反射定律 $i'_1 = i_1$ 和折射定律 $n_1 \sin i_1 = n_2 \sin i_2$,即可得到菲涅耳反射、折射公式为

$$E'_{1p} = \frac{n_2 \cos i_1 - n_1 \cos i_2}{n_2 \cos i_1 + n_1 \cos i_2} E_{1p} = \frac{\tan(i_1 - i_2)}{\tan(i_1 + i_2)} E_{1p} \qquad (9-20)$$

$$E_{2p} = \frac{2n_1 \cos i_1}{n_2 \cos i_1 + n_1 \cos i_2} E_{1p} \qquad (9-21)$$

$$E'_{1s} = \frac{n_1 \cos i_1 - n_2 \cos i_2}{n_1 \cos i_1 + n_2 \cos i_2} E_{1s} = \frac{\sin(i_2 - i_1)}{\sin(i_2 + i_1)} E_{1s} \qquad (9-22)$$

$$E_{2s} = \frac{2n_1 \cos i_1}{n_1 \cos i_1 + n_2 \cos i_2} = \frac{2\cos i_1 \sin i_2}{\sin(i_2 + i_1)} E_{1s} \qquad (9-23)$$

以上 4 个等式便是菲涅耳反射、折射公式。其中式$(9-20)$ 和式$(9-22)$ 是反射公式,式$(9-21)$ 和式$(9-23)$ 是折射公式。式中的各个场分量既可理解为瞬时值,也可看成是复振幅,因为它们的时间频率是相同的。菲涅耳公式表明,反射、折射光里的 p 分量只与入射光里的 p 分量有关,s 分量只与 s 分量有关。这就是说,在反射、折射的过程中,p、s 两个分量的振动是相互独立的。这一事实支持

了上面把电矢量按 p（平行入射面）和 s（垂直入射面）两方向的分解方法，它是有深刻物理背景的。

9.1.2　反射率和透射率

当一束光遇到两种折射率不同介质的界面时，一般说来一部分反射，一部分折射。为了说明反射和折射各占多少比例，通常引入反射率和透射率的概念。这里除了 p 分量和 s 分量要分别计算外，还应区别 3 种不同的反射率和透射率，即振幅反（透）射率、光强反（透）射率和能流反（透）射率，它们的定义和相互关系列于表 9–1 中。

表 9–1　各种反射率和透射率的定义

类别	p 分量	s 分量
振幅反射率	$r_p = \dfrac{E'_{1p}}{E_{1p}}$	$r_s = \dfrac{E'_{1s}}{E_{1s}}$
光强反射率	$R_p = \dfrac{I'_{1p}}{I_{1p}} = \lvert r_p \rvert^2$	$R_s = \dfrac{I'_{1s}}{I_{1s}} = \lvert r_s \rvert^2$
能流反射率	$\mathscr{R}_p = \dfrac{W'_{1p}}{W_{1p}} = R_p$	$\mathscr{R}_s = \dfrac{W'_{1s}}{W_{1s}} = R_s$
振幅透射率	$t_p = \dfrac{E_{2p}}{E_{1p}}$	$t_s = \dfrac{E_{2s}}{E_{1s}}$
光强透射率	$T_p = \dfrac{I_{2p}}{I_{1p}} = \dfrac{n_2}{n_1} \lvert t_p \rvert^2$	$T_s = \dfrac{I_{2s}}{I_{1s}} = \dfrac{n_2}{n_1} \lvert t_s \rvert^2$
能流透射率	$\mathscr{T}_p = \dfrac{W_{2p}}{W_{1p}} = \dfrac{\cos i_2}{\cos i_1} T_p$	$\mathscr{T}_s = \dfrac{W_{2s}}{W_{1s}} = \dfrac{\cos i_2}{\cos i_1} T_s$

首先，强度 I 本来的意思是平均能流密度，经常把它理解成振幅的平方，在讨论同种介质中光的相对强度时这是可以的，讨论不同介质中光的强度时，需回到它原始的定义，即

$$I = \frac{n}{2c\mu_0} \lvert E \rvert^2 \propto n \lvert E \rvert^2$$

式中：n 为折射率，它的出现反映了光在不同介质中速度的不同。因反射光与入射光同在介质 1 内，故 $R = \lvert r \rvert^2$，这里对 p、s 分量都一样，把下标省略不写；但折射光与入射光在不同介质内，故 $T = (n_2/n_1) \lvert t \rvert^2$。

其次，能流 $W = IS$，这里 S 为光束的横截面积。由反射定律和折射定律可知，反射光束与入射光束的横截面积相等，而折射光束与入射光束横截面积之比是 $\cos i_2 / \cos i_1$，故有 $\mathscr{R} = R$，$\mathscr{T} = (\cos i_2 / \cos i_1) T$。

最后，根据能量守恒，对于 p、s 分量分别有

$$\begin{cases} W'_{1p} + W_{2p} = W_{1p} \\ W'_{1s} + W_{2s} = W_{1s} \end{cases}$$

故有

$$\mathscr{R}_p + \mathscr{T}_p = 1, \mathscr{R}_s + \mathscr{T}_s = 1 \qquad (9-24)$$

由此及表 9-1 中各式，还可得到

$$\begin{cases} R_p + \dfrac{\cos i_2}{\cos i_1} T_p = 1 \\[3mm] R_s + \dfrac{\cos i_2}{\cos i_1} T_s = 1 \end{cases} \qquad (9-25)$$

$$\begin{cases} |r_p|^2 + \dfrac{n_2 \cos i_2}{n_1 \cos i_1} |t_p| = 1 \\[3mm] |r_s|^2 + \dfrac{n_2 \cos i_2}{n_1 \cos i_1} |t_s| = 1 \end{cases} \qquad (9-26)$$

把菲涅耳反射、折射公式代入振幅反射率和透射率的公式，即可得到 r_p、r_s、t_p 和 t_s 的具体表达式分别为

$$\begin{cases} r_p = \dfrac{n_2 \cos i_1 - n_1 \cos i_2}{n_2 \cos i_1 + n_1 \cos i_2} = \dfrac{\tan(i_1 - i_2)}{\tan(i_1 + i_2)} \\[3mm] r_s = \dfrac{n_1 \cos i_1 - n_2 \cos i_2}{n_1 \cos i_1 + n_2 \cos i_2} = \dfrac{\sin(i_2 - i_1)}{\sin(i_2 + i_1)} \end{cases} \qquad (9-27)$$

$$\begin{cases} t_p = \dfrac{2 n_1 \cos i_1}{n_2 \cos i_1 + n_1 \cos i_2} \\[3mm] t_s = \dfrac{2 n_1 \cos i_1}{n_1 \cos i_1 + n_2 \cos i_2} \end{cases} \qquad (9-28)$$

利用表中其他各式，可进一步求出光强和能流的反射率和透射率。直接的运算可验证，这些具体表达式确实满足守恒律（式（9-24）、式（9-25）和式（9-26））。

下面具体研究一下反射率和透射率的变化规律。

（1）当光束正入射时，$i_1 = i_2 = 0$，上述各式简化为

$$\begin{cases} r_p = \dfrac{n_2 - n_1}{n_2 + n_1} = -r_s \\[3mm] t_p = t_s = \dfrac{2 n_1}{n_2 + n_1} \end{cases} \qquad (9-29)$$

$$\begin{cases} R_p = R_s = \mathscr{R}_p = \mathscr{R}_s = \left(\dfrac{n_2 - n_1}{n_2 + n_1} \right)^2 \\[3mm] T_p = T_s = \mathscr{T}_p = \mathscr{T}_s = \dfrac{4 n_1 n_2}{(n_2 + n_1)^2} \end{cases} \qquad (9-30)$$

以玻璃为例,设其折射率为 $n_2 = 1.5$,当光从空气($n_1 = 1.0$)正入射在玻璃表面时,$r_p = 20\%$,$r_s = -20\%$,$R_p = R_s = \mathscr{R}_p = \mathscr{R}_s = 4\%$,$t_p = t_s = 80\%$,$T_p = T_s = \mathscr{T}_p = \mathscr{T}_s = 96\%$。

（2）一般斜入射情况下,反射率和透射率随入射的变化特征如下:随入射角的增大,s 分量的光强反射率总是单调上升的,但 p 分量的光强反射率先是下降,在某个特殊角度 i_B 处降到 0,而后再上升;当入射角 $i \to 90°$（光疏到光密,掠入射）或 $i \to i_c$（光密到光疏时的全反射临界角）时,p、s 两分量的反射率都急剧增大到 100%,使 p 分量反射率为零的入射角 i_B 为布儒斯特角。

9.1.3　斯托克斯倒逆关系

在两种电介质 1、2 的界面上,光从 1 射向 2 时的振幅的反射率 r、透射率 t 与光从 2 射向 1 时的振幅反射率 r'、透射率 t' 间有什么关系? 斯托克斯巧妙地利用光的可逆性原理解决了这个问题。一光线振幅为 A,由介质 1 射向界面,按照振幅反射、透射率的定义,反射光的振幅应为 Ar,折射光的振幅为 At。现设想一振幅为 Ar 的光逆着原先的反射光入射,和一振幅为 At 的光逆着原先的折射光入射,两束光遇界面时都要反射和折射,所得两束光的振幅中沿原先返回的两束光振幅为 Arr 和 Arr';在介质 2 中新添的两束光振幅为 Art 和 Art'。按照光的可逆性原理,Arr 和 Arr' 应合成为原来入射光的振幅 A,Art 和 Art' 应相互抵消,故有

$$r^2 + tt' = 1 \qquad\qquad (9-31)$$
$$r' = -r \qquad\qquad (9-32)$$

以上两例逆关系分别对 p、s 两个分量适用。这些关系式也可用菲涅耳公式直接验证。

9.1.4　相位关系与半波损问题

由于菲涅耳公式中的 E_1、E_1'、E_2 等可理解为复振幅,因此 $-\arg r$ 就是 E_1' 和 E_1 间的相位差,$-\arg t$ 就是 E_2 和 E_1 间的相位差。从式（9-28）可以看出,t_p 和 t_s 总是正实数,即它们的辐角为 0,这表明 E_2 和 E_1 总是同位相的。但式（9-27）说明,r_p 和 r_s 的辐角是比较复杂的,下面分析一下。

在 r_p 的表达式中分母 $\tan(i_1 + i_2)$,当 $i_1 + i_2 = 90°$ 时它趋于无穷,从而 $r_p = 0$。这时的入射角就是前面提过的布儒斯特角 i_B。将 $i_1 = i_B$,$i_2 = 90° - i_B$ 代入折射定律 $n_1 \sin i_1 = n_2 \sin i_2$,即得布儒斯特角的表达式为

$$i_B = \arctan \frac{n_2}{n_1} \qquad\qquad (9-33)$$

对于空气到玻璃情形 $n_2/n_1 \sim 1.5$,$i_B \sim 57°$。

当 $i_1 < i_B$ 时,$i_1 + i_2 < 90°$,$\tan(i_1 + i_2) > 0$,即 $r_p > 0$,$\delta_p = 0$;反之,当 $i_1 > i_B$ 时,

$i_1 + i_2 > 90°$，$\tan(i_1 + i_2) < 0$，即 $r_p < 0$，$\delta_p = \pi$，在 $i_1 = i_B$ 处有个突变。

先看 $n_1 < n_2$ 情形（外反射），这时 $i_1 > i_2$，不发生全反射，$\tan(i_1 - i_2) > 0$，$\sin(i_2 - i_1) < 0$，故 i_1 由 0 经 i_B 增到 90° 时，相位差 $\delta_p = -\arg r_p$ 由 0 突变到 π，而相位差 $\delta_s = -\arg r_s$，始终是 π。

再看 $n_1 > n_2$ 情形（内反射），这时 $i_1 < i_2$，当 $i_1 > i_C$ 时发生全反射。全反射临界角 $i_C = \arcsin(n_2/n_1) > \arctan(n_2/n_1) = i_B$，即在布儒斯特角处尚未发生全反射。当 i_1 由 0 经 i_B 增到 i_C 时，r_p 和 r_s 的符号变化恰与外反射情形相反，即 δ_p 由 π 突变到 0，δ_s 始终是 0。当 $i_1 > i_C$ 时，r_p 和 r_s 将成为复数，它们的辐角可根据式（9-27）求得，即

$$\begin{cases} \delta_p = 2\arctan \dfrac{n_1}{n_2} \dfrac{\sqrt{(n_1/n_2)^2 \sin^2 i_1 - 1}}{\cos i_1} \\[3mm] \delta_s = 2\arctan \dfrac{n_2}{n_1} \dfrac{\sqrt{(n_1/n_2)^2 \sin^2 i_1 - 1}}{\cos i_1} \end{cases} \quad (9-34)$$

可以看出，当一束光在界面上反射时，其中电矢量的方向可能发生突然的反向，或者说，振动的相位突然改变 π（或者说 $-\pi$）。本来沿着光线相位的变化是正比于光程的，在界面上发生这种相位跃变以后，相位和几何光程之间的关系不相符了。为了使两者调和一致，需在几何程差 ΔL 上添加一项 $\pm\lambda/2$（λ 为真空中波长），即

$$\Delta L' = \Delta L \pm \lambda/2$$

几何程差 ΔL 也可说是表观程差，而 $\Delta L'$ 是有效程差，它是与实际的相位相符的。通常把相位跃变而引起的这个附加程差 $\pm\lambda/2$ 称为半波损。这一术语表达：在正入射和掠入射的情况下，光从光疏介质到光密介质时反射光有半波损，从光密介质到光疏介质时反射光无半波损；在任何情况下透射光都没有半波损。

在上面的两种情况中，反射光、折射光的电矢量与入射光相比，或平行或反平行。在一般斜入射的情况下，3 光束的 p 分量成一定角度，因此比较它们的相位没有什么绝对的意义。讨论一列波的相位改变，说到底是为了处理它与其他波列的相干叠加问题。以后经常要研究从一介质层上、下两表面反射的光束 1、2 之间的干涉问题。这时人们关心的是，在计算了两光束的表观程差后是否需要添加半波损？就一束光而言，往往很难笼统地说是否有半波损；但就上、下两反射光束来说，在介质层两侧折射率相同的情况下，它们之间的有效程差中总要添加一项 $\pm\lambda/2$，或者说，有效程差中总是有半波损的。

9.1.5 反射、折射时的偏振现象

由菲涅耳公式可知，p 分量与 s 分量的反射率和透射率一般是不一样的，而且反射时还可能发生相位跃变。这样一来，反射和折射就会改变入射光的偏振态。具体地说：如果入射的是自然光，则反射光和折射光一般是部分偏振光；如

果入射光是圆偏振光,则反射光和折射光一般是椭圆偏振光;如果入射光是线偏振光,则反射光和折射光仍是线偏振光,但电矢量相对于入射面的方位要发生改变。全反射时情况有所不同,因相位跃变介于 0 和 π 之间,线偏振光入射,反射光一般是椭圆偏振的。

特别值得注意的是,光束以布儒斯特角 i_B 入射的情形,这时 $r_p = 0$,反射光中只有 s 分量。这就是说,不管入射光的偏振态如何,反射光总是线偏振的。故布儒斯特角 i_B 又称为全偏振角,或起偏角。

一般情况下自然光以任何入射角入射,折射光总是部分偏振的,仅当以布儒斯特角入射时,p 分量 100% 透过,这时折射光的偏振度最高(从空气到玻璃偏振度 $p = 8\%$)。

既然反射和折射时都产生偏振,就可以利用玻璃片来做偏振器(起偏器或检偏器)。以布儒斯特角入射时,虽然反射光是线偏振,不过反射改变了光线传播的方向,用起来很不方便,通常更多地利用透射光。如前所述,即使在布儒斯特角入射的情形里,单个玻璃表面只能产生偏振度为 8% 左右的透射光。要得到偏振度很高的透射光,就需利用多块玻璃片。将许多块玻璃片叠在一起,令自然光以布儒斯特角入射,光线每遇一次界面,约 15% 的 s 分量被反射掉,而 p 分量却 100% 地透过。通过多次的反射和折射,最后从玻璃片堆透射出来的光束中 s 分量就很微弱了,它几乎是 100% 的 p 方向的线偏振光。

9.1.6　全反射与衰逝波

现在回过来讨论全反射时出现的虚波矢问题。把式(9 – 13)中的 k_{2z} 写成 $i\kappa$,则

$$\kappa = \frac{2\pi}{\lambda_1} \sqrt{\sin^2 i_1 - \sin^2 i_C} \qquad (9 - 35)$$

这时介质 2 中波的表达式(9 – 12)化为

$$\begin{cases} \widetilde{E}_2 = E_2 e^{-\kappa z} \exp[i(k_{2x}x - \omega t)] \\ \widetilde{H}_2 = H_2 e^{-\kappa z} \exp[i(k_{2x}x - \omega t)] \end{cases} \qquad (9 - 36)$$

式(9 – 36)表明,在发生全反射时,折射波在 x 方向(沿界面)仍具有行波的形式,但沿 z 方向(纵深方向)按指数律急剧衰减,光波场在介质 2 中的有效穿透深度可定义为

$$d_z = \frac{1}{\kappa} = \frac{\lambda_1}{2\pi} \frac{1}{\sqrt{\sin^2 i_1 - \sin^2 i_C}} \qquad (9 - 37)$$

d_z 的数量级为一个波长。人们把这样一种波称为衰逝波。衰逝波的出现说明,不能简单地认为 $i_1 > i_C$ 时介质 2 内完全不存在波场,实际上在界面附近波长数量级的厚度内仍然有场。计算表明,在穿透深度内,z 方向的瞬时能流不为 0,但

平均能流为 0。故可以认为，入射波的能量不是在严格的界面上全部反射的，而是穿透到介质 2 内一定深度后逐渐反射的。这就不难想象，为什么全反射时反射波中有一定的相移 δ_p、δ_s 了。

9.2 反射 4f 相位成像技术理论模型

4f 相位成像技术是一种单脉冲测量材料光学非线性的简易方法，若将 4f 相位成像技术的焦平面上非线性介质改为倾斜放置，测量反射光像平面的光强分布，这就是反射 4f 相位成像技术。反射 4f 相位成像技术原理光路如图 9 – 6 所示。激光束首先被透镜 L1 和透镜 L2 组成的扩束系统扩束，相位光阑放置在透镜 L3 和透镜 L4 组成的 4f 光路的入射面上，亦即透镜 L3 的前焦面上。透镜 L3 和 L4 具有相同的焦距。入射光束通过相位光阑后由分束器分为两束：一束进入由 L5 和 L6 组成普通的 4f 成像系统，这是为了监控入射光的能量和光强分布而设计的，称为参考光路；另一束进入放置样品的由透镜 L3 和 L4 组成的反射 4f 系统。非线性介质放置在透镜 L3、L4 的共焦平面上，亦即置于 4f 系统的傅里叶平面上。光阑的半径和光束的半径相比很小，只允许扩束的光束中心很小的一部分通过，通过光阑的光束可以近似看作 top – hat 光束。这束 top – hat 光束被透镜 L3 聚焦，并且以 45°的入射角入射到样品表面，反射光斑经透镜 L4 后由置于透镜 L4 的后焦面上的 CCD 相机记录。

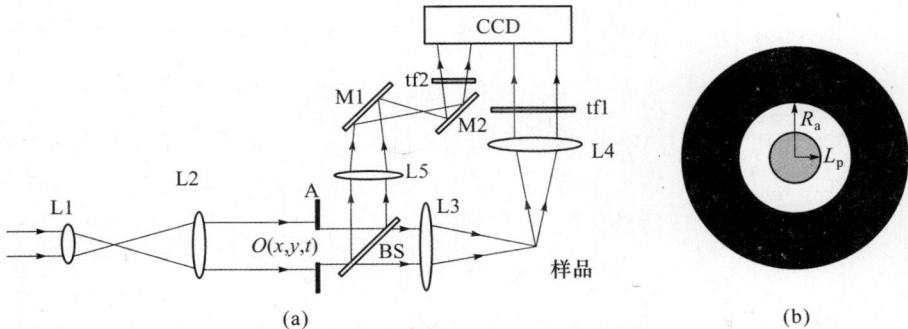

图 9 – 6　反射 4f 相位成像技术原理光路图
(a) 反射 4f 相位成像实验装置图；(b) 相位物体。

一个单色平面波照射到一个带有相位物体的圆形小孔上，电场可以表示为 $E = E_0(t)\left[\,e^{-i(\omega t - kz)} + e^{i(\omega t - kz)}\,\right] + c.\,c.$，这里，$\omega$ 是角频率，k 是波数，$E_0(t)$ 是激光脉冲的电场振幅，含时分布的包络。为了理论处理方便，忽略热效应的影响。圆孔的透过率可以表示为 $t_p(x,y)$，电场可以表示为 $O(x,y,t) = E(x,y,t)t_p(x, y)$，该电场在透镜 L3 的焦平面上的空间傅里叶变换可以表示为

$$S(u,v,t) = \frac{1}{\lambda f_1}\mathrm{FT}\left[\,O(x,y,t)\,\right]$$

$$= \frac{1}{\lambda f_1} \iint O(x,y,t) \exp[-2\pi i(ux + vy)] dxdy \qquad (9-38)$$

式中:FT 为傅里叶变换;f_1 为透镜 L3 的焦距;λ 为入射激光的波长;u 和 v 为焦平面上的空间频率,$u = x/(\lambda f_1)$,$v = y/(\lambda f_1)$。

通常情况下,反射光束的改变是由于表面效应(反射系数的改变),或者是体效应(反射波在薄膜传播过程中的振幅和相位变化)。下面分别讨论这两种情况。

假设只有表面效应对反射光束有贡献,由于非线性效应,反射光束的菲涅耳系数包括了折射率的改变和吸收系数的改变,有效的反射系数可以表示为

$$r(u,v,t) = \frac{n^2 \cos\theta - \sqrt{n^2 - \sin^2\theta}}{n^2 \cos\theta + \sqrt{n^2 - \sin^2\theta}} \qquad (9-39)$$

式中:$n = n_0 + \gamma |S(u,v,t)|^2 + i(\frac{\alpha_0}{2k} + \frac{\beta}{2k}|S(u,v,t)|^2)$ 是复折射率,n_0 和 α_0 表示材料的线性折射率和线性吸收系数,γ 和 β 表示非线性折射率和非线性吸收系数;θ 是入射角。

那么,经样品表面反射后的光电场可以表示为

$$S_{re}(u,v,t) = S(u,v,t) \cdot R(u,v,t) \qquad (9-40)$$

CCD 放置在 4f 成像系统的出射面上,捕捉记录反射光,有

$$I_{im}(x,y,t) = |U(x,y,t)|^2 = |\lambda f_1 \, FT^{-1}[S_{re}(u,v,t)H(u,v,t)]|^2$$

$$(9-41)$$

式中:FT^{-1} 为傅里叶逆变换;$H(u,v,t)$ 为无相差透镜的相干光学传递函数:$H(u, v,t) = circ[\sqrt{u^2+v^2}\lambda G/N_A]$,圆形函数 $circ(\rho)$ 定义为当 $\rho < 1$ 时函数取值为 1,其他情况为 0,N_A 为透镜 L3 的数值孔径,G 为光学系统放大倍数。

最后,CCD 上所成像的能流分布可以写成

$$F(x,y) = \int_{-\infty}^{+\infty} I_{im}(x,y,t) dt \qquad (9-42)$$

考虑到入射光为 top – hat 光时,入射面上的圆形光阑的透射函数可以表示为

$$t_a(x,y) = circ[(x^2 + y^2)^{1/2}/R_a] \qquad (9-43)$$

式中:R_a 为光阑的半径大小;函数 $circ(\rho)$ 定义如上。在光阑中间的圆形相位物体的半径为 $L_p(L_p < R_a)$,相位物体有一个统一的相位延迟 φ_L。所以,含相位物体的光阑透过率为

$$t_p(x,y) = t_a(x,y)\exp\{i\varphi_L circ[(x^2 + y^2)^{1/2}/L_p]\} \qquad (9-44)$$

经过相位物体(PO)的光束传播到样品位置时,此时的样品在 4f 系统中充当一个空间滤波器的作用,这是由于非线性的作用使得样品表面的反射率发生变化,从而能改变入射光的振幅和相位。透镜 L4 的作用就是将反射的光收集起

来。这样 CCD 就捕捉记录到经过样品滤波的 PO 的空间光强分布的图像。利用式(9-38)至式(9-44)就可以计算得到 PO 的光强分布,并与实验所得进行数值拟合以求得材料的非线性折射率与吸收系数。图9-7 和图9-8 显示的是根据我们的模型得到的模拟计算结果。观察这些图像可以看到,在对应的相位物体的几何区域内,有光强的增强或者减弱。定义 ΔT 为相位物体成像部分的平均光强与相位物体外的光阑部分所成像的平均光强之差。保证其他参数不变的情况下,只改变非线性折射率或是非线性吸收系数,ΔT 也随之改变。这就意味着,当经过实验得知 ΔT,并在确定了非线性折射和非线性吸收中的任一个量后,剩余的那个非线性系数就可通过数据拟合来进行确定。

图9-7 表示的是只有非线性折射而没有非线性吸收时($\beta=0$)获得的光斑及剖面图。可以看到:当非线性折射为正($n_2>0$)时,相位物体成像的几何区域内,光强减弱(图9-7(a)和图9-7(b));而当非线性折射为负($n_2<0$)时,中心光强增强(图9-7(c)和图9-7(d))。

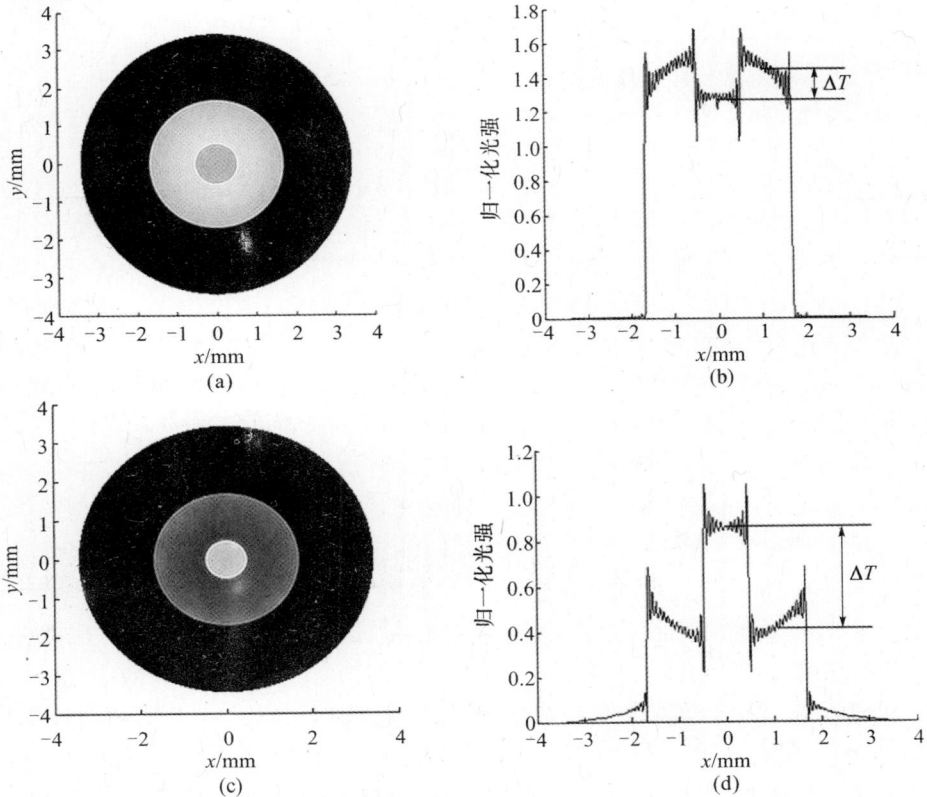

图9-7 入射光为 top-hat 光时模拟得到的光斑图样及特征曲线
(a) $n_2>0,\beta=0$ 时得到的非线性光斑;(b)光斑(a)沿 $y=0$ 的剖面图;
(c) $n_2<0,\beta=0$ 时得到的非线性光斑;(d)光斑(c)沿 $y=0$ 的剖面图。

图 9 - 8 表示的是只有非线性吸收($n_2 = 0$)时,数值模拟得到的非线性光斑及其剖面图。当反饱和吸收时,中心光斑光强增强;当饱和吸收时则相反,中心光斑的光强减弱。

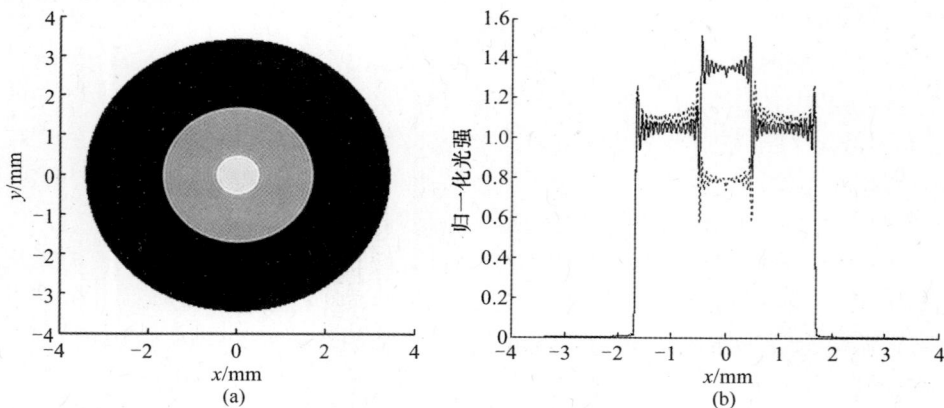

图 9 - 8　入射光为 top - hat 光时模拟得到的光斑图样及特征曲线

(a) 当样品中只含有反饱和吸收时($n_2 = 0, \beta > 0$)的非线性光斑;(b) 实线表示图

(a) 光斑沿 $y = 0$ 的剖面图,虚线表示只有饱和吸收时($n_2 = 0, \beta < 0$)时所得光斑沿 $y = 0$ 的剖面图。

观察图 9 - 7 和图 9 - 8,可以发现:在图 9 - 7(b)、(d) 中,整个光斑的能量都有巨大的变化;而在图 9 - 8(b) 中,部分区域的能量几乎没有发生变化。由此可以推断出,反射光束的非线性相移是由非线性吸收造成的,而振幅的变化是由非线性折射造成的,这些推断和反射 Z 扫描实验得到的结论相符。从物理理论的角度来解释这两种光斑的形成也是很不一样的。非线性吸收光斑可由相位相衬原理来解释相移造成的光强分布变化,这与传统 4f 相位成像技术中的非线性折射情况相似;而非线性折射光斑可从空间滤波的角度来解释。

M. Martinelli 曾经使用反射 Z 扫描的方法测量得到GdAlO$_3$:Cr^{+3}晶体表面的 3 阶非线性折射率为 $n_2 = (4.2 \pm 0.5) \times 10^{-8} cm^2/W$[3]。GdAlO$_3$:Cr^{+3}晶体的线性折射率和消光系数分别为 $n_0 = 2, k_0 = 6 \times 10^{-6}$,同时使用的 top - hat 光光强为 $I_0 = 1600$ W/cm^2。并且GdAlO$_3$:Cr^{+3}晶体可忽略其 3 阶非线性吸收系数,入射角 $\theta = \pi/4$,为一普通入射角度。利用以上数据得到的反射 4f 相位成像技术的模拟实验结果如图 9 - 9 所示。

由图 9 - 9 可知,使用反射 4f 相位成像法可以得到明显的实验结果:$\Delta T = -0.6452$,CCD 可以分辨出中心光斑与其他光阑位置的差别。

在实际研究中,有许多薄膜生长在不透明的基片上。例如,生长在硅片上的透明薄膜,这时光学非线性主要由体效应所产生。为了简化分析,假设脉冲激光在薄膜内部只发生一次反射,薄膜后表面的反射可以忽略,如图 9 - 10 所示,有效的反射系数可以表示为

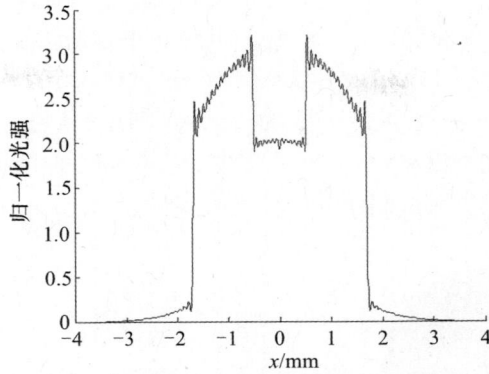

图 9 – 9 GdAlO$_3$: Cr^{+3} 晶体的反射 4f 相位成像技术的实验模拟结果

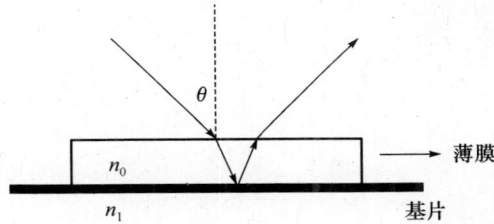

图 9 – 10 由薄膜反射的激光束示意图

$$r(u,v,t) = \frac{n_1^2 \sqrt{n_0^2 - \sin^2\theta} - n_0^2 \sqrt{n_1^2 - \sin^2\theta}}{n_1^2 \sqrt{n_0^2 - \sin^2\theta} + n_0^2 \sqrt{n_1^2 - \sin^2\theta}} e^{-\alpha_0 L n_0 / \sqrt{n_0^2 - \sin^2\theta}}$$
$$\times \left[1 + q_1(u,v,t) \right]^{(ik\gamma/\beta - 1/2)} \left[1 + q_2(u,v,t) \right]^{(ikn_2/\beta - 1/2)}$$

$$(9 - 45)$$

式中:$q_1(u,v,t) = \beta L_{\mathrm{eff}} |S(u,v,t)|^2$,$q_2(u,v,t) = \beta L_{\mathrm{eff}} |S_1(u,v,t)|^2$,$S_1(u,v,t) = S(u,$

$v,t) \dfrac{n_1^2 \sqrt{n_0^2 - \sin^2\theta} - n_0^2 \sqrt{n_1^2 - \sin^2\theta}}{n_1^2 \sqrt{n_0^2 - \sin^2\theta} + n_0^2 \sqrt{n_1^2 - \sin^2\theta}} e^{-\alpha_0 L n_0 / \sqrt{n_0^2 - \sin^2\theta}/2} \left[1 + q_1(u,v,t) \right]^{(ik\gamma/\beta - 1/2)}$;$L_{\mathrm{eff}} = [1$

$- \exp(-\alpha_0 L n_0 / \sqrt{n_0^2 - \sin^2\theta})] / \alpha_0$;$L$ 为样品厚度;n_1 为基片的线性折射率。

将式(9 – 45)代替式(9 – 39),利用式(9 – 38)至式(9 – 45),可以算得位于 4f 系统出射面的 CCD 探测到的图像,与实验所得进行数值模拟就可以求得材料的非线性折射率与吸收系数。

由薄膜的体效应引起的反射光的改变和传统的透射 4f 相位成像系统很相似。典型的纯非线性折射情况($\beta = 0$)如图 9 – 11(a)所示。在模拟中,采用了正的非线性折射率 γ,可以看到中心光斑光强得到增强;反之,对于负的 γ,PO 的几何中心光强反而会下降,在图 9 – 11(b)中的实线表示图 9 – 11(a)的剖面图,虚线是负的 γ 的结果。图 9-11(c) 是典型的纯非线性吸收情况（$\gamma=0$）。在模拟中,非线性吸收假设为反饱和吸收（RSA）,也就是说 $\beta>0$,这和图 9-11(a) 的结果很相似。图 9-11(d) 中的实线是图 9-11(c) 的剖面图,虚线为 $\beta<0$。注意到,在图 9-11(d) 中,归一化的能量发生了明显的变化,而在图 9-11(b) 中,归一化的能量几乎没有发生变化。这表明,反射场的非线性相位调制是由非线性折射引起的,而振幅调制由非线性吸收引起。

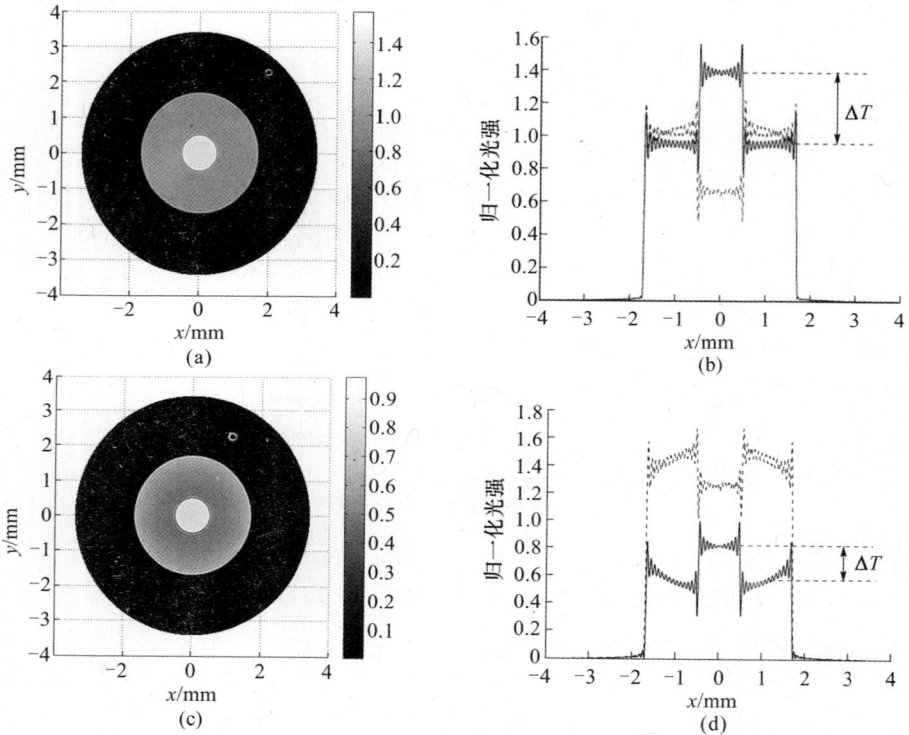

图 9-11　采用正的非线性折射率时中心光斑图样及特征曲线
(a) 典型的 4f 相位成像数值模拟图（$\gamma>0,\beta=0$）；
(b) 实线表示图 9-11(a) 的轮廓,虚线表示自散焦（$\gamma<0$）情况下的结果；
(c) 典型的 4f 相位成像数值模拟图（$\gamma=0,\beta>0$）；(d) 实线表示图 9-11(c) 的轮廓,
虚线表示饱和吸收（$\beta<0$）情况下的结果。

　　以上就是反射 4f 相位成像技术的基本原理和基本结果,从上面的分析不难看出有以下几个优点:

（1）实验原理简单明了；

（2）实验装置简单,易于搭建；

（3）单脉冲测量,对光源稳定性要求不高；

（4）无需移动样品，不易损伤样品表面；

（5）有较高的灵敏度，并能测量出非线性系数的符号和大小。

在实验中，薄膜 CuPc（COONa）$_4$/PDDA 是由 CuPc（COOH）$_4$ 和 Cationic Polydiallydimethyl - Ammonium Chloride（PDDA）通过静电自组装技术制得的，这种薄膜将被用来验证实验技术。2,9,16,23 - Tetracarboxyl Phthalocyanine Copper（Ⅱ）［CuPc（COOH）$_4$］是根据文献[4]提供的方法制得的。PDDA 是从 Aldrich 公司购买的，未经过进一步的提纯。（PDDA；MW ca. 100,000 - 200,000；Aldrich），溶解在去离子水中，形成 5% 的水溶液，实验中用到的硅片在异丙基醇中超声 1h，用去离子水洗净，在氮气中干燥。然后，在 5M 的 NaOH 中浸沾 1min，放置在氮气中干燥，使得在其表面形成足够多的负离子层。具有负电荷的基层浸入到 PDDA 的溶液中 5min，这样一层带有足够正价带电子的 PDDA 层就形成了。去离子水清洗后，在氮气中干燥，然后带有 PDDA 的硅片浸入到 CuPc（COOH）$_4$ 溶液中 5min。然后水洗，在氮气中干燥。如此重复，直到 30 层的 CuPc（COONa）$_4$/ PDDA 形成。薄膜的总厚度为 0.52μm，薄膜的线性折射率为 1.5。

反射 4f 的实验步骤及数据处理的过程和传统的 4f 相位成像技术相同，这里就不再介绍。图 9 - 12 表示由 CCD 相机记录的薄膜 CuPc（COONa）$_4$/ PDDA 的实验结果以及相应的剖面图。激发能量为 1.63μJ，相应的峰值光强为 $I_{00} = 1.25$GW/cm^2。图 9 - 12（a）为线性图像；图 9 - 12（b）所示为非线性图像。相应的轮廓分别如图 9 - 12（c）、（d）所示。生长在石英片上的 CuPc（COONa）$_4$/PDDA 薄膜也在同样的条件下进行了实验，在这种条件下表面效应起主导作用。但是，在实验中并没有观察到线性图像和非线性图像的区别，这暗示着表面效应可以忽略。所以对生长在硅片上的 CuPc（COONa）$_4$/PDDA 薄膜来说，对非线性图像起主导作用的是体效应。因此，观察到的大非线性源自薄膜，因为基片材料只有很小的非线性，这种非线性在实验条件下根本观察不到。需要注意的是，获得的非线性图形中，反射图像的 PO 区域的内外光强差大于 0，意味着正的非线性折射率 γ，图像的总体光强远远低于线性区域的线性光斑的总体光强，意味着薄膜有强的反饱和吸收。图 9 - 12（d）中实线表示理论拟合，和实验结果符合得很好。在薄膜上不同的地方，获得了不同的图像，但是都给出了同样的拟合参数。非线性吸收系数为 $\beta = 5.1 \times 10^{-7}$m/W，非线性折射率为 $\gamma = 4.55 \times 10^{-15}$ m^2/W。此外，还采用了传统的 Z 扫描技术对生长在石英片上的 CuPc（COONa）$_4$/PDDA 薄膜做了非线性研究。在相似的实验条件下得到相应的非线性参数为 $\beta = 3.2 \times 10^{-7}$m/W，$\gamma = 5.2 \times 10^{-15}$ m^2/W。显然，由 4f 相位成像技术获得的参数和 Z 扫描技术获得的参数符合得较好，证明反射 4f 相位成像技术是一种可信的测量技术。实验中，用到的峰值光强远远低于样品的损伤阈值。

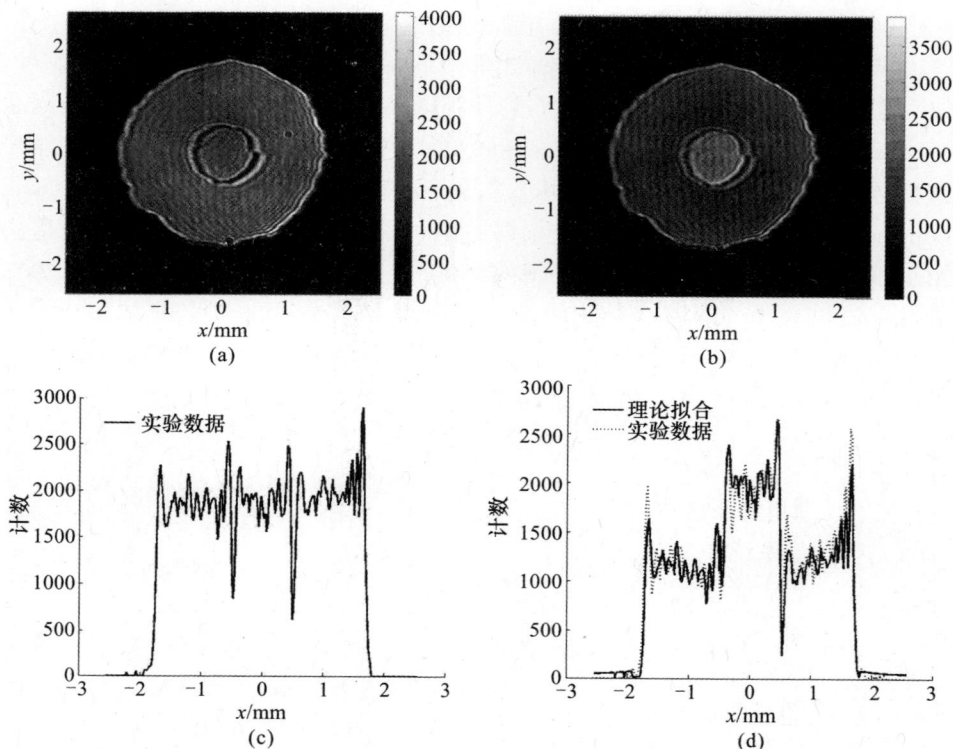

图 9 - 12　生长在硅片上的 CuPc(COONa)$_4$/PDDA 薄膜的实验结果

(a) 线性图像;(b) 非线性图像;(c) 线性图像剖面图;(d) 非线性图像剖面图。

参考文献

[1] Petrov D V, Gomes A S L, Cid B de Arúbjo. Reflection Z – scan technique for measurements of optical properties of surfaces[J]. Appl. Phys. Lett, 1994, 65:1067 – 1069.

[2] Ganeev R A. Single – shot reflection Z – scan for measurements of the nonlinear refraction of nontransparent materials[J]. Appl. Phys. B, 2008, 91:273 – 277.

[3] Martinelli M, Bian S, Leite J R, et al. Sensitivity enhanced reflection Z – scan by oblique incidence of a polarized beam[J]. Appl. Phys. Lett, 1998, 72:1427 – 1429.

[4] He C Y, Wu Y Q, Shi G, et al. Large third – order optical nonlinearities of ultrathin films containing octa-carboxylic copper phthalocyanine[J]. Org. Electron, 2007, 8:198 – 205.

第 10 章
相位光阑的优化与改进

在光学傅里叶系统中,物平面上的相位变化可以调制像平面上的强度分布。在 4f 相位成像系统中,相位光阑的作用是调制物平面的激光脉冲的相位分布。而置于焦平面上的非线性介质在不同光强激发下作用不同。在低光强入射条件下,傅里叶平面上的非线性介质相当于一个线性介质。而在高光强条件下,光学非线性介质相当于一个滤波器。相位光阑的参数变化将对非线性介质的滤波效果产生影响,也就是影响 4f 相位成像系统的测量灵敏度。本章主要介绍圆形相位光阑的优化,以及几种不同形状的新型相位光阑。

10.1 圆形相位光阑的优化

在经典的 4f 相位成像系统中,相位光阑是圆形的,光阑中心是一块改变入射脉冲相位圆形相位物体[1]。描述相位光阑的有 3 个参数:光阑半径 R_a、相位物体半径 L_p 和相位物体的相移 φ_L。在 4f 相位成像系统中,圆形相位光阑主要作用一是在非线性相移 $\varphi < \pi$ 时要加以区分非线性折射率的正负,二是提高系统的测量灵敏度。

下面联立式(2-21)至式(2-31)通过数值模拟来讨论圆形相位光阑的参数改变对相位物体(PO)内外能流分布的调制效果,进而给出圆形相位光阑的优化。透过率变化 ΔT 定义为相位物体内部与外部的平均能流之差。

考虑正非线性折射介质,入射波长 $\lambda = 532$ nm,脉冲宽度为 $\tau = 12.7$ps,入射光强 $I_{in} = 5 \times 10^9$ W/m²;非线性折射率 $n_2 = 3.2 \times 10^{-18}$ m²/W;样品厚度 $L = 2$mm;光阑的半径 $R_a = 2$ mm;透镜焦距 $f = 400$mm;在透镜 L1 后焦平面上的爱里斑半径为 $\omega = 0.61\lambda f_1/R_a$,透镜的聚焦深度 $z_0 = \pi\omega^2/\lambda = 0.372\pi f_1^2/R_a^2 = 4.4$cm,远远大于样品的厚度,这样可以把非线性介质看成是薄样品,利用慢变振幅近似和薄样品近似[2],通过数值模拟可以计算正非线性折射介质的 4f 相位成像图

195

像。φ_L 的取值范围为 $\pi \sim -\pi$，L_p/R_a 的比值范围为 $0 \sim 1$，计算的相位物体内外区域的能流差 ΔT 结果见图 10-1。从图 10-1 可以发现，当圆形相位光阑中心圆形相位物体的相位延迟为正的情况下，它对正的非线性相移很灵敏，φ_L 取值 0.63π 时，ΔT 值有最大值。当圆形相位光阑中心圆形相位物体的相位延迟为负时，它对正的非线性相移不太灵敏。为了方便读者，图 10-2、图 10-3 分别给出了 ΔT 随 L_p/R_a、φ_L 变化关系曲线。图 10-2 中画出了 φ_L 为 0.5π 和 0.45π 时 ΔT 随 L_p/R_a 变化关系曲线，L_p/R_a 越小，ΔT 越大。图 10-3 给出了当 L_p/R_a 分别为 0.01、0.1 与 0.3 时 ΔT 随 φ_L 的变化关系曲线，L_p/R_a 不同时，ΔT 最大时的 φ_L 值是不一样的。可以发现：L_p/R_a 不同时，ΔT 最大时的 φ_L 值分别为 0.63π、0.6π、0.47π；而且当 L_p/R_a 为 0.01 和 0.1 时，ΔT 的数值很接近，换言之，二者的测量灵敏度变化很小。当相位物体尺寸比较小时（$L_p/R_a \leq 0.1$），系统的测量灵敏度变化比较小，而且，当相位物体越小，要求 CCD 的像元尺寸也越小。图 10-4 画出了 $\varphi_L = 0.63\pi$ 时像平面光强分布的剖面图。图中点画线、虚线、实线分别对应为 L_p/R_a 为 0.33、0.1 与 0.01 等 3 种条件。随着 L_p/R_a 比值变小，相衬信号的宽度越来越窄，在 $L_p/R_a = 0.01$ 时，其峰宽度仅为 $30\mu m$。对应的归一化相衬能流信号分别为 1.80、2.25 和 2.30，对应的 ΔT 分别为 0.8、1.25 和 1.30。实验中使用的 CCD 的像元尺寸为 $6.4\mu m \times 6.4\mu m$，对于 $L_p/R_a = 0.33$，由于其相衬信号峰带很宽，便于测量，但是 ΔT 比较小，不是理想的结果；重要的是比较 L_p/R_a 为 0.1 与 0.01 两种条件，使其既满足 ΔT 比较大又要便于测量。在 $L_p/R_a = 0.1$ 时，其相衬信号峰宽为 $0.3mm$，$\Delta T = 1.25$；在 $L_p/R_a = 0.01$ 时，虽然 $\Delta T = 1.30$，但是峰宽度仅为 $30\mu m$，虽然在 CCD 的分辨范围之内，但在 CCD 里显示的就是几个亮点，不便于测量。而且二者之间 PO 内外的能流差仅为 0.05，相差不是很大，对系统的灵敏度影响也不大。此外在制作相位物体时，如果其半径太小，势必会大大增加加工方面的难度，所以综合考虑，可以选择合适的相位物体的大小及光阑的大小，既使 ΔT 比较大，又便于测量，达到最佳的效果。

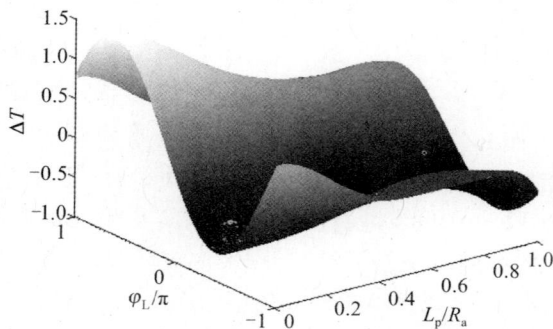

图 10-1　ΔT 与 φ_L 和 L_p/R_a 的三维关系

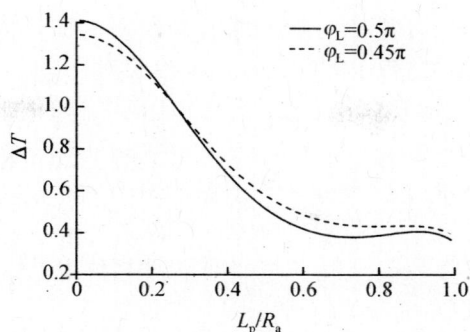

图 10 – 2 ΔT 与 L_p/R_a 的关系

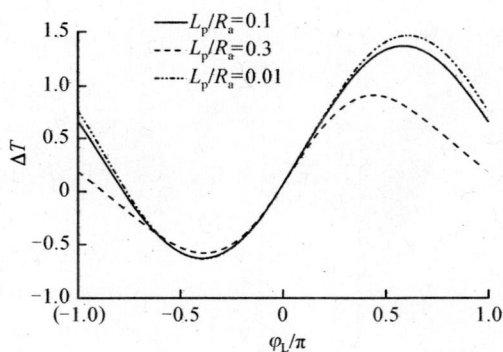

图 10 – 3 ΔT 与 φ_L 的关系

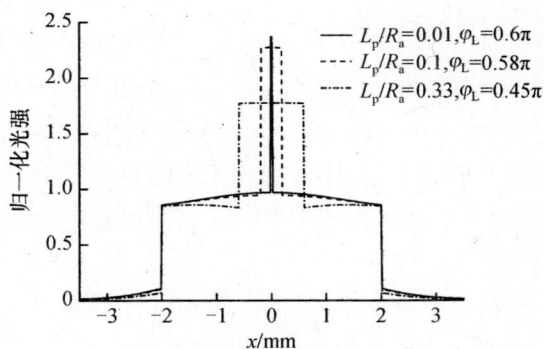

图 10 – 4 $L_p/R_a = 0.33, 0.1, 0.01$ 光斑剖面图

在上面的讨论中,光阑的尺寸 R_a 不会影响到 ΔT。但是这只是在数值模拟中,实际上 R_a 是不能任意选取的。首先 R_a 不能取得太小:一是孔径太小,加工工艺方面会非常困难;二是如果光阑半径太小,想要在傅里叶面上得到足够的光强,需要的入射能量是巨大的。

而光阑半径过大也不是一个好的选择。因为当光阑增大的同时,高斯光也必须相应地增加扩束比,这在光路中也会比较困难。而且当光阑半径过大的时候还有可能会导致理论分析中的傍轴近似不再成立。

基于加工工艺、系统测量灵敏度以及 CCD 成本方面综合考虑,可以适当选择比较大的相位物体半径。一般选用 $L_p/R_a = 0.1$ 的相位光阑。

在负非线性折射条件下,可以采用上述类似过程来讨论,图 10 - 5 给出了 4f 相位成像系统 ΔT 随 φ_L 与 L_p/R_a 的变化三维曲线,同样当圆形相位光阑中心圆形相位物体的相位延迟为负时,它对负的非线性相移很灵敏,φ_L 取 0.63π 值时,ΔT 值有一最大值。圆形相位光阑中心圆形相位物体的相位延迟为正时对负的非线性相移不太灵敏。

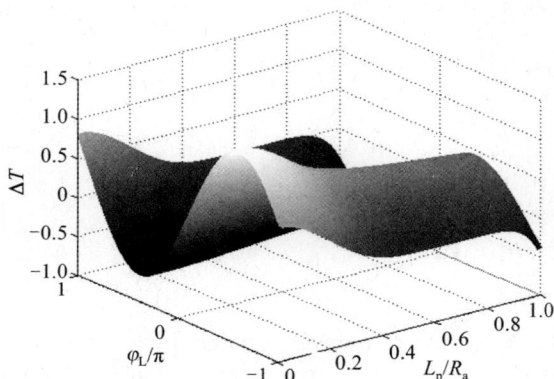

图 10 - 5 负非线性折射条件下 ΔT 与 φ_L 和 L_p/R_a 的三维关系

10.2 正负圆形相位光阑

当圆形相位光阑中心圆形相位物体的相位延迟为正时,它对正的非线性相移很灵敏,但是对负的非线性相移不太灵敏。相反当其相位延迟为负时,它对负的非线性相移灵敏而对正的非线性相移不太灵敏。如果设计一个同时具有正相移和负相移的相位物体(简称正负相位物体),就可能提高测量的灵敏度。

图 10 - 6(a) 是正负圆形相位光阑的示意图。相位光阑的透过率函数为 $t_p(x,y) = t_a(x,y)\exp\{-i\text{sgn}(x)\varphi_L\text{circ}[(x^2 + y^2)^{1/2}/L_p]\}$,与普通圆形相位光阑透过率函数不同的是多了一项阶跃函数 $\text{sgn}(x)$。当 x 为负数时 $\text{sgn}(x)$ 取 -1,而当 x 为正数时取 1。对于正负圆形相位光阑,透过率变化 ΔT 定义为正负相位物体的平均能流之差。联立方程计算采用正负相位光阑后相位物体(PO)内外能流的变化。图 10 - 6(b) 是利用正负相位光阑数值模拟非线性图像的剖面图,模拟中使用了 $\varphi_L = \pi/2$ 及正的 n_2。可以看到相当于两个相衬信号:在正相位延迟的相位物体部分相衬信号为正,在负相位延迟的相位物体部分相衬信号为负;相反地,对于一个负的 n_2,在正的和负的相位延迟的相位物体部分的相衬信号分别为负的和正的。这与普通圆形相位光阑的能流分布只有一个正或负的相衬

信号是完全不同的。

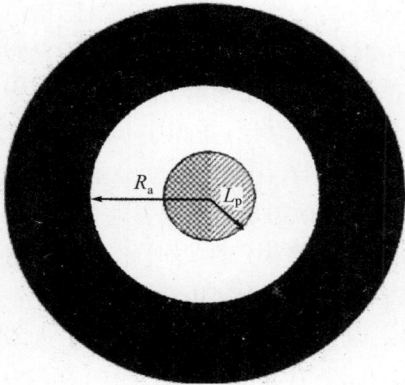 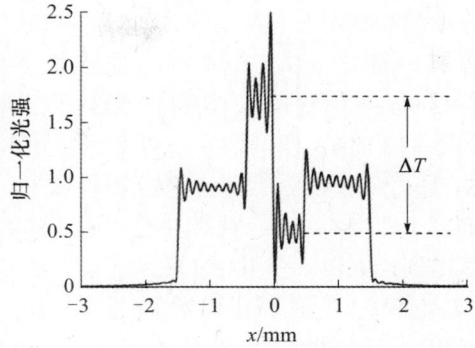

(a)   (b)

图 10 – 6   正负圆形相位光阑及其非线性光斑剖面图
(a) 正负图形相位光阑的示意图；(b) 利用正负图形相位光阑
得到的非线性图像的剖面图($\varphi_L = \pi/2, \Delta\varphi_{NL} > 0$)。

下面应用正负相位光阑，测量标准样品CS_2的非线性折射率。CS_2装在厚度为 2mm 的石英比色皿中，激发光源为调 Q 锁模 Nd：YAG 激光器发射的 532nm、21ps(FWHM)激光脉冲，光束直径被扩至 32mm 后通过带有正负相位物体的光阑。光阑以及相位物体的半径分别为 $R_a = 1.90$mm 和 $L_p = 0.57$mm，相位物体的相移 $\varphi_L = \pi/2$。透镜 L1 和 L2 焦距 $f_1 = f_2 = 400$mm，傅里叶面上的爱里半径为 $\omega_0 = 1.22\lambda f_1/(2R_a) = 68\mu$m，相应的衍射长度为 $z_0 = \pi\omega_0^2/\lambda = 2.7$cm。入射脉冲的能量为 0.98μJ，相应地照射在CS_2的激光脉冲峰值光强为 $I_0 = 1.0$ GW/cm^2。实验所得的非线性图像的剖面图见图 10 – 7。其中，虚线是实验数据，实线是数值模拟。通过拟合得到 CS_2的非线性折射率 $n_2 = 3.2 \times 10^{-18}$m^2/W。

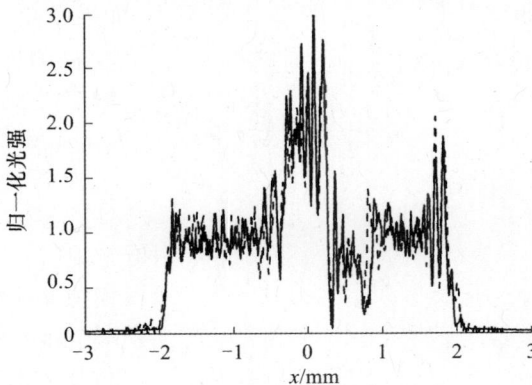

图 10 – 7   利用正负图形相位光阑对 CS_2进行实验所得的非线性图像的剖面图

类似于圆形相位光阑的优化方法,用正负图形相位光阑的透过率函数代替圆形相位光阑的透过率函数,联立式(2-21)至式(2-31),数值模拟正负图形相位光阑的参数改变对相位物体(PO)内外能流分布的调制效果,计算采用以下参数:入射光强 $I_{in} = 5 \times 10^9 \mathrm{W/m^2}$;非线性折射率 $n_2 = 3.2 \times 10^{-18}\,\mathrm{m^2/W}$;样品厚度 $L = 2\mathrm{mm}$;入射波长 $\lambda = 532\mathrm{nm}$;光阑半径 $R_a = 2\mathrm{mm}$;透镜焦距 $f = 400\mathrm{mm}$;脉冲宽度为 $\tau = 12.7\mathrm{ps}$。模拟结果分别表示在图 10-8 至图 10-11 中。图 10-8 给出了 ΔT 随 L_p/R_a 和 φ_L 变化的理论模拟结果。从图 10-8 中可以看到,ΔT 随着 L_p/R_a 的减小而增大。从三维图中可以看到当 L_p/R_a 接近零,$\varphi_L = 0.43\pi$ 时,系统的灵敏度达到最大值。图 10-9 显示了 ΔT 随 L_p/R_a 的变化图。从图 10-9 中可以看到 ΔT 随着 L_p/R_a 的减小而增大。这里 $\varphi_L = \pm 0.4\pi$。同圆形相位光阑一样,正负圆形相位光阑的两个参数 L_p 和 R_a 也不能取得太小:如果 L_p 和 R_a 太小,加工工艺方面会非常困难;此外,如果 R_a 太小,想要在傅里叶面上得到足够的光强,需要的入射能量是巨大的。另外,光阑半径过大也不是一个好的选择。因为当光阑增大的同时,高斯光也必须相应地增加扩束比,这在光路中也会比较困难。而且当光阑半径过大的时候还有可能会导致理论分析中的傍轴近似不再成立。

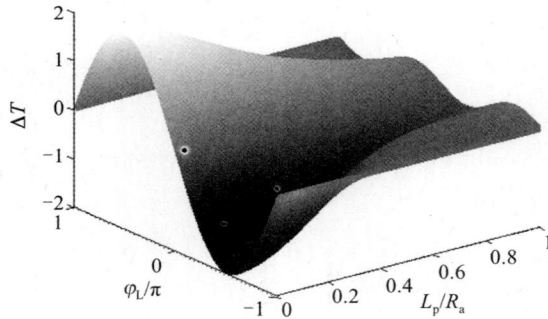

图 10-8　ΔT 随 L_p/R_a 和 φ_L 的变化图

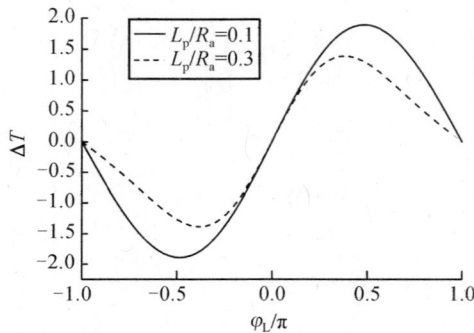

图 10-9　ΔT 与 φ_L 的关系

下面讨论相位物体相移 φ_L 对 ΔT 的影响。图 10-10 显示了 ΔT 随 φ_L 的变化关系。不同 L_p/R_a 比值，ΔT 的最大值对应的相位物体相移 φ_L 不同，从该图中可以看到，L_p/R_a 的值取为 0.3 时，在 $\varphi_L = \pm 0.43\pi$ 的地方 ΔT 分别达到了正负的最大值。

在实际测量中 L_p/R_a 的值不能取得太小，正常取为 0.1~0.3，这样系统的灵敏度与其最高灵敏度相差得并不是很大。

图 10-11 给出了 L_p/R_a 的值取为 0.3 时，正负圆形相位光阑与普通圆形相位光阑灵敏度的比较。相位物体相移 φ_L 从 -0.75π 到 0.75π 范围，正负圆形相位光阑都具有高灵敏度，而且无论介质非线性折射为正还是为负，都具有同样高的灵敏度，这是普通圆形相位光阑所不具备的。

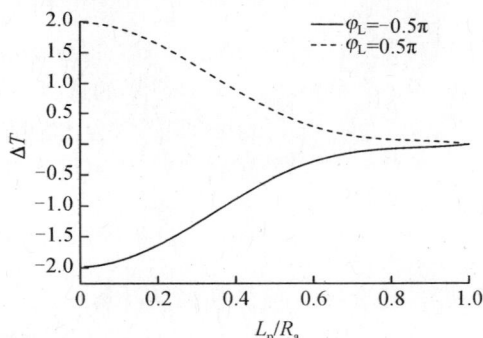

图 10-10　不同 φ_L 值 ΔT 与 L_p/R_a 的关系

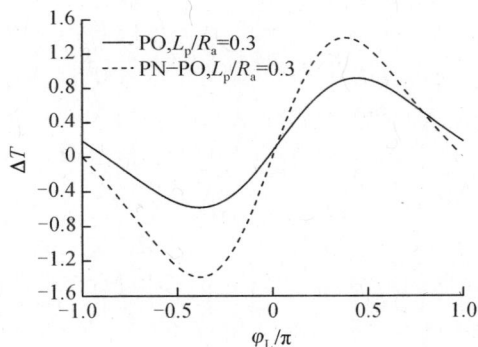

图 10-11　圆形相位光阑与正负圆形相位光阑测量灵敏度的比较

10.3　正负环形相位光阑

正负圆形相位光阑中相位物体是由两个半圆形相位物体组成，这两个相位物体分别产生正、负相位延迟。正、负相位物体分别产生正、负相衬信号，这样可以提高 4f 相位成像系统的测量灵敏度。同样,也可以应用正负环形相位物体来提高 4f 相位成像系统的测量灵敏度。图 10－12 为正负环形相位光阑的示意图,包含一个圆形和环形相位物体。其中:内圆相位物体半径为 L_p,相移为 φ_1;中间环半径为 R_b,中间环形没有相位延迟;外环相位物体相移为 $-\varphi_2$,外圆的半径为 R_a。

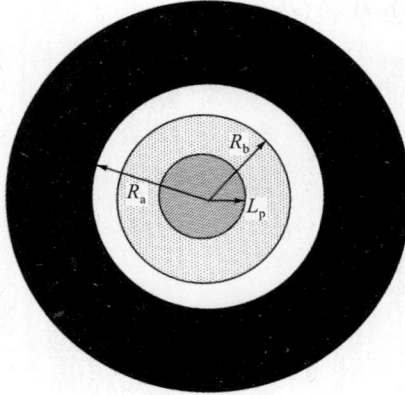

图 10－12　正负环形相位光阑示意图

考虑 top－hat 光入射,置于 4f 系统入射面的环形相位光阑的透过率为

$$t(x,y) = t_a(x,y) + t_b(x,y) + t_p(x,y) \tag{10－1}$$

$$t_a(x,y) = \text{circ}(\sqrt{x^2 + y^2}/R_a)\exp(-\mathrm{i}\varphi_2) \tag{10－2}$$

$$t_b(x,y) = \text{circ}(\sqrt{x^2 + y^2}/R_b)[1 - \exp(-\mathrm{i}\varphi_2)] \tag{10－3}$$

$$t_p(x,y) = \text{circ}(\sqrt{x^2 + y^2}/L_p)[\exp(\mathrm{i}\varphi_1) - 1] \tag{10－4}$$

用式(10－1)至式(10－4)代替圆形相位光阑的透过率函数,联立式(2－21)至式(2－31),可以计算环形相位光阑像平面处归一化处光强分布。计算所用参数:入射光强 $I_{in} = 6 \times 10^9 \text{W/m}^2$;非线性折射率 $n_2 = 3.2 \times 10^{-18}\text{m}^2/\text{W}$;样品厚度 $L = 2\text{mm}$;入射波长 $\lambda = 532\text{nm}$;外圆光阑的半径 $R_a = 1.5\text{mm}$;中间环的半径 $R_b = 1\text{mm}$;内部圆形相位物体的半径 $L_p = 0.5\text{mm}$;相位物体的相移 $\varphi = \pm 0.25\pi$;(L1 和 L2)透镜焦距 $f = 400\text{mm}$。图 10－13(a)所示为像平面能流计算结果的灰度分布图,从灰度分布图可以看出 3 环有明显的分层现象,主要是不同区域的相位差造成的。图 10－13(b)所示为对应的像平面归一化的光强分布剖面图,与正负圆形相位光阑类似,产生两个相衬信号,不同的是正负圆形相位光阑的两个相衬信号是半圆形,而正负环形相位光阑的两个相衬信号一个是圆形一个是环形。事实上,这个正负环形相位光阑可以看作由两个不同尺寸的圆形相位光阑组成,它的像平面的归一化的光强也应相当于由两个不同尺寸相位光阑的相衬信号组成。

类似于正负圆形相位光阑的处理方法，正负环形相位光阑的 ΔT 定义为中心区域 PO 的能流与最外层区域的能流的差值，从图 10 − 13(b)中可以看出正负环形相位光阑系统的 ΔT 与圆形相位光阑系统相比较有一定的提高。

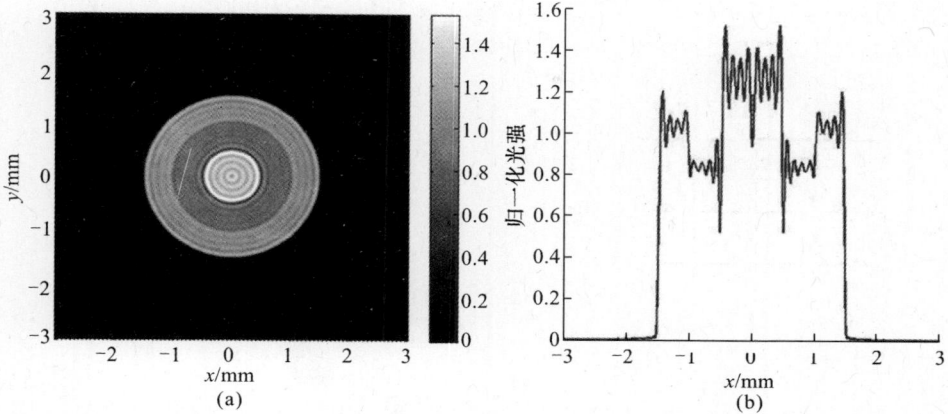

图 10 − 13　正负环形相位光阑中 $R_b = 1.0$mm 时 ΔT 与中心处相移
φ_1 和最外层环的相移 φ_2 的关系
（a）正负环形相位光阑的非线性图像；（b）非线性图像沿 $y = 0$ 的剖面图。

参考文献

［1］ Boudebs G, Cherukulappurath S. Nonlinear optical measurements using a 4f coherent imaging system with phase objects［J］. Phys. Rev. A, 2004, 69: 053813.

［2］ Sheik − Bahae M, Said A A, Wei T, et al. Sensitive measurement of optical nonlinearities using a single beam［J］. IEEE J. Quantum Electron, 1990, 26(4): 760 − 769.